国家出版基金项目

中国煤矿生态技术与管理

矿山生态环境保护政策与法律法规

胡友彪　张治国　朱俊奇　张　坤　孟庆俊◎编　著
严家平　李效顺◎主　审

中国矿业大学出版社
·徐州·

内 容 提 要

本书的编者从矿山生态环境角度出发,结合最新版的《中华人民共和国环境保护法》,系统介绍了矿山生态环境保护政策与法律法规中的基本概念、主要问题、原则、制度、法律责任以及各领域的主要法律规定,并结合相关案例进行了分析。本书有助于读者对矿山生态环境保护政策与法律法规从整体上进行认知和理解,同时也可以为读者运用矿山生态环境保护政策与法律法规解决实际问题提供借鉴。

图书在版编目(C I P)数据

矿山生态环境保护政策与法律法规 / 胡友彪等编著
. — 徐州 :中国矿业大学出版社,2023.12
ISBN 978-7-5646-5293-7

Ⅰ. ①矿… Ⅱ. ①胡… Ⅲ. ①矿山环境－生态环境－
环境保护政策－中国②矿山环境－生态环境保护－环境保
护法－中国 Ⅳ. ①X322.2②D922.68

中国版本图书馆 CIP 数据核字(2021)第 274207 号

书　　名	矿山生态环境保护政策与法律法规
编　　著	胡友彪　张治国　朱俊奇　张坤　孟庆俊
责任编辑	仓小金
出版发行	中国矿业大学出版社有限责任公司
	(江苏省徐州市解放南路　邮编 221008)
营销热线	(0516)83885370　83884103
出版服务	(0516)83995789　83884920
网　　址	http://www.cumtp.com　E-mail:cumtpvip@cumtp.com
印　　刷	苏州市古得堡数码印刷有限公司
开　　本	787 mm×1092 mm　1/16　印张 16　字数 399 千字
版次印次	2023 年 12 月第 1 版　2023 年 12 月第 1 次印刷
定　　价	128.00 元

(图书出现印装质量问题,本社负责调换)

《中国煤矿生态技术与管理》
丛书编委会

丛书总负责人：卞正富

分册负责人：

《井工煤矿土地复垦与生态重建技术》　卞正富

《露天煤矿土地复垦与生态重建技术》　白中科

《煤矿水资源保护与污染防治技术》　冯启言

《煤矿区大气污染防控技术》　王丽萍

《煤矿固体废物利用技术与管理》　李树志

《煤矿区生态环境监测技术》　汪云甲

《绿色矿山建设技术与管理》　郭文兵

《西部煤矿区环境影响与生态修复》　雷少刚

《煤矿区生态恢复力建设与管理》　张绍良

《矿山生态环境保护政策与法律法规》　胡友彪

《关闭矿山土地建设利用关键技术》　郭广礼

《煤炭资源型城市转型发展》　李效顺

丛 书 序 言

中国传统文化的内核中蕴藏着丰富的生态文明思想。儒家主张"天人合一",强调人对于"天"也就是大自然要有敬畏之心。孔子最早提出"天何言哉？四时行焉,百物生焉,天何言哉?"(《论语·阳货》),"君子有三畏：畏天命,畏大人,畏圣人之言。"(《论语·季氏》)。他对于"天"表现出一种极强的敬畏之情,在君子的"三畏"中,"天命"就是自然的规律,位居第一。道家主张无为而治,不是说无所作为,而是要求节制欲念,不做违背自然规律的事。佛家主张众生平等,体现了对生命的尊重,因此要珍惜生命、关切自然,做到人与环境和谐共生。

中国共产党在为中国人民谋幸福、为中华民族谋复兴的现代化进程中,从中华民族永续发展和构建人类命运共同体高度,持续推进生态文明建设,不断强化"绿水青山就是金山银山"的思想理念,生态文明法律体系与生态文明制度体系得到逐步健全与完善,绿色低碳的现代化之路正在铺就。党的十七大报告中提出"建设生态文明,基本形成节约能源资源和保护生态环境的产业结构、增长方式、消费模式",这是党中央首次明确提出建设生态文明,绿色发展理念和实践进一步丰富。这个阶段,围绕转变经济发展方式,以提高资源利用效率为核心,以节能、节水、节地、资源综合利用和发展循环经济为重点,国家持续完善有利于资源能源节约和保护生态环境的法律和政策,完善环境污染监管制度,建立健全生态环保价格机制和生态补偿机制。2015 年 9 月,中共中央、国务院印发了《生态文明体制改革总体方案》,提出了建立健全自然资源资产产权制度、国土空间开发保护制度、空间规划体系、资源总量管理和全面节约制度、资源有偿使用和生态补偿制度、环境治理体系、环境治理和生态保护市场体系、生态文明绩效评价考核和责任追究制度等八项制度,成为生态文明体制建设的"四梁八柱"。党的十八大以来,习近平生态文明思想确立,"绿水青山就是金山银山"的理念使得绿色发展进程前所未有地加快。党中央把生态文明建设作为统筹推进"五位一体"总体布局和协调推进"四个全面"战略布局的重要内容,提出创新、协调、绿色、开放、共享的新发展理念,污染治理力度之大、制度出台频度之密、监管执法尺度之严、环境质量改善速度之快前所未有。

面对资源约束趋紧、环境污染严重、生态系统退化加剧的严峻形势,生态文明建设成为关系人民福祉、关乎民族未来的一项长远大计,也是一项复杂庞大的系统工程。我们必须树立尊重自然、顺应自然、保护自然,发展和保护相统一,"绿水青山就是金山银山""山水林田湖草沙是生命共同体"的生态文明理念,站在推进国家生态环境治理体系和治理能力现代化的高度,推动生态文明建设。

国家出版基金项目"中国煤矿生态技术与管理"系列丛书,正是在上述背景下获得立项支持的。

我国是世界上最早开发和利用煤炭资源的国家。煤炭的开发与利用,有力地推动了社会发展和进步,极大地便利和丰富了人民的生活。中国 2 500 年前的《山海经》,最早记载了煤并称之为"石湟"。从辽宁沈阳发掘的新乐遗址内发现多种煤雕制品,证实了中国先民早在 6 000~7 000 年前的新石器时代,已认识和利用了煤炭。到了周代(公元前 1122 年)煤炭开采已有了相当发展,并开始了地下采煤。彼时采矿业就有了很完善的组织,采矿管理机构中还有"中士""下士""府""史""胥""徒"等技术管理职责的分工,这既说明了当时社会阶层的分化与劳动分工,也反映出矿业有相当大的发展。西汉(公元前 206—公元 25 年)时期,开始采煤炼铁。隋唐至元代,煤炭开发更为普遍,利用更加广泛,冶金、陶瓷行业均以煤炭为燃料,唐代开始用煤炼焦,至宋代,炼焦技术已臻成熟。宋朝苏轼在徐州任知州时,为解决居民炊爨取暖问题,积极组织人力,四处查找煤炭。经过一年的不懈努力,在元丰元年十二月(1079 年初)于徐州西南的白土镇,发现了储量可观、品质优良的煤矿。为此,苏东坡激动万分,挥笔写下了传诵千古的《石炭歌》:"君不见前年雨雪行人断,城中居民风裂骭。湿薪半束抱衾裯,日暮敲门无处换。岂料山中有遗宝,磊落如磐万车炭。流膏迸液无人知,阵阵腥风自吹散。根苗一发浩无际,万人鼓舞千人看。投泥泼水愈光明,烁玉流金见精悍。南山栗林渐可息,北山顽矿何劳锻。为君铸作百炼刀,要斩长鲸为万段。"《石炭歌》成为一篇弥足珍贵的煤炭开采利用历史文献。元朝都城大都(今北京)的西山地区,成为最大的煤炭生产基地。据《元一统志》记载:"石炭煤,出宛平县西十五里大谷(峪)山,有黑煤三十余洞。又西南五十里桃花沟,有白煤十余洞""水火炭,出宛平县西北二百里斋堂村,有炭窑一所"。由于煤窑较多,元朝政府不得不在西山设官吏加以管理。为便于煤炭买卖,还在大都内的修文坊前设煤市,并设有煤场。明朝煤炭业在河南、河北、山东、山西、陕西、江西、安徽、四川、云南等省都有不同程度的发展。据宋应星所著的《天工开物》记载:"煤炭普天皆生,以供锻炼金石之用",宋应星还详细记述了在冶铁中所用的煤的品种、使用方法、操作工艺等。清朝从清初到道光年间对煤炭生产比较重视,并对煤炭开发采取了扶持措施,至乾隆年间(1736—1795 年),出现了我国古代煤炭开发史上的一个高潮。17 世纪以前,我国的煤炭开发利用技术与管理一直领先于其他国家。由于工业化较晚,17 世纪以后,我国煤炭开发与利用技术开始落后于西方国家。

中国正式建成的第一个近代煤矿是台湾基隆煤矿,1878 年建成投产出煤,1895 年台湾沦陷时关闭,最高年产为 1881 年的 54 000 t,当年每工工效为 0.18 t。据统计,1875—1895 年,我国先后共开办了 16 个煤矿。1895—1936 年,外国资本在中国开办的煤矿就有 32 个,其产量占全国煤炭产量总数的 1/2～2/3。在同一时期,中国民族资本亦先后开办了几十个新式煤矿,到 1936 年,中国年产 5 万 t 以上的近代煤矿共有 61 个,其中年产达到 60 万 t 以上的煤矿有 10 个(开滦、抚顺、中兴、中福、鲁大、井陉、本溪、西安、萍乡、六河沟煤矿)。1936 年,全国产煤 3 934 万 t,其中新式煤矿产量 2 960 万 t,劳动效率平均每工为 0.3 t 左右。1933 年,煤矿工人已经发展到 27 万人,占当时全国工人总数的 33.5% 左右。1912—1948 年间,原煤产量累计为 10.27 亿 t[①]。这期间,政府制定了矿业法,企业制定了若干管理章程,使管理工作略有所循,尤其明显进步的是,逐步开展了全国范围的煤田地质调查工作,初步搞清了中国煤田分布与煤炭储量。

我国煤炭产量从 1949 年的 3 243 万 t 增长到 2021 年的 41.3 亿 t,1949—2021 年累计采出煤炭 937.8 亿 t,世界占比从 2.37% 增长到 51.61%(据中国煤炭工业协会与 IEA 数据综合分析)。原煤全员工效从 1949 年的 0.118 t/工(大同煤矿的数据)提高到 2018 年全国平均 8.2 t/工,2018 年同煤集团达到 88 t/工;百万吨死亡人数从 1949 年的 22.54 下降到 2021 年的 0.044;原煤入选率从 1953 年的 8.5% 上升到 2020 年的 74.1%;土地复垦率从 1991 年的 6% 上升到 2021 年的 57.5%;煤矸石综合利用处置率从 1978 年的 27.0% 提高到 2020 年的 72.2%。从 2014 年黄陵矿业集团有限责任公司黄陵一矿建成全国第一个智能化示范工作面算起,截至 2021 年年底,全国智能化采掘工作面已达 687 个,其中智能化采煤工作面 431 个、智能化掘进工作面 256 个,已有 26 种煤矿机器人在煤矿现场实现了不同程度的应用。从生产效率、百万吨死亡人数、生态环保(原煤入选率、土地复垦率以及煤矸石综合利用处置率)、智能化开采水平等视角,我国煤炭工业大致经历了以下四个阶段。第一阶段,从中华人民共和国成立到改革开放初期,我国煤炭开采经历了从人工、半机械化向机械化再向综合机械化采煤迈进的阶段。中华人民共和国成立初期,以采煤方法和采煤装备的科技进步为标志,我国先后引进了苏联和波兰的采煤机,煤矿支护材料开始由原木支架升级为钢支架,但还没有液压支架。而同期西方国家已开始进行综合机械化采煤。1970 年 11 月,大同矿务局煤峪口煤矿进行了综合机械化开采试验,这是我国第一个综采工作面。这次试验为将综合机械化开采确定为煤炭工业开采技术的发展方向提供了坚实依据。从中华人民共和国成立到改革开放初期,除了 1949 年、1950 年、1959 年、1962 年的百万吨死亡人数超过 10 以外,其余年份均在 10 以内。第二阶段,从改革开放到进入 21 世纪前后,我国煤炭工业主要以高产高效矿井建设为标志。1985 年,全国有 7 个使用国产综采成套设备的

---

① 《中国煤炭工业统计资料汇编(1949—2009)》,煤炭工业出版社,2011 年。

综采队,创年产原煤 100 万 t 以上的纪录,达到当时的国际先进水平。1999 年,综合机械化采煤产量占国有重点煤矿煤炭产量的 51.7%,较综合机械化开采发展初期的 1975 年提高了 26 倍。这一时期开创了综采放顶煤开采工艺。1995 年,山东兖州矿务局兴隆庄煤矿的综采放顶煤工作面达到年产 300 万 t 的好成绩;2000 年,兖州矿务局东滩煤矿综采放顶煤工作面创出年产 512 万 t 的纪录;2002 年,兖矿集团兴隆庄煤矿采用"十五"攻关技术装备将综采放顶煤工作面的月产和年产再创新高,达到年产 680 万 t。同时,兖矿集团开发了综采放顶煤成套设备和技术。这一时期,百万吨死亡人数从 1978 年的 9.44 下降到 2001 年的 5.07,下降幅度不大。第三阶段,煤炭黄金十年时期(2002—2011 年),我国煤炭工业进入高产高效矿井建设与安全形势持续好转时期。煤矿机械化程度持续提高,煤矿全员工效从 21 世纪初的不到 2.0 t/工上升到 5.0 t/工以上,百万吨死亡人数从 2002 年的 4.64 下降到 2012 年的 0.374。第四阶段,党的十八大以来,煤炭工业进入高质量发展阶段。一方面,在"绿水青山就是金山银山"理念的指引下,除了仍然重视高产高效与安全生产,煤矿生态环境保护得到前所未有的重视,大型国有企业将生态环保纳入生产全过程,主动履行生态修复的义务。另一方面,随着人工智能时代的到来,智能开采、智能矿山建设得到重视和发展。2016 年以来,在落实国务院印发的《关于煤炭行业化解过剩产能实现脱困发展的意见》方面,全国合计去除 9.8 亿 t 产能,其中 7.2 亿 t(占 73.5%)位于中东部省区,主要为"十二五"期间形成的无效、落后、枯竭产能。在淘汰中东部落后产能的同时,增加了晋陕蒙优质产能,因而对全国总产量的影响较为有限。

虽然说近年来煤矿生态环境保护得到了前所未有的重视,但我国的煤矿环境保护工作或煤矿生态技术与管理工作和全国环境保护工作一样,都是从 1973 年开始的。我国的工业化虽晚,但我国对环保事业的重视则是较早的,几乎与世界发达工业化国家同步。1973 年 8 月 5—20 日,在周恩来总理的指导下,国务院在北京召开了第一次全国环境保护会议,取得了三个主要成果[①]:一是做出了环境问题"现在就抓,为时不晚"的结论;二是确定了我国第一个环境保护工作方针,即"全面规划、合理布局、综合利用、化害为利、依靠群众、大家动手、保护环境、造福人民";三是审议通过了我国第一部环境保护的法规性文件——《关于保护和改善环境的若干规定》,该法规经国务院批转执行,我国的环境保护工作至此走上制度化、法治化的轨道。全国环境保护工作首先从"三废"治理开始,煤矿是"三废"排放较为突出的行业。1973 年起,部分矿务局开始了以"三废"治理为主的环境保护工作。"五五"后期,设专人管理此项工作,实施了一些零散工程。"六五"期间,开始有组织、有计划地开展煤矿环境保护工作。"五五"到"六五"煤矿环保

---

① 《中国环境保护行政二十年》,中国环境科学出版社,1994 年。

工作起步期间,取得的标志性进展表现在[①]:① 组织保障方面,1983 年 1 月,煤炭工业部成立了环境保护领导小组和环境保护办公室,并在平顶山召开了煤炭工业系统第一次环境保护工作会议,到 1985 年年底,全国统配煤矿基本形成了由煤炭部、省区煤炭管理局(公司)、矿务局三级环保管理体系。② 科研机构与科学研究方面,在中国矿业大学研究生部环境工程研究室的基础上建立了煤炭部环境监测总站,在太原成立了山西煤管局环境监测中心站,也是山西省煤矿环境保护研究所,在杭州将煤炭科学研究院杭州研究所确定为以环保科研为主的部直属研究所。"六五"期间的煤炭环保科技成效包括:江苏煤矿设计院研制的大型矿用酸性水处理机试运行成功后得到推广应用;汾西矿务局和煤炭科学研究院北京煤化学研究所共同研究的煤矸石山灭火技术通过评议;煤炭科学研究院唐山分院承担的煤矿造地复田研究项目在淮北矿区获得成功。③ 人才培养方面,1985 年中国矿业大学开设环境工程专业,第一届招收本科生 30 人,还招收17 名环保专业研究生和 1 名土地复垦方向的研究生。"六五"期间先后举办 8 期短训班,培训环境监测、管理、评价等方面急需人才 300 余名。到 1985 年,全国煤炭系统已经形成一支 2 500 余人的环保骨干队伍。④ 政策与制度建设方面,第一次全国煤炭系统环境保护工作会议确立了"六五"期间环境保护重点工作,认真贯彻"三同时"方针,煤炭部先后颁布了《关于煤矿环保涉及工作的若干规定》《关于认真执行基建项目环境保护工程与主体工程实行"三同时"的通知》,并起草了关于煤矿建设项目环境影响报告书和初步设计环保内容、深度的规定等规范性文件。"六五"期间,为应对煤矿塌陷土地日益增多、矿社(农)矛盾日益突出的形势,煤炭部还积极组织起草了关于《加强造地复田工作的规定》,后来上升为国务院颁布的《土地复垦规定》。⑤ 环境保护预防与治理工作成效方面,建设煤炭部、有关省、矿务局监测站 33 处;矿井水排放量 14.2 亿 m^3,达标率 76.8%;煤矸石年排放量 1 亿 t,利用率 27%;治理自然发火矸石山 73 座,占自燃矸石山总数的 31.5%;完成环境预评价的矿山和选煤厂 20 多处,新建项目环境污染得到有效控制。

回顾我国煤炭开采与利用的历史,特别是中华人民共和国成立后煤炭工业发展历程和煤矿环保事业起步阶段的成就,旨在出版本丛书过程中,传承我国优秀文化传统,发扬前人探索新型工业化道路不畏艰辛的精神,不忘"开发矿业、造福人类"的初心,在新时代做好煤矿生态技术与管理科技攻关及科学普及工作,让我国从矿业大国走向矿业强国,服务中华民族伟大复兴事业。

针对中国煤矿开采技术发展现状和煤矿生态环境管理存在的问题,本丛书包括十二部著作,分别是:井工煤矿土地复垦与生态重建技术、露天煤矿土地复垦与生态重

---

① 《当代中国的煤炭工业》,中国社会科学出版社,1988 年。

建技术、煤矿水资源保护与污染防治技术、煤矿区大气污染防控技术、煤矿固体废物利用技术与管理、煤矿区生态环境监测技术、绿色矿山建设技术与管理、西部煤矿区环境影响与生态修复、煤矿区生态恢复力建设与管理、矿山生态环境保护政策与法律法规、关闭矿山土地建设利用关键技术、中国煤炭资源型城市转型发展。

丛书编撰邀请了中国矿业大学、中国地质大学（北京）、河南理工大学、安徽理工大学、中煤科工集团等单位的专家担任主编，得到了中煤科工集团唐山研究院原院长崔继宪研究员，安徽理工大学校长、中国工程院袁亮院士，中国地质大学校长、中国工程院孙友宏院士，河南理工大学党委书记邹友峰教授等的支持以及崔继宪等审稿专家的帮助和指导。在此对国家出版基金表示特别的感谢，对上述单位的领导和审稿专家的支持和帮助一并表示衷心的感谢！

丛书既有编撰者及其团队的研究成果，也吸纳了本领域国内外众多研究者和相关生产、科研单位先进的研究成果，虽然在参考文献中尽可能做了标注，难免挂一漏万，在此，对被引用成果的所有作者及其所在单位表示最崇高的敬意和由衷的感谢。

卞正富

2023 年 6 月

本 书 前 言

我国煤炭资源丰富,是世界目前煤炭产量最大的的国家。煤炭产业作为我国的国民经济支柱产业,为国家经济和社会发展做出了巨大贡献。煤炭在过去相当长的历史时期作为我国主体能源,这一状况在今后相当长的时间内尚难以根本改变。伴随着社会经济发展,对能源的需求进一步提高,科学技术进步支撑下的煤炭开采强度也显著提高。煤炭产业在为整个国家的经济发展和稳定运行作出了重要的历史贡献的同时,煤炭资源的过度开发和不合理利用引起了不同程度的水土流失、耕地损毁、环境污染和多种地质灾害等,造成生态环境恶化,严重影响和制约着我国经济高质量可持续发展。

党的"十八大"以来,在习近平生态文明思想指引下,我国深入贯彻"绿水青山就是金山银山"的理念,生态文明顶层设计和制度体系建设加速推进,污染治理强力开展,绿色发展成效明显,生态环境质量持续改善,一幅美丽中国新画卷正徐徐展开。然而,矿山生态环境的显著特点是易受人类开采活动的影响,如何在得到"金山银山"的同时守护赖以生存的"绿水青山",成为我们共同面对和亟待解决的问题。在矿山生态环境保护过程中,需要依赖科学技术的支撑,同时也离不开切实有效的政策和法律法规的保障。

鉴于此,本书的编者从矿山生态环境角度出发,结合最新版的《中华人民共和国环境保护法》,系统介绍了矿山生态环境保护政策与法律法规中的基本概念、主要问题、原则、制度、法律责任以及各领域的主要法律规定,并结合相关案例进行了分析。本书有助于读者对矿山生态环境保护政策与法律法规从整体上进行认知和理解,同时也可以为读者运用矿山生态环境保护政策与法律法规解决实际问题提供借鉴。

本书由安徽理工大学胡友彪教授统稿,主要撰写人员分工如下:第一、二、三章由张坤编写;第四、六章张治国编写;第五章章由孟庆俊编写;第七、八章由朱俊奇编写;第九、十章由张治国、胡友彪编写。

初稿完成后,经安徽理工大学大学严家平教授和中国矿业大学李效顺教授等审阅,他们提出了许多宝贵意见;郝占庆、赵廷宁、卞正富教授提出了不少修改意见,在此表示特别感谢。同时,书稿编写中参考引用了诸多参考文献,在此对各参考文献的作者表示衷心的感谢。

由于编者水平所限,书中还存在不少需要进一步探讨和改进之处,敬请广大读者批评指正。

编著者

2023 年 7 月

目　录

第一章　矿山生态环境保护

第一节　环境与环境问题

一、矿山生态环境

"生态"通常是指生物以及其中的能量流动,"生态"一词最早来源于希腊语,意为住所或环境,以及生物自身与环境之间环环相扣的关系。生态的产生最早是从研究生物个体开始的,德国著名动物学家 Ernst Haeckel 在《普通生物形态学》一书中阐述生态的实质内容为"生物关系总和及周围的外部世界、有机和无机生存条件的知识。"生态由各种要素共同构成,具有鲜明的层次结构和嵌套结构。由生物种群与其栖息环境构成的小系统,到全球生物与环境相互作用形成的大系统,均为处于不同层次的生态;从小范围的系统到具有整体意义的大的系统,各层级相互之间属于相对封闭的、绝对开放的包含与被包含的关系,各平行系统之间又处于互相依存、嵌套等关系中,整体框架是独立的非线性的结构。"生态"是复杂又精密的自适应系统,庞杂的生物群体在不同的时间和空间范围以自组织模式互相作用。"生态"一词在 1895 年由日本植物学家三好学译为"生态学"引入亚洲,20 世纪 30 年代由中国植物学家张挺教授引入中国。"生态学"将生物与其所处的环境作为一个整体来研究,关注生物之间的相互作用以及生态中的环境因素对生物的作用及生物对其所在环境的反作用。

"环境"指某一特定生物体或生物群体周围一切因素的总和,包括空间级直接或间接影响该生物体或群体生存的各种因素。在生态学中,"环境"指以人类活动为中心,围绕人类社会的生存和发展的所有生物或非生物因素的总称,包括自然环境、建筑环境和社会环境。我国法律中关于"环境"一词的定义可见于《中华人民共和国环境保护法》(以下简称《环境保护法》)第二条:本法所称环境,是指影响人类生存和发展的各种天然的和经过人工改造的自然因素的总体,包括大气、水、海洋、土地、矿藏、森林、草原、湿地、野生物、自然遗迹、人文遗迹、自然保护区、风景名胜区、城市和乡村等。环境的本质就是生物生存和发展的资源或影响这种资源的因素。"生态环境"是"生态"和"环境"两个名词的组合,顾名思义,是"由生态关系组成的环境"的简称,是指生物与周围要素相互作用形成的整体系统,与人类密切相关并影响人类生活和生产活动的各种自然(包括人工干预下形成的第二自然)力量(物质和能量)或作用的总和。环境按照尺度大小可划分为大环境和小环境。其中,大环境包括地区环境、地球环境和宇宙环境;小环境为直接影响生物生命活动的近邻环境。

矿山生态环境,是指围绕人类对矿产资源的开采活动,矿产资源所在区域内的生态环境。矿山生态环境的显著特点是容易受到人类开采活动的影响。矿产资源开发前,随着人类勘测活动的展开,周边环境由于人类活动的影响,原有的自然生态环境悄然地发生变化。矿产资源开发过程中,随着物质流、能源流、信息流的输入和大量人流的涌入,原有的生态系统结构发生变化。生态系统由以自然生态系统为主转变为以人为主,环境系统演化为以矿产资源获取和人类生活为主。矿产资源开发时的直接挖掘、采掘,引起地表沉陷和废弃土石堆积,破坏和占用了大量的土地,植被衰退,动物迁徙,耕地数量下降,水土流失加重,农作物减产,并引起大气、土壤和水体的污染。

二、矿山生态环境问题

中国拥有丰富的矿产资源,目前已发现矿产 173 种,已探明有储量的矿产 159 种,其中能源矿产 8 种,金属矿产 54 种,非金属矿产 90 种,水气矿产 3 种。矿产是经济和社会发展的基础资源,为中国经济的快速发展作出了巨大贡献。我国的矿业活动主要指矿产资源的勘测和选取、矿石采掘,及矿石冶炼三部分。随着矿产资源的大量开采,不可避免地对矿山生态环境造成影响,引发或加剧一系列矿山生态环境问题(见图 1-1)。

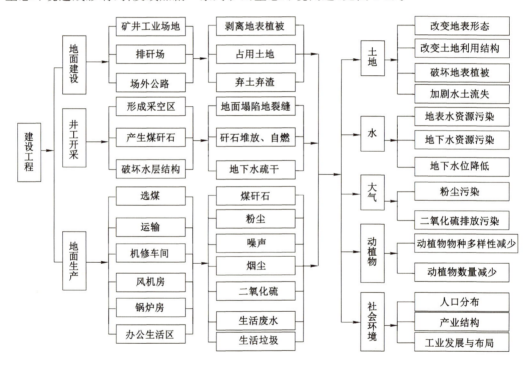

图 1-1 矿产资源开采活动与主要环境问题

由于矿产资源的不可移动性,矿山开采长期占用、破坏、污染土地,改变了区域水系结构,破坏了动植物区系,引发一系列社会经济与生态环境问题。矿产资源开发利用对一定区域的生态环境系统扰动最大、破坏力最强。本节将在系统分析矿山开采生态环境效应的基础上,总结矿山开采带来的一系列生态环境问题,以期推动全国矿山环境保护的进一步发展。

(一)矿山开采的环境效应

1. 诱发地质灾害

地下采空、地面及边坡采挖影响山体、斜坡的稳定,往往导致地面塌陷、开裂、崩塌和滑坡等地质灾害频繁发生。矿山开采排放的废渣、废石与泥土混合堆放,使废石的摩擦力减小、透水性变小而出现积水,在暴雨下也极易诱发泥石流。

2. 水文地质条件发生变化与水质污染

矿区塌陷、裂缝与矿井疏干排水,使矿山开采地段的储水构造发生变化,造成地下水位下降,井泉干涸,形成大面积的疏干漏斗;地表径流的变更,使水源枯竭,水利设施丧失原有功能,直接影响农作物耕种。同时,矿山开采过程中产生的矿坑水、废石淋滤水等,一般较少达到工业废水排放标准,严重影响水生生物的生存繁衍与人畜生活饮用。

3. 土壤退化与污染

由于表土被清除,采矿后留下的通常是新土或矿渣,加上大型采矿设备的重压,往往使土壤坚硬、板结,土壤的有机质、养分与水分缺乏。而地面塌陷导致地下水位下降、土壤裂隙产生,土壤中的营养元素也随着裂隙、地表径流流入采空区或洼地,造成许多地方土壤养分短缺,土壤承载力下降。

(二)矿山开采的生态效应

矿山固体废渣(煤矸石等)经雨水冲刷、淋溶,极易将其中的有毒有害成分渗入土壤中,造成土壤的酸碱污染(主要是强酸性污染)、有机毒物污染与重金属污染。而土壤的纳污和自净能力有限,当污染物超过其临界值时,土壤将向外界环境输出污染物,其自身的组成结构与功能也会发生变化,最终导致土壤资源的枯竭。并且,土壤污染在地表径流和生物地球化学作用下还会发生迁移,危害毗邻地区的环境质量,受污染的农产品则会通过食物链危害人体健康。矿山开采直接破坏地表植被,露天矿坑和井工矿抽排地下水使矿区地下水位大幅度下降,造成土地贫瘠,植被退化,最终导致矿区大面积人工裸地的形成,极易被雨水冲刷;由于排土场和尾矿占地,形成地面的起伏及沟槽分布,增加了地表水的流速,使水土更易移动,冲刷加剧。植被清除、土壤退化与污染、水土流失,对矿区生物多样性的维持都是致命打击,严重威胁了动植物生存。

(三)矿山开采的大气效应

矿产资源在进行开采作业的时候,开采工作的各个工作环节都会产生大量的烟尘和粉尘,飘落到空气中对大气环境会造成污染。此外,部分矿产资源如煤炭等从地下开采出来要存放在地面,裸露存放的煤炭必然要和空气接触发生反应,矿区的防风措施能力较弱,刮风时,大量的煤炭粉末、灰尘被风吹起并会随风飘散,周边环境必然受到影响。此外,露天堆积的煤矸石可能发生的自燃现象,也会对大气造成污染,并且带来巨大的安全隐患。

第二节　矿山生态环境保护基本概念和内容

一、矿山生态环境保护相关概念

环境保护部2013年7月23日批准发布的《矿山生态环境保护与恢复治理技术规范(试行)》(HJ 651—2013),对"矿山生态环境保护"进行了定义:指采取必要的预防和保护措施,避免或减轻矿产资源勘探和采选造成的生态破坏和环境污染。矿山生态环境保护强调的是开采前和开采中要避免或减轻探矿和采矿活动对矿区内生态系统和环境系统的整体,包括地表植被与景观、生物多样性、大气环境、水环境、土壤环境、地质环境和声环境造成破坏和污染,但完全避免几乎是不可能的。所以,开采后对于采矿造成的生态环境破坏要促使其恢复,或者对其进行修复。因此,"矿山生态环境恢复"或"矿山生态环境修复",经常紧随"矿山生态环境保护"出现。

二、矿山生态环境保护的要求

矿山开采前的勘探、开采中的挖掘和开采后的堆放等活动不可避免地对矿区内生态系统和环境系统造成破坏和污染。因此,矿山生态环境保护与恢复治理是全面的、综合的,其内容包括生态破坏恢复、环境污染治理和生态功能恢复。矿山生态环境恢复,指对矿产资源勘探和采选过程中的各类生态破坏和环境污染采取人工促进措施,依靠生态系统的自我调节能力与自组织能力,逐步恢复与重建其生态功能。矿山生态环境修复,又有自修复、自然修复和人工修复的区别,其中人工修复和自然修复分别指通过人工或自然的力量对矿区损毁的生态环境进行恢复的过程,而自修复是指采矿驱动力在对地表生态环境造成损毁的过程中,又自动修复部分生态损毁的现象和过程。

矿山生态环境保护的要求可以根据矿山的开采活动的状态由开采前、开采中和开采后三个部分组成。国家环境保护总局、国土资源部、科技部于 2005 年 9 月 7 日发布实施《矿山生态环境保护与污染防治技术政策》(环发〔2005〕109 号),在国土资源系统对采矿项目从开采前的审批阶段、开采中的建设和运营阶段到关闭后的整治阶段都具有很重要的指导意义。

矿山生态环境保护和恢复的一般要求:

(一)审批阶段

"预防为主",主要体现在审批阶段,一个存在可能性污染的开发项目只有被扼杀在萌芽阶段才不会留下后患。

(1)禁止和限制开采,《矿山生态环境保护与污染防治技术政策》(以下简称《技术政策》)中规定了禁止、限制矿产资源开发的有关规定,禁止在依法划定的自然保护区、风景名胜区、森林公园、饮用水水源保护区、文物古迹所在地、地质遗迹保护区、基本农田保护区等重要生态保护地以及其他法律法规规定的禁采区域内采矿。禁止在重要道路、航道两侧及重要生态环境敏感目标可视范围内进行对景观破坏明显的露天开采。

(2)矿产资源开发活动应符合国家和区域主体功能区规划、生态功能区划、生态环境保护规划的要求,采取有效预防和保护措施,避免或减轻矿产资源开发活动造成的生态破坏和环境污染。

(3)坚持"预防为主、防治结合、过程控制"的原则,将矿山生态环境保护与恢复治理贯穿矿产资源开采的全过程。根据矿山生态环境保护与恢复治理的重点任务,合理确定矿山生态保护与恢复治理分区,优化矿区生产与生活空间格局。采用新技术、新方法、新工艺提高矿山生态环境保护和恢复治理水平。

(4)所有矿山企业均应对照国家标准的各项要求,编制实施矿山生态环境保护与恢复治理方案。

(5)恢复治理后的各类场地应实现:安全稳定,对人类和动植物不造成威胁;对周边环境不产生污染;与周边自然环境和景观相协调;恢复土地基本功能,因地制宜实现土地可持续利用;区域整体生态功能得到保护和恢复。

（二）建设阶段

建设阶段如何采取最小的生态损失完成矿区的基本建设也是保证采矿活动生态效益的关键环节。做好施工现场的场地规划,划定弃土弃渣点和施工范围,减少施工影响、尽量少破坏原有的地表植被和土壤;施工结束后对于临时占地和临时便道等破坏区,按照《土地复垦规定》应及时进行土地复垦和植被重建工作。在矿区整体建设的思路上要注意勘查、开采,应当采用有利于合理利用资源、保护环境的污染勘查、开采方法和工艺技术,提高资源利用水平。

（三）运营阶段

矿区活动在整个开发周期中,以开采阶段对生态的影响最为重要。

《中华人民共和国固体废物污染环境防治法》中规定实行减量化、再利用、资源化的原则,促进清洁生产和循环经济发展。要采取有利于固体废物综合利用活动的经济、技术政策和措施,对固体废物实行充分回收和合理利用。国家鼓励、支持采取有利于保护环境的集中处置固体废物的措施。此外,对固体废物污染环境防治要实行污染者依法负责的原则。产品的生产者、销售者、进口者、使用者对其产生的固体废物依法承担污染防治责任。同时,在生产全过程管理中,即从产生、收集、贮存、运输、利用直到最终处置各个环节都要有相应的管理规定和要求。在生产环节,要严格排放强度,鼓励节能降耗,实行清洁生产并依法强制审核;在废物产生环节,要强化污染预防和全过程控制,实行生产者责任延伸,合理延长产业链,强化对废物的循环利用。

《全国生态环境保护纲要》（以下简称《纲要》）中关于矿产资源开发利用的生态环境保护方面:严禁在生态功能保护区、自然保护区、风景名胜区、森林公园内采矿。严禁在崩塌滑坡危险区、泥石流易发区和易导致自然景观破坏的区域采石、采砂、取土。矿产资源开发利用必须严格规划管理,开发应选取有利于生态环境保护的工期、区域和方式,把开发活动对生态环境的破坏减少到最低限度。矿产资源开发必须防止次生地质灾害的发生。在沿江、沿河、沿湖、沿库、沿海地区开采矿产资源,必须落实生态环境保护措施,尽量避免和减少对生态环境的破坏。已造成破坏的,开发者必须限期恢复。

（四）关闭后的整治阶段

矿山关闭以后,将会给矿区留下很多隐患,根据"谁开发、谁保护,谁损坏、谁恢复,谁污染、谁治理,谁治理、谁受益"的原则。矿产监管部门必须对矿产开发企业进行跟踪管理。《中华人民共和国矿产资源法》第二十一条规定:关闭矿山,必须提交矿山闭坑报告及有关采掘工程、不安全隐患、土地复垦利用、环境保护的资料,并按照国家规定报请审查批准。

矿山关闭后,开采企业应将废弃地复垦纳入矿山日常生产和管理,提倡采（选）矿-排土（尾）-造地-复垦一体化技术。对于存在污染的矿山废弃地,不宜复垦的作为农牧业生产用地;对于可开发为农牧业用地的矿山废弃地,应对其进行全面的监测和评估。对露天坑、废石场、尾矿库、矸石山等永久性坡面进行稳定化处理,防止水土流失和滑坡、风蚀扬尘等。

三、矿山生态环境保护的主要内容

《纲要》提出,到 2010 年,矿山环境明显改善,地下水超采及污染趋势减缓,重点生态功能保护区、自然保护区等的生态功能基本稳定。到2020年,环境质量和生态状况明显提高。应进行分类指导,突出重点,因地制宜,分区规划,统筹城乡发展,分阶段解决制约经济发展和群众反映强烈的环境问题,提高重点流域、区域、海域、城市的环境质量。生态功能保护区内的开采活动必须符合当地的环境功能区规划,并按规定进行控制性开采,开采活动不得影响本功能区的主导生态功能。在《环境保护法》中也规定了关于公众参与规划制定的内容。专项规划的编制机关对可能造成不良环境影响并直接涉及公众环境权益的规划,应当在规划草案报送审批前,举行论证会、听证会,或者采取其他形式征求有关单位、专家和公众对环境影响报告书草案的意见。

矿山生态环境保护的主要内容有以下几个方面:

(1)在国家和地方各级人民政府确定的重点(重要)生态功能区内建设矿产资源基地,应进行生态环境影响和经济损益评估,按评估结果及相关规定进行控制性开采,减少对生态空间的占用,不影响区域主导生态功能。在水资源短缺、环境容量小、生态系统脆弱、地震和地质灾害易发地区,要严格控制矿产资源开发。

(2)矿山开采前应在矿区范围及各种采矿活动的可能影响区进行生物多样性现状调查,对于国家或地方保护动植物或生态系统,须采取就地保护或迁地保护等措施保护矿山生物多样性。

(3)高寒区露天采矿、设置排土场和尾矿库时,应将剥离的草皮层集中养护,满足恢复条件后及时移植,恢复植被;严格控制临时施工场地与施工道路面积和范围,减少对地表植被的破坏。

(4)荒漠和风沙区矿产资源开发应避开易发生风蚀和生态退化地带,减少开采、排土和运输等活动对土壤结皮、砾木及沙区植被的破坏和扰动;排土场、料场及尾矿库等场地应采取围挡和覆盖等防风蚀措施。

(5)水蚀敏感区矿产资源开发应科学设置露天采场、排土场、尾矿库及料场,并采取防洪、排水、边坡防护、工程拦挡等水土保持措施,减少对天然林草植被的破坏。

(6)在基本农田保护区下采矿,应结合矿山沉陷区治理方案确定优先充填开采区域,防止地表二次治理;在需要保水开采的区块,应采取有效措施避免破坏地下水系。

(7)采矿产生的固体废物,应在专用场所堆放,并采取措施防止二次污染;禁止向河流、湖泊、水库等水体及抗洪渠道排放岩土、含油垃圾、泥浆、煤渣、煤矸石和其他固体废物。

(8)评估采矿活动对地表水和地下水的影响,避免破坏流域水平衡和污染水环境;采矿区与河道之间应保留环境安全距离,防止采矿对河流生物、河岸植被、河流水环境功能和防洪安全造成破坏性影响。

(9)矿区专用道路选线应绕避环境敏感区和环境敏感点,防止对环境保护目标造成不利影响。

(10)排土场、采场、尾矿库、矿区专用道路等各类场地建设前,应视土壤类型对表土进行剥离。对矿区耕作土壤的剥离,应对耕作层和心土层单独剥离与回填,表土剥离厚度一般情况下不少于30 cm;对矿区非耕作土壤的采集,应对表土层进行单独剥离,如果表土层厚度小于20 cm,则将表土层及其下面贴近的心土层一起构成的至少20 cm厚的土层进行单独剥离;高寒区表土剥离应保留好草皮层,剥离厚度不少于20 cm。剥离的表层土壤不能及时铺覆到已整治场地的,应选择适宜的场地进行堆存,并采取围挡等措施防止水土流失。

第三节　我国矿山生态环境保护与恢复的主要历程

我国矿山废弃地生态恢复古已有之。浙江绍兴的东湖古时为一处采石场,汉代开始取石,隋代开始大规模开采,形成了东湖的雏形。到了清代,东湖筑堤分界,外为河、内为湖,形成了山水融合、洞穴交错的风景旅游区。东湖风景区享誉国内外,在世界矿山废弃地恢复史上享有重要的地位。

中国近几十年来的矿区生态恢复工作可分为 4 个发展阶段:

(1) 20 世纪 50 年代,按照传统思路:通过填埋、刮土、复土等措施将退化土地改造成可耕种土地。这一时期我国矿山废弃地生态恢复随着国民经济和社会主义建设的发展自发开展起来。

(2) 20 世纪 70 到 80 年代,土地修复开始系统化。70 年代,我国对东部平原煤矿沉陷地进行了生态恢复,生态恢复后的土地和水面用于建筑、种植水稻和小麦、栽藕或养鱼等。到了 80 年代,不少矿区相继开展了废弃地的生态恢复,并积累了一定的经验。20 世纪 80 年代以来,我国矿山废弃地生态恢复治理取得了较大进展,但总体上看,矿区生态环境的恶化趋势尚未得到有效遏制。

(3) 20 世纪 90 年代,土地修复中生态修复加强。矿区土地破坏是矿区生态环境破坏的重要组成部分,而矿区土地复垦涉及土地退化、土体污染和水土流失的防治与生物修复,因而是矿区生态环境保护与恢复的重要内容。随着 1988 年 10 月《土地复垦规定》的颁布,我国矿区土地复垦工作逐渐步入了法治化轨道,但整体而言,1989—1998 年的 10 年间是在探索中前进的。在此期间虽然有《土地复垦规定》作为法律依据,但大规模的复垦并未开展,在 1989—1994 年期间主要是各地依据土地复垦规定自发零星地开展土地复垦,或通过法律手段,要求矿山企业履行复垦义务,开展了一些复垦示范工程,如徐州铜山县开展了万亩非充填复垦与高效农业复垦示范工程,1995—1998 年国家土地管理局争取到财政部国家农业综合开发土地复垦项目资金,在全国实施了铜山、淮北、唐山 3 个首批国家级采煤塌陷地复垦示范工程。1998 年国土资源部成立之后,国土资源部成立了耕地保护司和土地整理中心,负责全国的土地复垦工作,并在国家农业综合开发土地复垦项目资金的基础上,依据《中华人民共和国土地管理法》及其实施条例,国家实行占用耕地补偿制度。《中华人民共和国土地管理法》规定的耕地开垦费与新增建设有偿使用费为土地复垦开辟了新的、稳定的、数量可观的资金渠道,因此大大地推动了土地复垦事业的发展。在此阶段出台了土地开发整理行业标准,土地复垦工作进一步规范化、科学化。

(4) 21 世纪以来,以矿区生态系统健康与环境安全为目标,进行多技术综合恢复治理。通过生态修复技术(包括基质改良、植物修复、微生物修复和辅助修复等技术),改良矿区受损的生态环境,利用植被恢复的更新、促进作用,逐渐恢复土地的功能,增加生物多样性,使矿山生态系统进入良性循环状态。最终全面提高矿山生态环境质量,实现社会效益、环境效益和经济效益的协调互促。

第四节　我国矿山生态环境保护面临的主要问题

矿产资源开采在促进了经济发展的同时,对生态环境的破坏程度也是越来越大,给经济的持续发展带来严重危害。如矿产资源在采、选矿过程中生成的有毒有害气体、矿渣、尾矿、废水、粉尘及噪声、振动等因素,对矿区周围的大气、水质、土壤造成危害;废石堆、尾矿库挤占大量土地、农田;污水和烟尘的排放,污染水源、江河和大气,露天矿边坡的崩落,井下采空区造成的地面塌陷以及爆破形成的飞石和冲击波,直接威胁着矿区地面建筑物和人员安全。虽然国家从 20 世纪 70 年代开始,已经注意到矿产资源开采带来的生态环境问题并采取各种措施和方法来保护、恢复和重建矿山生态环境。但现阶段,矿山生态环境保护中还存在很多问题。

一、矿山生态环境保护理论研究缺失

改革开放至今,由于经济发展优先于环境保护的粗放型发展思想的影响,虽然我国经济发展十分迅速,但是经济发展以环境污染为代价,造成了严重的生态环境问题,限制了国家可持续发展。随着社会的发展,国家意识到可持续发展必须在环境保护和经济发展之间达到平衡,特别是在矿山合理开采和矿区生态环境保护之间达到平衡,因此开展矿山环境保护和安全的系统性理论研究十分必要。由于矿山环境保护和安全的相关性理论研究缺乏,如何保持煤炭资源的合理开采利用与保护环境安全,即"资源需求"与"开发限制的环境安全"如何保持平衡缺乏统一的认知。

二、矿山生态环境保护法律法规制度不够健全、法制体系不够完善

当前,我国与矿山环境保护相关的法律、法规很多,既有全国的又有部门的、地方的;既涉及大气、水、土壤,又涉及矿产、森林海洋等资源。矿山环境保护相关部门更是为数不少,但众多法律、法规既没有形成一个可行的完整的体系,又没有在众多法律、法规形成协调,执法部门之间缺少制约与平衡。而且,对于矿山环境保护多为一些原则性的要求,缺乏具体性的规章制度,同时多数矿山生态环境保护法规仅仅为针对集中要素进行了立法,导致在具体的实施过程中存在功能单一、范围较窄的情况,不能实现对矿山生态环境的全面保护。但是矿山生态环境问题是一个面源性、全方位的问题。矿山生态环境既有开发时期受到的影响,也有闭坑以后受到的长期影响;此外矿产资源开发既有破坏生态环境明显可见的一面,也有潜伏、诱发地质灾害(沉陷、滑坡、崩塌等)和促使土地沙化、酸化的隐藏危险。我国没有一个完整的矿山环境法规,对矿山生态环境的监督、管理分散于各个部门的法律、法规中。矿山生态环境保护制度中并没有构建起严格的环境准入制度,导致对应的矿山生态环境评估制度不够规范,环境影响评价不够完整科学。当前对矿山生态环境保护也缺乏有力的法律制度,多数矿山生态环境保护条款,具有较大的弹性,实际的可操作性较为缺乏,对于一些出现了矿山生态环境问题的具体责任人,并没有形成有效的制裁手段。

三、矿山生态环境保护监管不够完善

目前,矿山生态环境保护、治理和监管多为"末端治理、多头管理",管理体制不系统。

地方政府对矿山生态环境保护的重要性认识不到位,思想意识淡薄,重资源开发、轻生态环境保护,基层矿山管理部门和企业业主重生产、重利润,忽略对生态环境的保护、管理和监督。在矿产资源前期勘探、生产过程中和闭矿后,没有考虑矿山生态环境的资金投入和相关治污的设施建设,矿山环评和环保执行率低。由于我国在"先开发后治理""严格环境限制下的开发模式"和"资源开发与环境保护相协调的绿色矿业发展模式"三种发展模式的判断标准没有量化,地方政府在制定经济发展策略时,对矿山资源的开采和生态环境保护的认识也没有形成统一,在矿山产业中对于环境保护的工作缺少相应的监管体系,监管工作的不完善将使矿山开采工作中存在极大的环境破坏问题。

矿山生态环境保护监督工作机制不完善,缺乏系统性。矿山环境保护的直接主体是环保局,但是矿山生态环境管理涉及环保、国土、安监等诸多行政部门,再加上矿山生态环境管理还处于起步和推进阶段,矿山生态环境保护工作缺乏必要的制度和法律来为之提供依据和保障,并且矿山生态环境保护的工作内容以及责任不够明确和细化,使矿山中缺乏来自于政府部门的有效监管,从而影响了矿山生态环境保护监督的工作和执行。另一方面,在矿山生态环境保护工作中,各个行政部门的工作执法侧重点不同,矿山生态环境监督管理和矿山生产监督管理也没有结合起来,矿山生态环境的执法工作还未形成该有的效率。

矿山生态环境的监督管理职能相互脱节。目前,矿山生态环境的监督管理的主要职能部门是国家生态环境部,具体职能为项目审批、环评和监督。自然资源部对矿山环境监督管理的职能还没有明确。具体到各省环保局,项目审查、环评与监督分属不同的执法部门,造成管理和监督相互脱节,采矿许可证和环境许可证审批相互脱节,审批不管监督,监督无法真正履行的局面。矿山项目的环评不能突出生态环境和地质环境的特性,不能从源头上把住生态环境关。履行生态环境保护职能的职能部门不能真正履行其职责,不能实现矿山项目建设前期和生产过程的全程监督。

四、矿山生态环境保护和资源保护之间缺乏有机的联系

现阶段,我国矿山资源保护与生态环境保护的立法和管理是截然分开的,二者缺少有机的联系,没有形成协调统一的管理体系。鉴于我国矿产资源单一、矿源和贫矿较多、综合共伴生矿多的特点,矿产资源开发时考虑生态环境保护和资源保护、利用,不仅会给矿上带来巨大的经济利益,而且可以减少对环境的影响和生态的危害,有助于矿业的可持续发展。

第二章　生态环境法律与法规概论

第一节　环境法律与法规的概念和特征

一、环境法律与法规的概念

自1840年工业革命以来，全球进入了工业文明，促进了经济与科技的发展，同时经济利益追求与环境利益保护日渐失衡，水、大气、土壤污染事件层出不穷，日渐威胁人类健康和社会可持续发展。由于环境问题引起的社会问题日趋严重，原有法律法规不足以彻底解决环境问题，如何平衡追求经济利益和生态环境保护、切实解决经济发展引发的生态环境问题，为环境法律与法规发展提供了契机。环境法律与法规作为人类保护环境的重要手段，是随着环境问题的产生而产生，并随着环境问题的日趋严重和人类对环境问题认识的逐步提高而不断发展的。它是人类社会发展的必然产物和客观要求，也是人类在各时期处理人与环境关系的体现和反映。

环境是影响人类生存和发展的各种天然的和经过人工改造的自然因素的总体，而环境法律与法规则是由国家制定或认可并由国家强制保证执行的有关保护与改善环境、合理开发利用与保护自然资源、防治污染和其他公害的法律规范的总称。该概念可以从几个方面进行理解：首先，环境法律与法规的目的是通过调整人们在生产、生活和其他活动中所产生的与保护环境有关的各种社会关系，协调社会经济发展与环境保护的关系，把人类活动对环境的污染和破坏控制在最低限度内，维护生态环境质量，实现人类社会与环境协调发展；其次，环境法律与法规主要通过保护和改善环境，防治污染和其他公害等途径实现；最后，环境法律与法规是由一系列相关且具有不同层次和地位的法律法规共同组成的，是若干法律规范的综合体系。

二、环境法律与法规的特征

环境法的特征是相对的，即相对于其他法律所体现的独特特征。总体上可以将环境法的特征概括为：调整对象的特殊性、法律规范构成的科技性、法律方法运用的综合性和保护法益的共同性。

（一）调整对象的特殊性

传统的法律调整理论认为法律只能调整社会关系。而环境法是以调整人与人之间的社会关系以及人与自然之间关系为目的的，以最广泛地保障人类利益为使命的，调整人类生产和改善环境之间关系的法律规范的有机组合。在工业和现代化经济发展尚未大规模展开的背景下，人与自然关系相对和谐且有序，自然的反作用对人的利益损害较小，此时环境法律与法规以调整人与人的社会关系为主。但是，一旦经济与社会发展达到一定水平，人类对物质利益需求不断扩大,对自然资源进行更深度的开发和利用,导致了环境问题日益严重且不得不采取强制措施保护环境质量时,环境法律与法规的调整对象范围自然地拓展到了兼具调整人与人、人与自然双重关系上。

（二）法律规范构成的科技性

与其他法律不同,环境法律与法规的基本原则、管理制度和法律规范都是以资源环境科学的研究成果和技术规范中的理论或技术标准为支撑,体现了科学规律和经济发展的基本要求,具有较强的科学技术性。从宏观层次看,环境法是根据自然科学规律确立协调人与自然关系的法律准则。环境法中有大量技术性规范,典型的如环境标准。从微观层次看,环境法是根据科学技术以及科学推理的结论确立人与人之间的行为模式和法律后果。如:企业向大气排放污染物,相关职能部门在决定排污行为是否违法而应受到行政处罚时,必须依赖于技术专家的判断,即运用技术手段确定是否超标。

（三）法律方法运用的综合性

环境法的体系既包括环境保护一般法规以及环境救济特别法规,也包括其他法律(如宪法、民法、刑法、行政法等)中有关的环境保护规范。环境法的内容既有实体法又有程序法,既包括国家法规也包括地方法规。环境法的实施既有司法方法也有行政方法,而且政策、科技、经济和宣传教育等手段则在环境法的适用上有突出的表现。

（四）保护法益的共同性

就国家范围而言,环境法不直接反映阶级利益的对立和冲突,而主要是解决人类同自然的矛盾,环境保护的利益同全社会的利益是一致的。就全球范围而言,环境问题是人类共同面临的问题,尤其是全球性环境问题的解决,需要各国的合作与交流。法益共同性是就长远利益或根本利益而言,但是实现这个长远利益的过程却是通过利益冲突的平衡来实现的。在一定意义上也可以说环境法律是利益冲突平衡的法。

第二节　环境法律与法规的目的、任务和作用

一、环境法律与法规的目的

所谓法的目的,是立法者通过制定法律与法规所要达到目的表现的、对一定社会关系实行法律调整的思想行动和意图初衷。环境法的目的,决定着环境法的指导思想和调整对象,属于环境法的基本问题范畴。环境立法的直接目的是避免或消除环境问题,即保护环境,为政府采取有效环保措施和其他环保行为提供法律依据。然而,是否构成环境问题又是以人的利益是否受到损害为判断依据的。因此,环境立法的目的归根结底是对人的保护,是对人产生于环境之上的利益的保护,而不是对环境本身的保护,对环境的保护是一种间接的、有条件的保护。而环境法律与法规的终极目的,目前尚未获得统一的结论,大体目标是实现"法律正义",即正义的、合法性的法治。

纵观世界各国环境法律,不难发现,各自的立法目的都不相同。

从我国现行的《环境保护法》第一条规定看,环境法律的目的是保护和改善人类社会环境和自然环境;防治环境污染和其他公害;保障人体健康;促进社会经济的持续发展。其目

的共有以下四项：(1)保护和改善生活环境和生态环境；(2)防治污染和其他公害；(3)保护人体健康；(4)促进社会主义现代化建设的发展。

美国《国家环境政策法》(1969年)第二条将该法的目的规定为如下六款：(1)履行其每一代人都要做子孙后代的环境保管者的职责；(2)保证为全体美国人创造安全、健康、富有生产力并在美学和文化上优美多姿的环境；(3)最广泛地合理使用环境而不使其恶化，或对健康和安全造成危害，或者引起其他不良的和不应有的后果；(4)维护美国历史、文化和自然等方面的重要国家遗产，并尽可能保持一种能为个人提供丰富与多样选择的环境；(5)使人口和资源使用达到平衡，以使人们享受高水准生活；(6)提高可更新资源的质量，使易枯竭资源达到最高程度的再循环。

日本于1967年制定的《公害对策基本法》规定：本法是为了明确企业、国家和地方公共团体对防治公害的职责，确定基本的防治措施，以全面推行防治公害的对策，达到保护国民健康和维护其生活环境的目的。同时，又规定：关于前款所规定的保护国民健康和维护生活环境，是与经济健全发展相协调的。也就是说，该法规定的保护国民健康和维护生活环境的目的是以与经济健全发展相协调为条件的，从而明显地反映了经济优先的立法目的。

1993年德国联邦环境部发布的《环境法典》中规定：为了环境的持久安全，法律的目标是：生物圈的生存能力和效率，以及其他自然资源的可利用能力，环境保护是为了人类的健康和健全发展。1999年的加拿大《环境保护法》在开篇，立法者将该法的副标题定为"一部以促进可持续发展为目标的，关于预防污染和保护环境以及人类健康的法律。"

二、环境法律与法规的任务及作用

(一)环境法律与法规的任务

环境法的任务是通过调整法律主体在生产、生活及其他活动中所产生的同保护和改善环境有关的各种社会关系，实现合理开发和利用环境与资源，防止环境污染和生态破坏，维护生态平衡；建设适宜人类生存的清洁环境，保护人体健康；协调环境保护与经济发展的关系，促进社会主义现代化建设的发展。其中，第一项是环境法的直接目的，第二项是环境法的出发点和归宿，第三条则是前两项的保证，三项任务之间具有密切的有机联系。

(二)环境法律与法规的作用

环境法律与法规的作用亦称环境法律与法规的功能，它表示环境法存在的价值。既然环境法的终极目的是实现人类社会的可持续发展，那么它的基本功能应当是环境保护，同时兼具促进经济社会持续发展的功能。现分述如下：

1. 环境法是实施可持续发展战略的推进器

环境法通过调整和规范人们在开发、利用、保护、改善环境的活动中所发生的各种社会关系，对不符合可持续发展的高投入、高消耗、低产出、低效益的粗放型经济增长方式予以禁止和制裁，对符合可持续发展的低能耗、低物耗的集约型经济增长方式予以促进和鼓励；同时，要求对污染控制从源头抓起，推行"预防优先"原则，采取清洁生产方式，实现废物无害化、资源化；此外，还要求把对环境的负荷减少到最低限度，实行综合的环境整治计划，以确保当代人及其子孙后代均能"以与自然相和谐的方式过健康而富有生产成果的生活。"而正是环境法这一作用的充分发挥,使得可持续发展战略得以顺利实施。

2. 环境法是执行各项环境保护政策的有力工具

环境法将环境保护的基本对策和主要措施以法律形式予以固定,从而使环境保护工作更加规范化、制度化,为人们防治污染和其他公害、保护生活环境和生态环境、合理开发利用自然资源、保障人体健康提供法律依据,有力地推动了环境保护工作的有序进行。

3. 环境法是全面协调人与环境关系的强大法律武器

环境法通过法律形式保证合理开发自然环境和自然资源,保护和改善生活环境和生态环境,防治环境污染、环境破坏及其他环境问题,保护其他生命物种,从而成为协调人与环境的关系和人与人的关系的有效手段。

4. 环境法是增强全民环境意识的好材料

环境意识是衡量社会进步和文明程度的重要标志。为了人类自身的生存和发展,必须在全社会开展环境法治宣传,普及环境科学知识和环境保护政策,倡导良好的环境道德风尚,促进公众参与环境管理。而环境法规定了环境保护的行为规范和政策措施,以法律形式规定了环境保护的是非善恶标准,是提高全体公民环境意识的最好教材。

5. 环境法是加强国际间环境保护合作的重要手段

由于环境是无国界的,所以环境问题造成的危险性其叠加的效应往往超越了国家的界限。为此,只有加强国际间的环境保护的合作,共同对付对全球构成危害的环境问题,才能使我们这个小小的地球成为人类永恒赖以生存和发展的重要场所。而国际环境法正是以规定国家的环境权利和应履行的环境保护义务为主要内容的,从而成为国际间环境保护合作的有效手段。

第三节　环境法律与法规关系

一、环境法律关系的概念和特征

环境法律关系是指环境法针对的主体,在参加与环境有关的社会经济活动过程中所形成的保护环境的权利义务关系。具体地说,环境法律关系是环境法所调整、确认的,环境法各主体之间,在开发、利用、保护、改善、管理环境和自然资源,防治污染和其他公害的活动中形成的具有权利、义务内容的社会关系。

这个定义主要包括以下几层意思:第一,环境法律关系包括人与自然的关系和与环境有关的人与人的关系。第二,环境法律关系包括环境法律关系主体与主体之间的关系以及主体与客体之间的关系。第三,环境法律关系是环境法所规制的关系,即法定关系,是现实生活中人与自然关系以及与环境关系的人与人的关系的法定化。第四,环境法律关系是对传统民事法律关系的改进。

总而言之,环境与资源保护法律关系的产生,同其他法律关系一样,首先要以现行的环境与资源保护法律规范的存在为前提,没有相应的法律规定,就不会产生相应的法律关系。同时,还要有法律规范适用的条件即法律事实的出现。因为,一般来说,法律规范本身并不直接导致法律关系的产生、变更或消灭。

二、环境法律关系构成要素

环境法律关系是由环境法律规定或控制的行为(即环境法律行为,包括行为和状态、作为和不作为、合法行为和违法行为)所形成的环境社会关系,它包括三个不可或缺的构成要素:主体、内容和客体。

(1) 主体:是指依法享有权利和承担义务的环境与资源保护法律关系的参加者,又称"权义主体"或"权利主体"。在我国,包括国家、国家机关、企业事业单位、其他社会组织和公民,所有主体都必须平等地享有权利,平等地履行义务,不得例外。环境法律关系主体的特征:第一,环境法律关系的主体具有广泛性,不仅包含一般公民,还包括国家、国家机关、企事业单位、社会组织等;第二,环境法律关系中,国家环境管理机关是最重要的主体。而在环境行政管理关系中,国家环境管理机关是环境法律关系的必要一方,具有不可替换和不可选择性;第三,权利主体与义务主体具有对应性,行为主体享有权利、履行义务的行为特征是遵法、守法,只要是在法定范围内活动,其行为和利益都受法律保护,同时权利主体与义务主体两者不可分割。

(2) 内容:是指法律关系的主体依法所享有的权利和所承担的义务。主体享有的权利,是指某种权能或利益,它表现为权利主体可以自己做出一定行为,或相应地要求他人做出或不做出一定的行为。主体承担的义务是指必须履行某种责任,它表现为必须做出某种行为或不能做出某种行为。

(3) 客体:是指主体的权利和义务所指向的对象,也称"权利客体"或"权力客体"。一般认为法律关系的客体包括物、行为、精神财富和其他权益 4 种。环境法律关系的客体一般只有物和行为。其中,物主要指具有环境功能的、表现为自然物的各种环境要素或其他物质,如:水、大气、土地、森林。行为是指参加法律关系的主体的行为,包括作为和不作为。

第四节　环境法的体系

一、我国环境法发展概况

环境法作为人类保护环境的重要手段,是随着环境问题的产生而产生,并随着环境问题的日趋严重和人类对环境问题认识的逐步提高而不断发展的。它是人类社会发展的必然产物和客观要求,也是人类在各时期处理人与环境关系的体现和反映。

我国古代劳动人民在从事农业生产的过程中,逐步认识到开发利用环境与环境保护之间的相互关系,形成了朴素的变化思想。如先秦杰出的思想家荀况就认为,只要处理好开发、利用自然资源与保护环境的关系便可使各种可更新资源永续利用,达到"万物皆得其宜,六畜皆得其长,群生皆得其命"的理想境界。他还在《王制》中阐述了自然保护应采取的措施:"草木荣华滋硕之时,则斧斤不入山林,不夭其生,不绝其长也。鼋、鱼、鳖鳅,孕别之时,网罟毒药不入泽,不夭其生,不绝其长也。"此外,在中国比较完备的封建法典,如《唐律》《大明律》《大清律例》中都有详细、具体的关于保护自然环境的法律规定。

中华人民共和国成立以来,国家陆续制定了一系列的有关环境保护的法律法规,1978年更是第一次将"保护环境和自然资源,防止污染和其他公害"作为宪法条款确立了我国环境保护的对象和范围,并在 1982 年将环境保护列为一项基本国策。1978 年,我国修改了《中华人民共和国宪法》(以下简称《宪法》),首次将环境保护工作列入国家根本大法,规定:国家保护环境和自然,防治污染和其他公害,从而把环境保护确定为我国的一项基本职责,将自然保护和污染防治确定为环境保护和环境法律的两大领域。1979 年《中华人民共和国环境保护法(试行)》的颁布实施,更为我国环境法的蓬勃发展奠定了坚实的基础。

二、我国环境法的法律体系

我国目前建立了由法律、国务院行政法规、政府部门规章、地方性法规和地方政府规章、环境标准、环境保护国际条约组成的完整的环境保护法律法规体系(见图 2-1)。

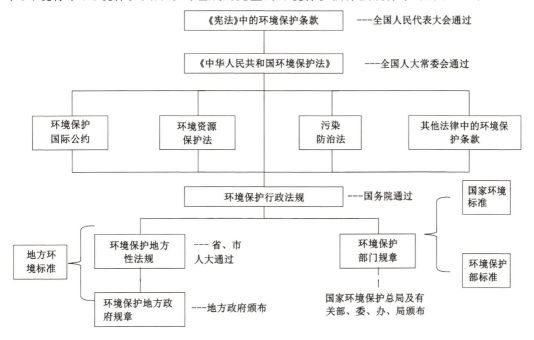

图 2-1　我国环境保护法律法规体系

(一)宪法性规定

《宪法》是国家根本大法,在环境与资源保护方面,《宪法》主要规定国家在合理开发、利用、保护、改善环境和自然资源方面的基本权利、基本义务、基本方针和基本政策等问题。如 1982 年的《中华人民共和国宪法》第九条规定,国家保障自然资源的合理利用,保护珍贵的动物和植物。禁止任何组织或者个人用任何手段侵占或者破坏自然资源;第十条规定,一切使用土地的组织或个人必须合理地利用土地;第二十六条规定,国家保护和改善生活环境和生态环境,防止污染和其他公害。国家组织和鼓励植树造林,保护林木。1988 年的《宪法》修正案第二条规定,任何组织或者个人不得侵占、买卖或者以其他形式非法转让土地。宪法规范属于指导性法律法规的范畴,它具有指导性、原则性和政策性,一切环境与资源保护的法律法规都必须服从宪法的原则,不得以任何形式与宪法相违背。

《中华人民共和国宪法》(2004 年修订)是环境保护立法的依据和指导原则,主要规定了国家在合理开发、利用、保护、改善环境和自然资源方面的基本权利、义务、方针和政策等基本问题。《中华人民共和国宪法》规定国家保护和改善生活环境和生态环境,防治污染和其他公害。

（二）综合性环境基本法

中国的环境保护综合法是指《中华人民共和国环境保护法》(1989年),它在环境法律法规体系中占有核心和最高地位。《中华人民共和国环境保护法》规定,建设污染环境的项目,必须遵守国家有关建设项目环境保护管理的规定。建设项目的环境影响报告书,必须对建设项目产生的污染和对环境的影响做出评价,规定防治措施,经项目主管部门预审并依照规定的程序报环境保护行政主管部门批准。环境影响报告书经批准后,计划部门方可批准建设项目设计任务书。《环境保护法》规定建设项目中防治污染的设施,必须与主体工程同时设计、同时施工、同时投产使用。防治污染的设施必须经原审批环境影响报告书的环境保护行政主管部门验收合格后,该建设项目方可投入生产或者使用。

（三）环境保护单行法

环境保护单行法是针对特定的保护对象而进行专门调整的立法,它以宪法和环境保护综合法为依据,又是宪法和环境保护综合法的具体化。因此,单行环境法规一般都比较具体详细,是进行环境管理、处理环境纠纷的直接依据。

环境保护单行法包括污染防治法(《中华人民共和国水污染防治法》《中华人民共和国大气污染防治法》《中华人民共和国固体废物污染防治法》《中华人民共和国环境噪声污染防治法》《中华人民共和国放射性污染防治法》等),生态保护法(水土保持法、野生动物保护法、防沙治沙法等),海洋环境保护法和环境影响评价法等。

（四）环境标准

环境标准是环境保护法律法规体系的一个组成部分,是环境执法和环境管理工作的技术依据。我国的环境标准分为国家环境保护标准和地方环境保护标准。

国家环境保护标准包括国家环境质量标准、国家污染物排放标准(或控制标准)、国家环境监测方法标准、国家环境标准样品标准、国家环境基础标准以及国家环境保护行业标准。地方环境保护标准包括地方环境质量标准和地方污染物排放标准。

（五）其他部门法中的环境保护规范

环境保护地方性法规是享有立法权的地方权力机关和地方政府机关依据宪法和相关法律制定的环境保护规范性文件,是根据本地实际情况和特定环境问题制定的,并在本地区实施,有较强的可操作性。如《北京市防治大气污染管理暂行办法》、《太湖水源保护条例》、《湖北省环境保护条例》、《贵阳市建设循环经济生态城市条例》、《太原市清洁生产条例》等。

环境与资源保护地方性规章是指由各省、自治区、直辖市人民政府和其他依法由地方行政规章制定的地方人民政府制定的有关合理开发、利用、保护、改善环境和资源方面的地方行政规章。从全国范围来说,地方行政规章的数量很大。

环境与资源保护行政规章是指国务院环境保护行政主管部门单独发布或与国务院有关部门联合发布的环境保护规范性文件,以及国务院各部门依法制定的环境保护规范性文件。主要是指国务院所属各部、委和其他依法有行政规章制定权的国家行政部门制定的有关合理开发、利用、保护、改善环境和资源方面的行政规章。政府部门行政规章是以环境保护法律和行政法规为依据而制定的,或者是针对某些尚未有相应法律和行政法规调整的领域做出相应规定。与国务院制定的行政法规相比,国务院所属各部门制定的部门规章和标准数量更大、技术性更强,是实施环境与资源保护法律法规的具体规范,如《环境保护行政处罚办法》《环境标准管理办法》《报告环境污染与破坏事故的暂行办法》《产业结构调整指导目录》《清洁生产审核暂行办法》《公用建筑节能管理规定》《外商投资产业指导目录》等。

（六）国际法中的环境保护规范

《环境保护法》规定,中华人民共和国缔结或者参加的与环境保护有关的国际条约,同中华人民共和国的法律有不同规定的,适用国际条约的规定,但中华人民共和国声明保留的条款除外。这就是说,中国缔结或参加的国际条约,较中国的国内环境法有优先的权利。

目前中国已经签订、参加了60多个与环境保护有关的国际条约,如《联合国气候变化框架公约》及《京都议定书》《关于消耗臭氧层物质的蒙特利尔议定书》《关于在国际贸易中对某些危险化学品和农药采用事先知情同意程序的鹿特丹公约》《关于持久性有机污染物的斯德哥尔摩公约》《生物多样性公约》《（生物多样性公约）卡塔赫纳生物安全议定书》和《联合国防治荒漠化公约》等,除中国宣布予以保留的条款外,它们都构成中国环境法体系的一个组成部分。另外,中国已先后与美国、日本、朝鲜、加拿大、俄罗斯等42个国家签署双边环境保护合作协议或谅解备忘录,与11个国家签署核安全合作双边协定或谅解备忘录。

第五节　矿山环境保护监督管理体制

一、环境保护监督管理体制的定义

环境保护监督管理体制是指国家环境保护监督管理机构的设置,以及这些机构之间环境保护监督管理权限的划分。对于我国的环境保护监督管理体制,《环境保护法》第十条作了如下原则性的规定:国务院环境保护行政主管部门,对全国环境保护工作实施统一监督管理。县级以上地方人民政府环境保护行政主管部门,对本辖区的环境保护工作实施统一监督管理。国家海洋行政主管部门、港务监督、渔政渔港监督、军队环境保护部门和各级公安、交通、铁道、民航管理部门,依照有关法律的规定对环境污染防治实施监督管理。县级以上人民政府的土地、矿产、林业、农业、水利行政主管部门,依照有关法律的规定对资源的保护实施监督管理。依上述规定,可将我国环境保护监督管理体制概括为:统一监督管理与分级、分部门监督管理相结合的体制。

我国环境管理的发展历程大致可以分为三个阶段,即创建阶段（1972年—1982年8月）、开拓阶段（1982年8月—1989年4月）和改革创新阶段（1989年5月—现在）。环境监督管理体制作为环境管理的重要组成部分,已经形成了比较适应环境与资源保护管理需要的完整体系,其形成和发展过程和环境管理的发展历程密不可分。

（一）环境管理创建阶段

1972年联合国人类环境会议之后,1973年我国召开了第一次全国环境保护会议。会后,国务院在批转发表的国家计划委员会《关于保护和改善环境的若干规定》（试行草案）时指出:各地区、各部门要设立精干的环境保护机构,给他们以监督、检查的职权。据此,我国成立了国务院环境保护领导小组,其主要职责是:制定环境保护方针、政策和行政规章,拟定国家环境保护规划,组织协调和监督检查各地区、各部门的环境保护工作。领导小组下设一个办公室,负责处理日常事务。

党的十一届三中全会以后,我国进入了一个开启改革开放与经济发展的新阶段。1979年,我国《环境保护法(试行)》颁布实施。同时,全国大部分省级人民政府都成立了省一级的环境保护监督管理机构,一些市人民政府也根据需要设立了环境保护监督管理机构。与此同时,根据《环境保护法(试行)》的规定和实际需要,国务院有关部门,如石油、化工、冶金、纺织等部门和一些大、中型企业,也建立了环境保护机构,负责本系统、本部门的环境保护工作。

(二)环境管理开拓阶段

随着改革开放的全面启动,1982年,我国开始了经济体制改革。为了适应经济发展的需要,国家机构进行了相应调整。1982年12月29日,国务院撤销了国务院环境保护领导小组,其业务并入新建的城乡建设环境保护部,成为该部一个局,称环境保护局。随后,绝大多数地方人民政府也将原设环境保护监督管理机构与城乡建设部门合并。这种调整意在将不上编制的国务院原环境保护领导小组,并入一个较高级别的常设机构城乡建设环境保护部,以加强环境保护监督管理工作。但是,由于一些客观因素,合并后反而削弱了环境保护监督管理工作。为了解决该问题,1984年5月,国务院决定成立环境保护委员会,以加强对全国环境保护的统一领导和部门协调。同年年底,原城乡建设环境保护部内的环境保护局对外称国家环境保护局,享有相对独立性。随后,一些地方的环境保护监督管理机构也作了相应的调整。

在这一阶段中,我国的环境管理机构可以分为三种类型。第一类是国家环境保护局,省、自治区、直辖市环境保护局,地、市、县等地区性、综合性环境保护机构,这是环境监督管理体系的重点;第二类是部门性、行业性的环境保护机构,如轻工、化工、冶金、石油等部门都设立了部门性的环境保护机构,主要负责控制污染和破坏;第三类是农业、林业、水利等部门的环境管理机构,负责资源管理。1988年,国务院决定将原城乡建设环境保护部中的环境保护监督管理机构独立出来,成为国务院直属机关,同时仍作为国务院环境保护委员会的办事机构,统称国家环境保护局。

(三)环境管理改革创新阶段

1989年12月29日,经修订后颁布的《环境保护法》,第一次以综合性环境保护基本法的形式,在第七条中明确规定了我国环境保护监督管理体制,即:统一监督管理与分级、分部门监督管理相结合的体制。统管部门是指环境保护行政主管部门;而分管部门则有国家海洋行政主管部门、港务监督、渔政渔港监督、军队环境保护部门和各级公安、交通、铁道、民航管理部门,负责对污染防治实施监督管理,县级以上人民政府的有关部门,如土地、矿产、林业、农业、水利部门也相继成立环境保护监督机构,负责对自然资源保护实施监督管理。1998年,国务院机构调整中,国家环境保护局升格为部级的国家环境保护总局,撤销了国务院环境保护委员会,并对有关管理部门进行了合并,如国土资源部、农林水利部等。2008年,国家环境保护总局升级为环境保护部,成为国务院组成部门。党的十八大以来,我国启动了新一轮机构改革调整。2018年,在原环境保护部基础上新组建的生态环境部,整合了环保部原有全部职责和发展改革委员会、水利部、农业部其他6个部门相关职责,把原来分散的污染防治和生态保护职责统一起来。与环境保护部相比,生态环境部的职责更加丰富,进一步增强了对环境管理与治理能力。

从上述我国环境保护监督管理体制的形成和发展的历史过程不难看出,随着环境问题的日益突出,党和国家对环境保护问题越来越重视,环境保护机构的地位也变得越来越重要。

二、环境保护监督管理机构的职责

在 2018 年生态环境部组建以前,我国的环保职能被分割为三大方面并由不同部门负责:污染防治职能分散在海洋、港务监督、渔政、公安、交通等部门;资源保护职能分散在矿产、林业、农业、水利等部门;综合调控管理职能分散在发改委、财政、国土等部门,而环境问题往往涉及各部门、行业和地区的利益,其主要机构的职责如表 2-1。

表 2-1　我国主要环境保护监督管理机构的职责

	职能部门	职责	依据
1	国务院环境保护行政主管部门	对全国环境保护工作实施统一监督管理	
2	县级以上地方人民政府环境保护行政主管部门	对本辖区的环境保护工作实施统一监督管理	
3	国家海洋行政主管部门及其派出机构	分管海洋石油勘探开发和海洋倾废活动中防止海洋污染损害的监督管理工作	根据《海洋环境保护法》《海洋石油勘探开发环境保护条例》《海洋倾废管理条例》的规定
4	港务监督行政主管部门	对船舶、水土拆船污染海域和海港水域的环境污染、机动船舶噪声污染防治实施监督管理	根据《海洋环境保护法》《环境噪声污染防治法》《防止船舶污染海域管理条例》《防止拆船污染环境管理条例》的规定
5	渔政渔港监督行政主管部门	对渔业船舶排污、拆船作业污染渔业港区水域的环境污染防治实施监督管理	根据《海洋环境保护法》《防止拆船污染环境管理条例》的规定
6	军队环境保护部门	对部队在演练、武器试验、军事科研、军工生产、运输、部队生活等的环境污染防治实施监督管理	根据《环境保护法》和《中国人民解放军环境保护条例》的规定
7	各级公安机关	对环境噪声的污染、放射性污染、破坏野生动物和破坏水土保持等环境防治与自然资源保护实施监督管理	根据《环境保护法》《环境噪声污染防治法》、《治安管理处罚条例》《放射性同位素与射线装置放射防护条例》《汽车排气污染监督管理办法》《道路交通管理条例》的规定
8	各级交通部门的航政机关	对陆地水体船舶的大气污染、水污染、环境噪声污染防治实施监督管理	根据《环境保护法》《大气污染防治法》《大气污染防治法》《水污染防治法》《环境噪声污染防治法》规定
9	铁道行政主管部门	对铁路机车环境污染防治实施监督管理	根据《环境保护法》《环境噪声污染防治法》的规定

表 2-1(续)

	职能部门	职责	依据
10	民航管理部门(即中国民用航空局)	对经营通用航空业务的企业、事业单位和民用机场的环境噪声污染防治实施监督管理	根据《环境保护法》,《大气污染防治法》《水污染防治法》《环境噪声污染防治法》《通用航空管理暂行规定》《民用机场管理暂行规定》的规定
11	县级以上土地资源保护行政主管部门	对土地资源保护实施监督管理	根据《环境保护法》《土地管理法》《土地复垦规定》《农业法》等的规定
12	县级以上矿产资源行政主管部门	对矿产资源保护实施监督管理	根据《环境保护法》《矿产资源法》的规定
13	县级以上林业行政主管部门	对森林资源、陆生野生动物、野生植物保护实施监督管理	根据《环境保护法》《森林法》《野生动物保护法》《野生植物保护条例》《陆生野生动物保护实施条例》的规定

第三章 环境法的基本原则和基本制度

第一节 环境法的基本原则

环境法,是指由国家制定或认可的,并由国家强制保证执行的关于保护环境和自然资源、防治污染和其他公害的法律规范的总称。环境法的保护对象是一个国家管辖范围内的人的生存环境,主要是自然环境,包括土地、大气、水、森林、草原、矿藏、野生动植物、自然保护区、自然历史遗迹、风景游览区和各种自然景观等,也包括人们用劳动创造的生存环境,即人为的环境,如运河、水库、人造林木、名胜古迹、城市及其他居民点等。在中国,通常把环境法称为环境保护法。

环境法主要内容包括:

(1)《宪法》中关于保护环境和防治污染的规定。在《宪法》或综合性环境保护法里明确规定,保护环境和合理利用自然资源是一切国家机关、企业和事业单位、团体和公民的职责,要求各级政府、单位和个人一致行动,共同实现保护环境的目标。

(2)综合性的环境保护法,或称环境政策法,是指国家在环境保护方面的基本法,一般是对环境保护的范围和对象、方针、政策、基本原则、重要防治措施和对策、组织机构等重大问题,作出原则的规定。

(3)保护自然环境的法规,包括有关保护土地、矿藏、森林、草原、河流、湖泊、海洋、大气、野生动植物、自然保护区、风景游览区、名胜古迹、国家公园等的法规。对环境保护实行计划管理,把环境保护纳入社会经济发展计划。

(4)防治污染及其他公害的法规,包括关于防治大气污染和水体污染,控制噪声和振动,防止地面沉降、防治恶臭和热污染,处理废弃物,控制和管理农药及其他有害化学品,防护放射性物质和电磁辐射危害等法规。对治理污染、保护环境和环境科学研究等活动,由国家给予财政补贴和税收上的优待。如日本法律规定,政府采取必要的金融和税收政策,鼓励企业修建和改进公害防治设施,并对中小企业给予特别照顾;对环境保护设备免征不动产税;对于为迁离人口稠密地区而购置土地和建筑房屋免予征税等。

(5)各种环境质量标准和污染物排放标准,如水质标准、大气质量标准、污染物排放标准以及与此有关的各种操作规程。实行环境影响评价制度。这种制度要求政府机关、企业和事业单位、公民在进行对环境质量产生重大影响的活动时,要事先对周围的各种自然和社会条件进行调查研究,向主管部门提出书面报告,说明拟议中的活动对环境可能造成的或不可避免的影响,并提出防治措施和最佳方案,由主管部门审议批准,颁发许可证。

(6)关于设置环境管理机构,关于危害环境的法律责任以及处理环境纠纷及其程序等的法规,实行污染者负担原则。这项原则包括:污染者要负责治理自己的污染源或承担污染治理费用;在污染造成损害时,要对受害者赔偿损失,负担消除污染后果的费用。排污收费制度和某些同排污有关的税收制,是贯彻污染者负担原则的具体措施。

(7) 在行政法、刑法、民法、经济法、劳动法等法规中有关环境保护的规定。此外,在一些资本主义国家还包括有关判例。对危害环境的违法行为追究行政责任、民事责任和刑事责任。而且对这些责任的追究有日益加重之势。例如在损害赔偿方面,如果由于排放有害于环境和人体健康的物质而造成生命或健康以及财产的损害,排放者要承担无过失责任,赔偿损失(见公害损害赔偿)。在刑事责任方面是扩大责任范围和加重刑罚(包括提高罚金数额和增加判刑期限)。德国的有关法律规定,犯危害环境罪,处 10 年监禁。在关于举证责任的规定方面,比较有利于原告,而不利于被告。可见,环境法是保障实现可持续发展的一个重要的法律组成部分。

一、环境法的基本原则的概念

环境法作为一个独立的法律部门,其基本原则是指环境法所确认并体现的反映环境法本质和特征的基本原则,是决定一切环境法律关系主体行为的指导思想和基本准则,所有环境法律规范必须遵循。它贯穿于整个环境法体系,是调整因保护和改善环境而产生的社会关系的基本准则,是环境保护法本质的集中表现。环境法的基本原则对贯彻和实施环境法具有普遍的指导作用,由于具体法律条文局限性很大,可依据环境法的基本原则应对解决新问题、新情况,是对环境保护实行法律调整的基本准则,是环保法本质的集中体现。环境法的基本原则是实施可持续发展战略,预防因规划和建设项目实施后对环境造成不良影响,协调经济、社会发展与环境保护的关系。环境法的基本原则同环境法的立法原则和一般的司法原则有所不同。环境法的立法原则是指在起草、制定或修改环境法规范的过程中,对立法者具有指导意义的基本原理和基本方法。一般的司法原则是指在执行法律的过程中必须遵循的一些基本准则,如"以事实为依据、以法律为准绳"原则、"法律面前人人平等"原则等,这些司法原则虽然在环境法的执法过程中也适用,但由于没有体现出环境法与其他法律部门不同的特点,也不是环境法的基本原则。不能将只适用于某个特定领域或是特定对象的个别原则作为环境法的基本原则。

环境法的基本原则有:
① 环境保护与经济建设、社会发展协调的原则;
② 预防为主、防治结合、综合治理的原则;
③ 污染者治理、开发者保护的原则;
④ 鼓励综合利用原则;
⑤ 环境保护的民主原则。

二、经济社会发展与环境保护相协调原则

《环境保护法》第十三条规定,国家制定的环境保护规划必须纳入国民经济和社会发展计划。国家采取有利于环境保护的经济技术政策和措施,使环境保护工作同经济建设和社会发展相协调。经济社会发展与环境保护相协调原则,简称"协调发展原则",是指经济建设、社会发展应当与环境保护统筹规划、协调发展,从而实现经济效益、社会效益和环境效益的统一。前文中提到,环境问题分为两类:一是原生环境问题,二是次生环境问题,次生环境问题通常就是伴随着经济发展而产生的。经济建设与环境保护并不矛盾,而是对立统

一的辩证关系。当前,①保持经济快速增长是环境保护的基础,因为环境保护需要大量的人力、物力和财力,没有经济的较快增长,没有财政能力的不断提高,环境治理就没有资金的投入来支持,就难以实现环境保护的目标;②同样经济增长较快,环境压力会加大,对环保产业就产生了巨大的需求。但绝不能走"先污染后治理"的老路,不能用消耗大量的资源、破坏环境来实现经济增长的高速度。这就要求我们找到一个平衡点,即既能保持经济一定速度的增长,又不以破坏环境为代价。

"协调发展原则"和国际环境组织提出的"可持续发展"的指导思想是一致的。"协调发展"着重从横向关系上,即制约发展的基本因素的相互关系上对发展提出要求,"可持续发展"则是从纵向历史发展过程,即当前需要与未来需要的关系上提出要求。两者的目的都是为了保证社会的持续发展,既满足当代人的需要,又不对后代人构成危害。协调发展原则的实质是以生态和经济理念为基础,要求对发展所涉及的各项利益都应当均衡地加以考虑,以平衡与人类发展相关的经济、社会和环境这三大利益的关系。因此,协调发展原则也是法理上利益平衡原则的体现,即各类开发决策应当考虑所涉及的各种利益及其所处的状态。我国在1983年12月召开的第二次全国环境保护会议上,制定了环境保护与经济建设统筹兼顾、同步发展的方针。其具体内容是:经济建设、城乡建设和环境建设同步规划、同步实施、同步发展,做到经济效益、社会效益、环境效益的统一。可见,不论是在政策中,还是法律中,都对这一原则进行了确定。

"协调发展原则"从五个层面贯彻执行:

(一)将环境保护切实纳入国民经济和社会发展计划

从1982年公布的第六个五年计划(1981—1985)开始,首次将环境保护列为专门的一章,制定了"加强环境保护,防止环境污染的进一步发展"的目标,并提出了政策、法规、监督、管理和资金等五项措施。此后的"七五""八五"和"九五"计划中也都把环境保护列入了国民经济和社会发展计划,在"十五"计划(2001—2005)中,更是制定了"可持续发展"的策略,在"十一五"规划的建议中提出了"建设节约型、环境友好型社会",具体提出了大力发展循环经济、加大环境保护力度、切实保护好自然生态等三方面的发展目标。

(二)制定环境规划

环境规划是人类为使环境与经济、社会协调发展,对自身活动和环境所作的时间和空间的合理安排。它遵循和追求的战略思想和根本目标是可持续发展,根据环境的承载力享用环境权,约束经济和社会活动,以保障环境不被破坏。城市、矿区在建设的过程中都离不开规划,而环境规划正是建设和谐社会所必不可少的,一定要防患于未然。

(三)采取有利于环境保护的经济、技术政策和措施

解决复杂的环境问题需要政府的干预,政府干预的手段就是制定环境保护的各项政策和措施,这些政策和措施的制定应当本着协调发展原则,将环境保护与经济、社会发展相协调的理念贯穿其中。

环境保护的经济政策和措施一般包括税费手段、价格手段、交易制度和其他经济手段,例如我国的资源税,是同生态环境关系最密切的一个税种,但是它的计税依据是销售量或自用量,而不是开采量,这样在客观上就等于鼓励了企业对资源的滥采滥用,造成了资源的积压和浪费,这样的规定就没有贯彻环境保护与经济、社会发展相协调的原则,而需要

改变。

（四）加强环境保护科学技术研究，推行循环经济

环境问题的解决，尤其是环境污染的治理，在根本上取决于环境科学技术的水平。只有不断地进行环境科学研究，开发出节能低耗、变废为宝、清洁生产的生产工艺以及能控制和治理环境污染、保护生态平衡的科研成果，才能使环境保护与经济、社会发展协调成为现实。

（五）强化环境监督管理

强化环境监督管理，一方面是要做到环境管理的科学化；另一方面就是要加大环境污染与环境破坏的处罚力度，增大违法成本。

环境保护同经济、社会持续发展相协调原则是当代环境立法的首要基本原则，它不仅反映了当代环境法的实质，体现了当代环境法的价值取向，同时也符合当代环境法的发展趋势，具有十分丰富的内容和非常深邃的思想：

（1）反映了当代环境法的实质

当代环境法将实现人类社会的可持续发展作为环境立法的终极目标加以规定，环境保护同经济、社会持续发展相协调原则正是以强调在环境的承载力内发展经济为出发点，要求使用自然资源时，应将废物量减到最低限度；要求在生产中最大限度地回收利用各种废料；要求维护生态系统的完整性（在对其进行任何改变之前，需仔细评价可能产生的后果）；要求当环境退化不可避免时，必须将其退化减至最低限度，最大限度地利用环境改善与社会、经济发展之间的互补性；要求把环境效益同经济效益和社会效益结合起来，作为一个整体加以研究；要求制定经济增长、合理利用资源与环境效益相结合的长期政策；要求制定协调经济增长与环境保护之间的关系的长远规划，从而较为客观地反映当代环境法的实质。

（2）体现了当代环境法的价值取向

当代环境法通过法律形式保证合理开发利用自然环境和自然资源，保护和改善生活环境和生态环境，防止污染、环境破坏和其他环境问题，把人类对环境资源的开发利用限制在环境的承载能力之内，从而达到人和自然的共存共荣，这便是当代环境法的价值取向。而环境保护同经济、社会持续发展相协调原则正是以追求人和自然的和谐为核心，要求当代人在创造与追求今世发展与消费的时候，承认并努力做到自己的机会与后代人的机会平等，不能因为当代人一味地、片面地追求今世的发展与消费，而毫不留情地剥夺后代人本应合理享有的同等的发展与消费的机会；要求放弃单纯靠增加投入、加大消耗来实现发展，通过牺牲环境来增加生产的传统发展方式；要求运用使发展更少地依赖地球上有限的资源，更多地与环境承载能力达到有机协调的方式来发展经济，从而较为充分地体现当代环境法的价值取向。

（3）符合当代环境法的发展趋势

环境保护同经济、社会持续发展相协调原则正是通过调整因开发、利用、保护、改善环境所发生的社会关系，包括人与环境的关系和人与人的关系，执行环境保护的各项政策，维护和促进可持续发展的行为，禁止和处罚不可持续发展的活动，并通过自身的不断完善，来实现可持续发展的目的，符合当代环境法围绕"可持续发展"这一中心来确立其立法原则的发展趋势。可持续发展的基础依然在于协调，即协调处理好资源的开发、投资的方向、技术

开发方向以及国家机构的变化关系等,以增强目前和将来满足人类的需要和愿望的潜力。

社会主义经济规律的要求是在处理好人与自然关系的基础上,保证最大限度地满足整个社会不断增长的物质和文化的需要。"协调发展原则"是社会经济规律和生态规律的客观要求,是社会主义现代化建设的需要,是保障人体健康、发展社会生产力的需要。

三、预防为主、防治结合、综合治理的原则

"预防为主、防治结合、综合治理"原则是环境法的一项重要基本原则。该原则是指在环境保护工作中,采取各种预防措施,防止环境问题的产生和恶化,或者把污染和生态破坏控制在能够维持生态平衡、保护人体健康和社会物质财富以及保障经济社会持续发展的限度之内,并对已经造成的环境污染和生态破坏积极进行治理。"预防为主、防治结合、综合治理"原则是由预防、防治、综合治理三个部分组成。预防,是指预防一切环境污染或破坏造成的危害,它包括通常不会发生的危害,时间和空间上距离遥远的危害以及累积型的危害。预防为主原则属于事前调整,是先进的环境保护战略和科学的环境管理思想的体现。我国《环境保护法》虽然没有明确规定预防为主原则,但是其中规定的一系列环境法的基本制度已经充分反映出预防为主的要求,例如环境影响评价制度、许可证制度等。各环境保护单行法中有许多相关内容的规定,例如《海洋环境保护法》《水污染防治法》《大气污染防治法》等均有专章或专款规定。由于环境污染造成的危害都有潜伏期,一般具有缓释性,因此必须预防今后的严重危害,甚至要考虑到子孙后代的利益,避免被动局面的出现。

但是,由于预防既不能消除和减少已经产生的环境问题,也不能在没有任何经验的条件下防止所有环境问题的产生,所以对于由于条件限制而无法认识、预测和防止的环境问题,只能进行治理。因此治理也是不可或缺的一部分,只有根据具体情况统筹安排,运用各种手段和措施,对环境进行综合整治,才能达到保护和改善环境的目的。

贯彻落实预防为主原则,首先必须制定环境管理法规,建立城市、矿山等发展的环境风险评估机制、跟踪监测机制和综合治理机制。对于不适宜引进的发展项目,要通过风险评估机制进行评估,把它们拒之门外,此为"预防为主";对于风险尚未可知的发展项目,要通过跟踪监测机制,如果被证实为对环境生态有破坏或随条件变化转变为对环境生态有破坏,要及时彻底根除,此为"防治结合";对于已经对环境生态产生破坏,要通过综合治理制度,确保可持续的控制与管理技术体系的建立。必须通过生物、物理、化学等方法的综合运用,达到对环境生态被破坏部分的最佳治理效果,此为"综合治理"。

四、污染者治理、开发者保护的原则(环境责任原则)

污染者负担和治理、受益者补偿原则,是对污染者负担、利用者补偿、开发者保护、破坏者恢复原则的概述。该原则是指依据环境法当中的法律法规追究污染环境的肇事者或相关单位的法律责任。该原则包括"污染者付费""利用者补偿""开发者养护"和"破坏者恢复"四个方面的内容。"污染者付费",是指污染环境造成的损失及治理污染的费用应当由排污者承担,而不应转嫁给国家和社会。"利用者补偿",是指开发利用环境资源者,应当按照国家有关规定承担经济补偿的责任。"开发者养护",是指开发利用环境资源者,不仅有依法开发自然资源的权利,同时还有保护环境资源的义务。"破坏者恢复",是指因开发环境资源而造成环境资源破坏的单位和个人,对其负有恢复、整治的责任。即谁污染的环境,

谁就应当承担赔偿的责任,这符合法律的公平精神。环境责任原则主要是对已经发生的污染而起作用,即事后的消极补偿。此外,作为国家保护环境的手段,还可以通过收取超标准排污费或排污税等形式,来达到促使行为人减少对环境污染的目的。

我国参照"污染者负担原则"的精神,在我国现行环境立法中所强调的是环境责任原则。1981年,国务院发布《关于在国民经济调整时期加强环境保护工作的决定》,提出了"谁污染、谁治理"的原则。《环境保护法》第四十二条体现该项原则精神,规定:排放污染物的企业事业单位和其他生产经营者,应当采取措施,防治在生产建设或者其他活动中产生的废气、废水、废渣、医疗废物、粉尘、恶臭气体、放射性物质以及噪声、振动、光辐射、电磁辐射等对环境的污染和危害。排放污染物的企业事业单位,应当建立环境保护责任制度,明确单位负责人和相关人员的责任。重点排污单位应当按照国家有关规定和监测规范安装使用监测设备,保证监测设备正常运行,保存原始监测记录。严禁通过暗管、渗井、渗坑、灌注或者篡改、伪造监测数据,或者不正常运行防治污染设施等逃避监管的方式违法排放污染物。

五、鼓励综合利用原则

鼓励综合利用原则是指在开发利用自然资源时,必须全面规划,合理布局,为自然资源的再生,为人类社会和经济的持续发展预留一些空间,使之永远为人类所利用。它包括有计划地节约资源,保护和改善可以再生的自然资源以及维持现有的环境品质。遵循环境法基本原则的可持续发展的战略思想,对不能再生自然资源的开发利用进行全面规划,节约利用,对于可以再生的自然资源加以保护和改善,把对这类自然资源的利用限制在一定的范围之内,以保障这类自然资源的再生功能不受到损害,使之可以世代地为人类所利用。此外,对于现存的环境品质也应善加保护,使现存环境品质不再变坏,在开发和利用自然时,要充分考虑自然环境的负载能力,使之不再恶化。全面规划、合理利用自然资源原则是以"预留空间理论"为基础,是基于自然对人类各种干扰环境行为忍受程度的有限性,而要求人类不应用尽一切自然资源,应当为自然资源的再生和人类未来的发展预留一些空间。

为了确保人类社会的生存和发展,各国环境立法均将全面规划、合理利用自然资源原则作为一项基本原则加以确立。我国《环境保护法》第三章对于"保护和改善环境"作了专章规定,各有关的法律、法规如《森林法》《草原法》《海洋环境保护法》《城市规划法》等对此均有专门条款,详细规定了全面规划、合理利用自然资源的各种具体措施。

六、环境保护的民主原则

环境保护的民主原则是鼓励广大群众积极参与环境保护事业,保护他们对污染和破坏环境的行为依法进行监督的权利。《环境保护法》第六条明确规定:一切单位和个人都有保护环境的义务。《中国21世纪议程》提出:公众、团体和组织的参与方式和参与程度,将决定可持续发展目标实现的进程。《环境影响评价法》《大气污染防治法》《水污染防治法》《海洋环境保护法》和《环境噪声污染防治法》等法律都对公众参与作了相应规定。

公众参与可能需要社会态度和个人行为的根本性改变。公众参与的主要目的在于制约政府的自由裁量权,确保政府公正、合理地行使行政权力。现阶段,我国环境法中的公众参与原则落实得并不尽如人意,公民的环境保护意识还比较薄弱。我国并没有任何一部法律明文规定公民环境权,这就造成实践中单位和个人在参与环境管理和决策时对损害环境的行为进行控告、揭发、检举、起诉时于法无据。因此,要贯彻公众参与原则首先必须确定环境权,要通过立法将环境权具体化、制度化;要健全我国公众参与环境管理的法律制度,规范公众参与的各种途径和程序,扩大公众诉讼权利;增强环境管理和执法的透明度,决策公开化,充分发挥公众的监督作用;建立环境公众听证制度,召开多种形式的听证会,广泛听取公众意见、建议,接受公众质询。

第二节　环境法的基本制度

一、环境影响评价制度

环境影响评价制度是指把环境影响评价工作以法律、法规或行政规章的形式确定下来从而必须遵守的制度。环境影响评价不能代替环境影响评价制度,前者是评价技术,后者是进行评价的法律依据。环境影响评价制度是在进行建设活动之前,对建设项目的选址、设计和建成投产使用后可能对周围环境产生的不良影响进行调查、预测和评定,提出防治措施,并按照法定程序进行报批的法律制度。

环境影响评价制度,是实现经济建设、城乡建设和环境建设同步发展的主要法律手段。建设项目不但要进行经济评价,而且要进行环境影响评价,科学地分析开发建设活动可能产生的环境问题,并提出防治措施。通过环境影响评价,可以为建设项目合理选址提供依据,防止由于布局不合理给环境带来难以消除的损害;通过环境影响评价,可以调查清楚周围环境的现状,预测建设项目对环境影响的范围、程度和趋势,提出有针对性的环境保护措施;环境影响评价还可以为建设项目的环境管理提供科学依据。

（一）环境影响评价制度的产生历程

我国环境影响评价制度的立法经历了三个阶段。

1. 创立阶段

1973 年首先提出环境影响评价的概念,1979 年颁布的《环境保护法(试行)》使环境影响评价制度化、法律化。1981 年发布的《基本建设项目环境保护管理办法》专门对环境影响评价的基本内容和程序作了规定。后经修改,1986 年颁布了《建设项目环境保护管理办法》,进一步明确了环境影响评价的范围、内容、管理权限和责任。

2. 发展阶段

1989 年颁布正式的《环境保护法》,规定:建设污染环境的项目,必须遵守国家有关建设项目环境保护管理的规定。建设项目的环境影响报告书,必须对建设项目产生的污染和对环境的影响做出评价,规定防治措施,经项目主管部门预审并依照规定的程序报环境保护行政主管部门批准。环境影响报告书经批准后,计划部门方可批准建设项目设计任务书。1998 年,国务院颁布了《建设项目环境保护管理条例》,进一步提高了环境影响评价制度的立法规格,同时环境影响评价的适用范围、评价时机、审批程序、法律责任等方面均作出了很大修改。1999 年 3 月国家环保总局颁布《建设项目环境影响评价资格证书管理办法》,使我国环境影响评价走上了专业化的道路。

3. 完善阶段

针对《建设项目环境保护管理条例》的不足,适应新形势发展的需要,2003 年 9 月 1 日起施行的《环境影响评价法》可以说是我国环境影响评价制度发展历史上的一个新的里程碑,是我国环境影响评价制度走向完善的标志。

(二)环境影响评价制度的应用范围

环境影响评价的范围,一般是限于对环境质量有较大影响的各种规划、开发计划、建设工程等。如美国《国家环境政策法》规定,对人类环境质量有重大影响的每一项建议或立法建议或联邦的重大行动,都要进行环境影响评价。在法国,除城市规划必须作环境影响评价外,其他项目根据规模和性质的不同分为三类:必须作正式影响评价的大型项目,如以建设城市、工业、开发资源为目的的造地项目,占地面积 3 000 平方米以上或投资超过 600 万法郎的有关项目等;须作简单影响说明的中型项目,如已批准的矿山调查项目,500 千瓦以下的水力发电设备等;可以免除影响评价的项目,即对环境无影响或影响极小的建设项目。法国政府在 1977 年公布的 1141 号政令附则中,详细列举了三类不同项目的名单。在立法上这比使用"对环境有重大影响"这样笼统的概念明确得多。

有些国家或地方政府对适用环境影响评价的范围规定得较为广泛。瑞典的《环境保护法》规定,凡是产生污染的任何项目都须事先得到批准,对其中使用较大不动产(土地、建筑物和设备)的项目,则要进行环境影响评价。美国加利福尼亚州 1970 年《环境质量法》规定,对所有建设项目都要作环境影响评价。根据美国有关法律规定,应该进行影响评价的项目,在两种特殊情况下可不进行,一种是法律另有专门规定的;另一种是为处理某种紧急事态而采取的措施或依法进行的特殊行为,如环境保护局为保护环境采取的行动,国防和外交方面某些秘密事项等。

(三)环境影响评价制度的评价内容

环境影响评价的内容,各国规定虽不一致,但一般都包括下述基本内容:

① 建设方案的具体内容;

② 建设地点的环境本底状况;

③ 方案实施后对自然环境(包括自然资源)和社会环境将产生哪些不可避免的影响;

④ 防治环境污染和破坏的措施和经济技术可行性论证意见。

(四)环境影响评价制度的评价程序

环境影响评价的程序一般是:

① 由开发者首先进行环境调查和综合预测(有的委托专门顾问机构或大学、科研单位进行),提出环境影响报告书。

② 公布报告书,广泛听取公众和专家的意见。对于不同意见,有的国家规定要举行"公众意见听证会"。

③ 根据专家和公众意见,对方案进行必要的修改。

④ 主管当局最后审批。

实施环境影响评价制度,可以防止一些建设项目对环境产生严重的不良影响,也可以通过对可行性方案的比较和筛选,把某些建设项目的环境影响减少到最低程度。因此环境影响评价制度同国土利用规划一起被视为贯彻预见性环境政策的重要支柱和卓有成效的法律制度,在国际上越来越引起广泛的重视。

二、"三同时"制度

我国 2015 年 1 月 1 日开始施行的《环境保护法》第四十一条规定:建设项目中防治污染的设施,应当与主体工程同时设计、同时施工、同时投产使用。防治污染的设施应当符合经批准的环境影响评价文件的要求,不得擅自拆除或者闲置。《中华人民共和国劳动法》第六章第五十三条明确要求:劳动安全卫生设施必须符合国家规定的标准。新建、改建、扩建工程的劳动安全卫生设施必须与主体工程同时设计、同时施工、同时投入生产和使用。我国《安全生产法》第三十一条规定:生产经营单位新建、改建、扩建工程项目的安全设施,必须与主体工程同时设计、同时施工、同时投入生产和使用,安全设施投资应当纳入建设项目概算。根据我国《职业病防治法》第十八条规定:建设项目的职业病防护设施所需费用应当纳入建设项目工程预算,并与主体工程同时设计、同时施工、同时投入生产和使用。凡是通过环境影响评价确认可以开发建设的项目,建设时必须按照"三同时"规定,把环境保护措施落到实处,防止建设项目建成投产使用后产生新的环境问题,在项目建设过程中也要防止环境污染和生态破坏。建设项目的设计、施工、竣工验收等主要环节落实环境保护措施,关键是保证环境保护的投资、设备、材料等与主体工程同时安排,使环境保护要求在基本建设程序的各个阶段得到落实,"三同时"制度分别明确了建设单位、主管部门和环境保护部门的职责,有利于具体管理和监督执法。

(一)制度确立

"三同时"制度是在中国出台最早的一项环境管理制度。它是中国的独创,是在中国特色社会主义制度和建设经验的基础上提出来的,是具有中国特色并行之有效的环境管理制度。

1972 年 6 月,在国务院批准的《国家计委、国家建委关于官厅水库污染情况和解决意见的报告》中第一次提出了"工厂建设和三废利用工程要同时设计、同时施工、同时投产"的要求。1973 年,经国务院批准的《关于保护和改善环境的若干规定(试行草案)》中规定:一切新建、扩建和改建的企业,防治污染项目,必须和主体工程同时设计、同时施工、同时投产,正在建设的企业没有采取防治措施的,必须补上。各级主管部门要会同环境保护和卫生等部门,认真审查设计,做好竣工验收,严格把关。从此,"三同时"成为中国最早的环境管理制度。但起初执行"三同时"的比例还不到 20%,新的污染仍不断出现。这是因为当时处于中国环境保护事业的初创阶段,人们对环境保护事业的重要性了解不深;中国经济有困难,拿不出更多的钱防治污染;有关"三同时"的法规不完善,环境管理机构不健全,进行监督管理不力。

1979 年,《中华人民共和国环境保护法(试行)》对"三同时"制度从法律上加以确认,其中规定:在进行新建、改建和扩建工程时,必须提出对环境影响的报告书,经环境保护部门和其他有关部门审查批准后才能进行设计;其中防止污染和其他公害的设施,必须与主体工程同时设计、同时施工、同时投产;各项有害物质的排放必须遵守国家规定的标准。随后,为确保"三同时"制度的有效执行,中国又制定了一系列的行政法令和规章。如,1981 年 5 月由国家计委、国家建委、国家经委、国务院环境保护领导小组联合下达的《基本建设项目环境保护管理办法》,把"三同时"制度具体化,并纳入基本建设程序。于是,到 1984 年大中型项目"三同时"执行率上升到 79％。第二次全国环境保护会议以后又颁布了《建设项目环境设计规定》，进一步强化了这一制度的功能。至 1988 年，大中型项目"三同时"执行率已接近 100％，小型项目也接近 80％，有些地方的乡镇企业也试行了这一制度。

《中华人民共和国环境保护法》总结了实行"三同时"制度的经验，四十一条规定：建设项目中防治污染的设施，必须与主体工程同时设计、同时施工、同时投产使用。防治污染的设施必须经原审批环境影响报告书的环境保护行政主管部门验收合格后，该建设项目方可投入生产或者使用。针对现有污染防治设施运行率不高、不能发挥正常效益的问题，该条还规定：防治污染的设施不得擅自拆除或者闲置，确有必要拆除或者闲置的，必须征得所在地的环境保护行政主管部门同意。还对违反"三同时"的法律责任作出了规定。

（二）制度内容

（1）建设项目的初步设计，应当按照环境保护设计规范的要求，编制环境保护篇章，并依据经批准的建设项目环境影响报告书或者环境影响报告表，在环境保护篇章中落实防治环境污染和生态破坏的措施以及环境保护设施投资概算。

（2）建设项目的主体工程完工后，需要进行试生产的，其配套建设的环境保护设施必须与主体工程同时投入试运行。

（3）建设项目试生产期间，建设单位应当对环境保护设施运行情况和建设项目对环境的影响进行监测。

（4）建设项目竣工后，建设单位应当向审批该建设项目环境影响报告书、环境影响报告表或者环境影响登记表的环境保护行政主管部门，申请该建设项目需要配套建设的环境保护设施竣工验收。

（5）分期建设、分期投入生产或者使用的建设项目，其相应的环境保护设施应当分期验收。

（6）环境保护行政主管部门应当自收到环境保护设施竣工验收申请之日起 30 日内，完成验收。

（7）建设项目需要配套建设的环境保护设施经验收合格，该建设项目方可正式投入生产或者使用。

（三）责任承担

"三同时"制度是中国环境管理的一项基本制度。违反这一制度时，根据不同情况，要承担相应的法律责任。如果建设项目涉及环境保护未经环境保护部门审批擅自施工，除责令其停止施工，补办审批手续外，还可处以罚款；如果建设项目的防治污染设施没有建成或者没有达到国家规定的要求，投入生产或者使用的，由批准该建设项目环境影响报告书的环境保护行政主管部门责令停止生产或使用，并处罚款；如果建设项目的环境保护设施未经验收或验收不合格而强行投入生产或使用，要追究单位和有关人员的责任；如果未经环境保护行政主管部门同意，擅自拆除或者闲置防治污染的设施，污染物排放又超过规定排放标准的，由环境保护行政主管部门责令重新安装使用，并处以罚款。

（四）安全审查

按照建设项目所处的阶段不同，"三同时"制度安全审查验收包括可行性研究审查、初步设计审查和竣工验收审查。

1. 可行性研究

建设项目从计划建设到建成投产,一般要经过四个阶段和五道审批手续,即:确定项目、设计、施工和竣工验收四个阶段;项目建议书、可行性研究报告、设计任务、初步设计和开工报告五道审批手续。而可行性研究审查则是对可行性研究报告中的安全设施部分的内容,运用科学的评价方法,依据国家法律法规及标准和规范,分析、预测该建设项目存在的危险,有害因素的种类和危险危害程度,提出科学、合理及可行的安全技术措施和管理对策,作为该建设项目初步设计中安全设施设计和建设项目安全管理的主要依据,供国家安全生产管理部门进行监查时参考。审查的内容主要包括生产过程中可能产生的主要危险有害因素、预计危险程度、造成危害的因素及其所在部位或区域、可能接触危险有害因素的职工人数、使用和生产的主要有毒有害物质、易燃易爆物质的名称和数量、安全措施专项投资估算、实现治理措施的预期效果、技术投资方面存在的问题和解决方案等。

2. 初步设计审查

初步设计审查是在可行性研究报告的基础上,根据有关标准、规范对专篇进行全面深入的分析,提出建设项目中安全方面的结论性意见。初步设计审查的基调应是实施性的,主要包括以下内容:

(1)设计依据

国家、地方政府的主管部门制定的有关规定;采用的主要技术规范、规程、标准和其他依据。

(2)工程概述

本工程设计所承担的任务及范围;工程性质、地理位置及特殊要求;改建、扩建前的安全设施概况;主要工艺、原料、半成品、成品、设备及主要危害概述。

(3)建筑及场地布置

① 根据场地自然条件中的气象、地质、雷电、暴雨、洪水、地震等情况预测主要危险因素及防范措施。

② 建厂的周围环境对本厂安全的影响及防范措施。

③ 工厂总体布置中诸如锅炉房、氧气站、乙炔站等及易燃易爆、有毒物品仓库等对全厂安全的影响及防范措施。

④ 厂区内的通道、运输的安全。

⑤ 总图设计中建筑物的安全距离、采光、通风、日晒等情况。

⑥ 辅助用室包括救护室、医疗室、浴室、更衣室、休息室、哺乳室、女工卫生室的设置情况。

(4)生产过程中职业有害因素的分析

① 生产过程中使用和产生的主要有毒有害物质,包括原料、材料、中间体、副产物、产品、有毒气体、粉尘等的种类名称和数量。

② 生产过程中的高温、高压、易燃、易爆、辐射、振动、噪声等有害作业的生产部位、程度。

③ 生产过程中危险因素较大的设备的种类、型号、数量。

④ 可能受到职业危害的人数及受害程度。

(5)安全设施设计中采用的主要防范措施

① 工艺和装置中,根据全面分析各种危害因素确定工艺路线、选用可靠装置设备,从生产、火灾危险性分类设置泄压、防爆等安全设施和必要的检测、检验设施。

② 按照爆炸和火灾危险场所的类别、等级、范围选择电气设备的安全距离及防雷、防静电及防止误操作等设施。

③ 生产过程中的自动控制系统和紧急停机、事故处理的保护措施。

④ 说明危险性较大的生产过程中,一旦发生事故或急性中毒的抢救、疏散方式及应急措施。

⑤ 扼要说明在生产过程各工序产生尘毒的设备(或部位)及尘毒的种类、名称,尘毒危害情况,以及防止尘毒危害所采用的防护设备、设施及其效果等。

⑥ 经常处于高温、高噪声、高振动工作环境所采用的降温、降噪及降振措施,防护设备性能及检测检验设施。

⑦ 改善繁重体力劳动强度方面的设施。

(6)预期效果评价

对安全方面存在的主要危害所采取的治理措施提出专题报告和综合评价。

(7)安全机构设置及人员配备情况

① 安全机构设置及人员配备的具体情况。

② 维修、保养、日常监测检验人员配备情况。

③ 安全教育设施及人员配备情况。

(8)专用投资概算

① 主要生产环节安全设施费用。

② 检测装备及设施费用。

③ 安全教育装备和设施费用。

④ 事故应急措施费用。

(9)存在的问题与建议

存在问题与建议必须列出,且是重要内容。

3. 竣工验收审查

竣工验收审查是按照安全专篇规定的内容和要求对安全设施的工程质量及其方案的实施进行全面系统的分析和审查,并对建设项目作出安全措施的效果评价,竣工验收审查是强制性的。建设单位在生产设备调试阶段,应同时对安全设施、措施进行调试和考核,对其效果作出评价。在人员培训时,要有关于安全方面的内容,并建立健全安全方面的规章制度。在生产设备调试阶段中,安全生产监督管理部门对建设项目的安全设施进行预验收。对体力劳动强度较大,产生尘、毒危害严重的作业岗位,要按国家有关标准委托相关职业安全卫生监测机构进行体力劳动强度、粉尘和毒物危害程度的测定工作,并将测定结果作为评价安全设施的工程技术效果和竣工验收的依据。对于检查出的隐患,由建设单位订出计划,限期整改。借助设计消除危险是系统安全的重要组成部分和基本原则,也是安全审查的重点。

实施安全审查是为保证在早期设计阶段尽可能将危险降到最低程度。审查本身包含对工程项目安全性的分析、评价、监督和检查。为保障现代化生产的安全,对安全审查提出了新的更高的要求,即必须运用科学和工程原理、标准和技术知识鉴别、消除或控制系统中的危险,建立必要的系统安全管理组织,制定出系统安全程序计划,应用科学的分析方法、保证系统安全目标的实现。所以做好工程项目的安全审查工作,是管理部门、设计部门、监督检查部门和建设单位的共同责任,也是广大工程技术人员、安全专业工作者的重要使命。

(五)"三同时"法律依据

《中华人民共和国劳动法》第六章第五十三条明确要求:劳动安全卫生设施必须符合国家规定的标准。新建、改建、扩建工程的劳动安全卫生设施必须与主体工程同时设计、同时施工、同时投入生产和使用。

《安全生产法》第二十八条规定:生产经营单位新建、改建、扩建工程项目的安全设施,必须与主体工程同时设计、同时施工、同时投入生产和使用,安全设施投资应当纳入建设项目概算。

《职业病防治法》第十六条规定:建设项目的职业病防护设施所需要费用应当纳入建设项目工程预算,并与主体工程同时设计、同时施工、同时投入生产和使用。

《建设项目(工程)劳动安全卫生监察规定》(原劳动部第 3 号令)是目前从事"三同时"监察工作最为明确、具体的法规;《建设项目(工程)劳动安全卫生预评价管理办法》(原劳动部第 10 号令)和《建设项目(工程)劳动安全卫生预评价单位资格认可与管理规则》(原劳动部第 11 号令)都是原劳动部第 3 号令的配套规章。

三、污染物排放申报登记制度

污染物排放申报登记制度是对污染源和污染物的排放进行管理的一种制度。该制度首先由《水污染防治法》规定,随后,《大气污染防治法》《环境噪音污染防治条例》和《环境保护法》都作了规定。根据该项制度的要求,一切向环境排放污染物的单位或者个人,应当向所在地的环境保护部门申报登记所拥有的污染物排放设施,处理设施和在正常作业条件下排放污染物的种类、数量和浓度,并提供防治污染的有关技术资料。如果排放污染物的种类、数量和浓度有重大改变,也应当及时申报。拒报或者谎报者,应依法承担相应的法律责任。

四、排污许可证制度

控制污染物排放许可制(简称排污许可制)是依法规范企事业单位排污行为的基础性环境管理制度,环境保护部门通过对企事业单位发放排污许可证并依证监管实施排污许可制。

(一)法律依据

1.《水污染防治法》(2008 年 2 月 28 日)

第二十条国家实行排污许可制度。

直接或者间接向水体排放工业废水和医疗污水以及其他按照规定应当取得排污许可证方可排放的废水、污水的企业事业单位,应当取得排污许可证;城镇污水集中处理设施的运营单位,也应当取得排污许可证。排污许可的具体办法和实施步骤由国务院规定。

禁止企业事业单位无排污许可证或者违反排污许可证的规定向水体排放前款规定的废水、污水。

2.《大气污染防治法》(2015 年 8 月 29 日)

第十九条排放工业废气或者本法第七十八条规定名录中所列有毒有害大气污染物的企业事业单位、集中供热设施的燃煤热源生产运营单位以及其他依法实行排污许可管理的单位,应当取得排污许可证。排污许可的具体办法和实施步骤由国务院规定。

3.《环境保护法》(2014 年 4 月 24 日)

第四十五条国家依照法律规定实行排污许可管理制度。

实行排污许可管理的企业事业单位和其他生产经营者应当按照排污许可证的要求排放污染物;未取得排污许可证的,不得排放污染物。

(二)中央全会文件摘录

《中共中央关于全面深化改革若干重大问题的决定》(2013 年 11 月 12 日十八届三中全会通过):改革生态环境保护管理体制。完善污染物排放许可制,实行企事业单位污染物排放总量控制制度。

《中共中央、国务院关于加快推进生态文明建设的意见》(2015 年 4 月 25 日):完善生态环境监管制度。建立严格监管所有污染物排放的环境保护管理制度。完善污染物排放许可证制度,禁止无证排污和超标准、超总量排污。

《生态文明体制改革总体方案》(2015 年 9 月 11 日中央政治局会议审议通过):完善污染物排放许可制。尽快在全国范围建立统一公平、覆盖所有固定污染源的企业排放许可制,依法核发排污许可证,排污者必须持证排污,禁止无证排污或不按许可证规定排污。

(三)实施范围

排污许可制是覆盖所有固定污染源的环境管理基础制度,排污许可证是排污单位生产运营期排放行为的唯一行政许可。下列排污单位应当实行排污许可管理:

① 排放工业废气或者排放国家依法公布的有毒有害大气污染物的企业事业单位;

② 集中供热设施的燃煤热源生产运营单位;

③ 直接或间接向水体排放工业废水和医疗污水的企业事业单位和其他生产经营者;

④ 城镇污水集中处理设施的运营单位;

⑤ 设有污水排放口的规模化畜禽养殖场;

⑥ 依法实行排污许可管理的其他排污单位。

(四)分类管理

2017 年 8 月,环境保护部公布了《固定污染源排污许可分类管理名录(2017 年版)》,分批分步骤推进排污许可证管理。排污单位应当在"名录"规定的时限内持证排污,禁止无证排污或不按证排污。按照"名录",2020 年年底之前,我国将完成覆盖名录中所有固定污染源的许可证发证工作。2017 年 6 月,全国火电、造纸行业排污许可证已经按期完成核发。

环境保护部根据污染物产生量、排放量和环境危害程度的不同,在排污许可分类管理名录中规定对不同行业或同一行业的不同类型排污单位实行排污许可差异化管理。对污染物产生量和排放量较小、环境危害程度较低的排污单位实行排污许可简化管理,简化管的内容包括申请材料、信息公开、自行监测、台账记录、执行报告的具体要求。

(五)综合许可

对排污单位排放水污染物、大气污染物的各类排污行为实行综合许可管理。排污单位申请并领取一个排污许可证,同一法人单位或其他组织所有,位于不同地点的排污单位,应当分别申请和领取排污许可证;不同法人单位或其他组织所有的排污单位,应当分别申请和领取排污许可证。

（六）机构设置与法律法规

2017年4月,环境保护部成立控制污染物排放许可制实施工作领导小组及办公室,并在规划财务司设立专门机构,负责排污许可制度改革的具体工作。各地也成立了相应的改革领导小组及组织机构,共同推进排污许可制度改革。

2016年12月,环境保护部发布《排污许可证管理暂行规定》(环水体〔2016〕186号),对排污许可证等基础概念做出界定,并对排污许可证申请、审核、发放、管理等程序做出规范性要求。

2017年7月,为贯彻落实党中央、国务院决策部署,推进排污许可制度建设,规范排污许可管理程序,指导全国排污许可证申请、核发和实施监管等工作,根据《中华人民共和国环境保护法》《中华人民共和国水污染防治法》《中华人民共和国大气污染防治法》《中华人民共和国行政许可法》和《国务院办公厅关于印发控制污染物排放许可制实施方案的通知》(国办发〔2016〕81号)等,环境保护部发布了《排污许可管理办法(征求意见稿)》,公开征求意见。

同时,环境保护部已经启动了排污许可条例的编制工作。截至2017年9月底,环境保护部发布了火电、造纸、钢铁、水泥、石化、制药、氮肥、农药、焦化、印染、电镀、平板玻璃、制革、制糖、有色金属冶炼(铜、铅、锌、铝)等15个重点行业的排污许可证申请与核发技术规范,相关行业的自行检测指南等配套技术规范性文件也在陆续编制和发布。

五、排污收费制度

排污收费制度是指向环境排放污染物或超过规定的标准排放污染物的排污者依照国家法律和有关规定按标准交纳费用的制度。征收排污费的目的,是为了促使排污者加强经营管理,节约和综合利用资源,治理污染,改善环境。排污收费制度是"污染者付费"原则的体现,可以使污染防治责任与排污者的经济利益直接挂钩,促进经济效益、社会效益和环境效益的统一。缴纳排污费的排污单位出于自身经济利益的考虑,必须加强经营管理,提高管理水平,以减少排污,并通过技术改造和资源能源综合利用以及开展节约活动,改变落后的生产工艺和技术,淘汰落后设备,大力开展综合利用和节约资源、能源,推动企业事业单位的技术进步,提高经济和环境效益。征收的排污费纳入预算内,作为环境保护补助资金,按专款资金管理,由环境保护部门会同财政部门统筹安排使用,实行专款专用,先收后用,量入为出,不能超支、挪用。环境保护补助资金,应当主要用于补助重点排污单位治理污染源以及环境污染的综合性治理措施。

（一）排污收费制度的意义

1. 影响企业决策

当企业存在减少产量、纳排污费和消减污染三种选择的时候,收取排污费可以促使企业减少产量,消减污染。

2. 促进污染减排技术的采用和创新

因为根据企业的排污量来征收排污费,所以企业必须考虑减少排污量,这将促使企业不断开发新技术,减少污染物的排放。

3. 筹集环保资金

排污收费作为环境保护部门的资金来源,可为公共环境保护设计提供部分资金,以及返还污染企业作为治理污染的专项基金。

(二) 征收对象

《排污费征收使用管理条例》第二条规定:直接向环境排放污染物的单位和个体工商户,简称排污者,应当缴纳排污费。而对于非直接向环境排放污染物的,如排污者向城市污水集中处理设施排放污水、缴纳污水处理等费用的,不再缴纳污水排污费。另外,排污者建成工业固体废物贮存或者处置设施、场所并符合环境保护标准,或者其原有工业固体废物贮存或者处置设施、场所经改造符合环境保护标准的,自建成或者改造完成之日起,不再缴纳排污费。

(三) 征收方式

排放水、大气、固体污染物按照排污就收费的原则征收排污费;排放噪声污染按照超标声级征收超标准排污费。排放废水和废气实行总量多因子叠加收费,即将排污口排放的各种污染物量折合成为当量值,再将各种污染物的当量值合计计算排污费。对于超标排放大气污染物的,按照《大气污染防治法》规定予以处罚,排污费仍然按照上述方法计算征收。《大气污染防治法》第九十九条规定:"违反本法规定,有下列行为之一的,由县级以上人民政府生态环境主管部门责令改正或者限制生产、停产整治,并处十万元以上一百万元以下的罚款;情节严重的,报经有批准权的人民政府批准,责令停业、关闭:1. 未依法取得排污许可证排放大气污染物的;2. 超过大气污染物排放标准或者超过重点大气污染物排放总量控制指标排放大气污染物的;3. 通过逃避监管的方式排放大气污染物的。而对于超标排放水污染物的,按照排放污染物的当量值加一倍计算征收排污费。"

(四) 基本原则

① 排污即收费的原则:针对单位和个体工商户,自然人除外。

② 强制征收的原则。

③ 属地分级征收的原则。

④ 征收程序法定化的原则。

排污申报登记—排污申报登记核定—排污费征收—排污费缴纳—不按照规定缴纳,经责令限期缴纳,拒不履行的强制征收。

⑤ 征收时限固定的原则:按月征收或按季征收。

⑥ 政务公开的原则:通过电视、报纸、广播、互联网等向社会公告。

⑦ 上级强制补缴追征的原则。

⑧ 特殊情况下可实行减、免、缓的原则。

因自然灾害或其他突发事件遭受重大经济损失的,可申请减半或免缴;社会公益事业单位可按年度申请免缴;因实际经济困难可申请不超过 3 个月的缓缴。

⑨ "收支两条线"的原则。

排污费上缴财政,环保执法所需经费列入本部门预算,由本级财政予以保障。

⑩ 专款专用的原则。

用于重点污染源治理、区域性污染防治、污染防治新技术和新工艺的开发及示范应用、国务院规定的其他污染防治项目等。

⑪ 缴纳排污费不免除其他法律责任的原则。

六、排污总量控制制度

排污总量控制制度指国家对污染物的排放实施总量控制的法律制度。总量指是在一定区域和时间范围内的排污量总和或一定时间范围内某个企业的排放量之和。我国 1988 年起原国家环保局在全国 18 个城市和山西、江苏两省进行在总量控制基础上的排污许可证试点和推广工作。实践证明总量控制和排污许可证制度对控制污染物的排放效果显著。因此,在新修改的《水污染防治法》中规定了排污总量控制制度。

（一）法律依据

1989 年 7 月 12 日,国务院批准、原国家环保局发布的《水污染防治法实施细则》规定超过国家规定的企业事业单位污染物排放总量的,应当限期治理。

1995 年 8 月 8 日,国务院颁布的《淮河流域水污染防治暂行条例》对污染物排放总量控制作出了较完善的规定。规定指出,国家对淮河流域实行水污染物排放总量控制制度。第十条至第十四条规定了总量控制计划的制定、内容、具体实施的有关问题和超标排污的责任。

1996 年 5 月 15 日,新修订的《水污染防治法》规定,省级以上人民政府对实现水污染物达标排放仍不能达到国家规定的水环境质量标准的水体,可以实施重点污染物的总量控制制度,并对有排污量削减任务的企业实施该重点污染物排放量的核定制度。具体办法由国务院规定。这是迄今最高级别的法律规定。

目前,在《环境保护法》中尚未作出关于实行污染物排放总量控制的规定,总量控制制度的适用范围也仅限于某些重点水污染物、大气污染物和固体废物的防治。

（二）制度内容

由于国务院尚未规定有关排污总量控制制度的具体办法,所以确定该制度的具体内容尚有一定难度。结合《淮河流域水污染防治暂行条例》的规定,排污总量控制制度的内容应包括以下几个方面:

1. 适用条件

由《水污染防治法》第十六条可知,排污总量控制制度只有在对实施水污染达标排放仍不能达到国家规定的水环境质量标准的水体才能适用。

这表明了排污总量控制制度只是排污浓度控制制度的补充（即如果采用浓度控制能够达到国家规定的水环境质量标准,则不应适用总量控制制度）。

对于排污企业,只有有排污量削减任务的,才对其核定排污总量控制指标的削减量及削减时限。

在对排污总量控制制度适用条件的理解下,“国家规定的水环境质量标准”应理解为国家水环境质量标准（由国务院环境保护行政主管部门制定）,而不是地方环境补充标准（由省级人民政府制定）。（以辽宁省为例理解）

2. 适用程序

（1）由省级人民政府拟定排污总量控制计划,即确定实行排污总量控制的重点污染物名单和适用区域。具体包括：排污总量控制区域、排污总量、排污削减量、削减时限。

（2）县级以上地方人民政府，根据上级人民政府制定的排污总量控制计划，组织制定本行政区域内的排污总量控制计划，并纳入本行政区域的国民经济和社会发展中长期规划和年度计划。

（3）由环境保护行政主管部门商同同级有关行业主管部门，根据排污总量控制计划、建设项目环境影响报告书和排污申报制表，确定被纳入排污总量控制的排污者的排污总量控制指标以及排污总量控制指标的削减量和削减时限要求。

（4）由县级以上环境保护部门负责对排污单位和排污行为进行监管，排污单位超过排污总量控制指标排污的，由有关县级以上人民政府责令限期治理。

3．违法后果

根据有关法律规定，排污者违反排污总量控制制度的要求，超过排污总量指标排污的，由有关县级以上地方人民政府责令限期治理，逾期未完成治理任务的，除按照国家规定征收两倍以上的超标排污费外，还可根据所造成的危害和损失处以罚款，或责令其停业或关闭。

环境保护行政主管部门超过本行政区域的排污总量控制指标，批准建设项目环境影响报告书的，对负有直接责任的主管人员和其他直接责任人员依法给予行政处分，构成犯罪的，依法追究刑事责任。

七、排污区域限批制度

所谓区域限批制度指如果一家企业或一个地区出现严重环保违规的事件，环保部门有权暂停这一企业或这一地区所有新建项目的审批，直至该企业或该地区完成整改。2007年1月10日，第三次"环评风暴"掀起。河北省唐山市、山西省吕梁市、贵州省六盘水市、山东省莱芜市4个行政区域和大唐国际发电股份有限公司、中国华能集团有限公司、中国华电集团公司、国家电网有限公司4大电力集团的除循环经济类项目外的所有建设项目被国家环保总局停止审批。这是环保总局及其前身成立几十年来首次启用"区域限批"这一行政惩罚手段。

（1）对未按期完成《污染物总量削减目标责任书》确定的削减目标的地区，暂停审批该地区新增排放总量的建设项目。

【法规依据】

《国务院关于落实科学发展观加强环境保护的决定》第二十一条：对超过污染物总量控制指标的地区，暂停审批新增污染物排放总量的建设项目。

（2）对生态破坏严重或者尚未完成生态恢复任务的地区，暂停审批对生态有较大影响的建设项目。

（3）在大中城市及其近郊，严格控制新（扩）建除热电联产外的燃煤电厂，停止审批新（扩）建钢铁、冶炼等高耗能企业；在重要环境保护区、严重缺水地区，停止审批钢铁冶炼生产能力。

【法规依据】

《国务院关于落实科学发展观加强环境保护的决定》第十三条：大中城市及其近郊，严格控制新（扩）建除热电联产外的燃煤电厂，禁止新（扩）建钢铁、冶炼等高耗能企业。

《钢铁产业政策》(经国务院同意,国家发改委令第 35 号):在重要环境保护区、严重缺水地区和大城市市区,不再扩建钢铁冶炼生产能力。

(4) 对无正当理由未实施或未按期完成国家确定的燃煤电厂二氧化硫污染防治项目的地区,停止审批该地区的燃煤电厂项目。

【法规依据】

《关于加强燃煤电厂二氧化硫污染防治工作的通知》(国家环境保护总局、国家发改委 2003 年 9 月 15 日):对无正当理由未实施或未按期完成国家确定的燃煤电厂二氧化硫污染防治项目的地区,不再审批该地区的新建、改建和扩建项目。

(5) 对不按法定条件、程序和分级审批权限审批环评文件,不依法验收,或者因不依法履行职责致使环评、"三同时"执行率低的地区,限期整改。整改期间暂停审批该区域内除污染治理项目以外的建设项目;逾期不整改的,暂停并上收一级该地区环保部门的项目审批权。

【法规依据】

《关于印发清理和督查新开工项目工作情况报告的通知》(经国务院同意,国家发改委、国土资源部、国家环境保护总局、银监会、国家统计局、国家安监总局、国家质检总局、国家工商总局 2006 年 12 月 18 日):切实把好建设项目开工建设关口。明确开工建设必须符合的产业政策、投资管理、土地管理、环评审批、节能评估、信贷政策等各种条件。发改委将会同有关部门,加强对各地执行新开工项目条件的监督检查,对各项建设程序执行不力的地区,将采取暂停项目审批(核准),暂停安排国家投资等惩罚措施。

(6) 对因超过总量控制方案确定的污染物总量控制指标,致使环境质量达不到要求的工业开发区,暂停审批该开发区新增排放总量的建设项目。

【法规依据】

《国务院关于落实科学发展观加强环境保护的决定》第十九条:加大对各类工业开发区的环境监管力度,对达不到环境质量要求的,要限期整改。

(7) 凡在饮用水水源保护区、自然保护区、人口集中居住区以及国家规定的其他环境敏感区域进行开发建设,新布设化工石化集中工业园区、基地以及其他存在有毒有害物质的建设项目的园区、基地,必须进行开发建设规划的环境影响评价;未开展规划环境影响评价的,各级环保部门原则上不得受理上述园区、基地区域范围内的建设项目环境影响评价文件。

【法规依据】

《环境影响评价法》第七条:国务院有关部门、设区的市级以上地方人民政府及其有关部门,对其组织编制的土地利用的有关规划,区域、流域、海域的建设、开发利用规划,应当在规划编制过程中组织进行环境影响评价,编写该规划有关环境影响的篇章或者说明。

《环境影响评价法》第八条:国务院有关部门、设区的市级以上地方政府及其有关部门,对其组织编制的工业、农业、畜牧业、林业、能源、水利、交通、城市建设、旅游、自然资源开发的有关专项规划,应当在该专项规划草案上报审批前,组织进行环境影响评价,并向审批该专项规划的机关提交环境影响报告书。

《环境影响评价法》第十八条:建设项目的环境影响评价,应当避免与规划的环境影响评价相重复。作为一项整体建设项目的规划,按照建设项目进行环境影响评价,不进行规划的环境影响评价。已经进行了环境影响评价的规划所包含的具体建设项目,其环境影响评价内容建设单位可以简化。

《关于加强环境影响评价管理防范环境风险的通知》(国家环境保护总局 2005 年 12 月 15 日,环发〔2005〕152 号):(1)凡在以下区域进行开发建设,新布设化工石化集中工业园区、基地以及其他存在有毒有害物质的建设项目的园区、基地,必须进行开发建设规划的环境影响评价:江河湖海沿岸,特别是饮用水水源保护区、自然保护区和重要渔业水域、珍稀水生生物栖息地附近区域;人口集中居住区域附近;《建设项目环境保护分类管理目录》中确定的其他环境敏感区域及其附近。(2)未开展规划环境影响评价的,各级环保部门原则上不得受理上述园区、基地区域范围内的建设项目环境影响评价文件。

(8)对因不能稳定达标或者超总量被责令限期治理的排污企业,暂停审批该企业新增排放总量的项目。

【法规依据】

《国务院关于落实科学发展观加强环境保护的决定》第二十一条:对不能稳定达标或超总量的排污单位实行限期治理,治理期间应予限产、限排,并不得建设增加污染物排放总量的项目。

(9)对改建、扩建项目未采取措施治理与该项目有关的原有环境污染和生态破坏的企业,在该企业完成"以新代老"治理任务之前,暂停审批该企业新增排污总量的项目。

【法规依据】

《建设项目环境保护管理条例》第五条:改建、扩建建设项目和技术改造项目必须采取措施,治理与该项目有关的原有环境污染和生态破坏。

八、现场检查制度

现场检查制度是环境保护行政主管部门或其他依法行使环境监督管理权的部门对管辖范围内的排污单位进行现场检查的法律规定。其目的在于检查和督促排污单位执行环境保护法律的要求,及时发现环境违法行为,以便采取相应的措施。根据《我国环境保护法》和《水污染防治法》《大气污染防治法》等法律法规的规定,县级以上人民政府环境保护部门或其他依法行使环境监督管理权的部门,有权对管辖范围的排污单位进行现场检查,但同时有责任为被检查单位保守技术秘密和业务秘密。被检查单位必须如实反映情况和提供必要的资料;如果拒绝接受检查或者弄虚作假,则必须承担相应的法律责任。规范的现场检查包括:检查准备、检查实施、检查报告、检查处理和检查档案整理。

九、环境信息公开制度

环境信息公开指依据和尊重公众知情权,政府和企业以及其他社会行为主体向公众通报和公开各自的环境行为以利于公众参与和监督。因此环境信息公开制度既要公开环境质量信息,也要公开政府和企业的环境行为,为公众了解和监督环保工作提供必要条件,这对于加强政府、企业、公众的沟通和协商,形成政府、企业和公众的良性互动关系有重要的促进作用,有利于社会各方共同参与环境保护。

十、突发环境事件应急制度

《突发环境事件应急管理办法》(以下简称《办法》)已于 2015 年 3 月 19 日由环境保护部部务会审议通过,以环境保护部令第 34 号印发公布,自 2015 年 6 月 5 日起施行。《突发环境事件应急管理办法》将进一步明确环保部门和企业事业单位在突发环境事件应急管理工作中的职责定位,从风险控制、应急准备、应急处置和事后恢复等 4 个环节构建全过程突发环境事件应急管理体系,规范工作内容,理顺工作机制,并根据突发事件应急管理的特点和需求,设置了信息公开专章,充分发挥舆论宣传和媒体监督作用。

(一)制定《办法》的背景

当前,我国正处于工业化、城镇化加速发展阶段,经济增长方式比较粗放,重化工行业占国民经济比重较大,工业布局不够合理,加之自然灾害多发频发,当前的环境安全形势面临严重挑战,环境应急管理形势严峻。突出表现在两个方面:

1. 突发环境事件频发

"十一五"以来,环境保护部直接调度处置 900 多起突发环境事件,派出工作组现场指导协调地方处置 93 起重特大突发环境事件或敏感事件。一些突发环境事件动辄威胁几十万人,甚至上百万人的饮用水安全。环境安全隐患和突发环境事件呈现出高度复合化、高度叠加化和高度非常规化的趋势。

2. 环境风险十分突出

根据环境保护部 2010 年、2012 年对石油加工、炼焦业、化学原料及化学品制造业和医药制造业等重点行业企业环境风险检查及化学品检查数据,并综合 2012 年、2013 年全国环境安全大检查情况,全国重大环境风险级别企业共 4 000 多家。这些重大环境风险企业极易发生突发环境事件,是群众生命财产安全和社会稳定的潜在威胁。

频发的突发环境事件和环境风险,对环境应急管理提出更系统、更严格和更规范的要求。制定《办法》,将有助于从总体上加强环境应急管理工作,有效应对突发环境事件严峻形势,有力维护保障环境安全,促进经济社会的协调发展。

(二)制定《办法》的必要性

1. 进一步规范环境应急管理工作的需要

《突发事件应对法》具有应急领域基本法的地位,但重在宏观指导,缺乏对于环境应急管理的针对性;《国家突发环境事件应急预案》重在明确应急准备环节的有关工作。新《环境保护法》对突发环境事件的应急管理工作提出了宏观上的原则要求,这些原则必须通过一系列的制度和规定来具体落实,增强其可操作性。为弥补法律法规的空白,提高法律法规的可操作性和针对性,迫切需要制定专门的环境应急管理的部门规章。

2. 进一步理顺环境应急管理体制机制的迫切需要

当前,我国环境应急管理体制尚未理顺,应急管理机构网络尚未完全建立。各级政府环境应急指挥机构设置和职责不统一,没有形成有机整体,一定程度上影响了应急处置工作效率。有关部门之间环境应急管理职能交叉,力量分散,应急效能较低。大部分省级环保部门还没有专门的环境应急管理机构,市级以下更为薄弱。队伍专业素质亟待提高,在应对突发环境事件时,一些同志特别是领导干部还难以做到科学决策、规范工作。应急救援队伍建设存在空白,应急技术支持队伍建设滞后。装备水平严重不足,尚未建立统一完整的通信系统,尚未建立物资储备系统,专业防护装备未能得到有效配备。突发环境事件损失评估尚处于探索阶段,环境风险尚未分级分类管理,技术支撑能力明显不足,环境应急管理平台尚未建立。总体上,现有应急管理体制难以适应环境应急工作的有效开展。制定《办法》将进一步理顺环境应急管理体制机制,整体推动环境应急管理工作的进一步发展。

（三）制定《办法》的可行性

2009 年以来,在党中央、国务院的正确领导下,各级环保部门恪职尽责,同心协力,积极防范和妥善处置各类突发环境事件,积极推进环境应急管理体系建设,多项工作取得了历史性突破。这些工作为出台《办法》打下了扎实的实践基础。

为加强和规范环境应急管理工作,环境保护部出台了《环境保护部关于加强环境应急管理工作的意见》(环发〔2009〕130 号)、《环境风险评估技术指南——氯碱企业环境风险等级划分方法》(环发〔2010〕8 号)、《突发环境事件应急预案管理暂行办法》(环发〔2010〕113 号)、《突发环境事件信息报告办法》(环境保护部令 17 号)、《环境风险评估技术指南——硫酸企业环境风险等级划分方法(试行)》(环发〔2011〕106 号)、《环境风险评估技术指南——粗铅冶炼企业环境风险等级划分方法(试行)》(环发〔2013〕39 号)、《突发环境事件应急处置阶段污染损害评估工作程序规定》(环发〔2013〕85 号)、《企业突发环境事件风险评估指南(试行)》(环办〔2014〕34 号)、《突发环境事件调查处理办法》(环境保护部令 32 号)等一系列文件,基本涵盖了环境应急管理的全过程。这些文件为制定《办法》提供了系统的编制基础。

（四）制定《办法》的依据

新修订的《环境保护法》用完整独立的第四十七条共四款,对环境应急管理工作进行了全面、系统的规定,明确要求各级政府及其有关部门和企业事业单位,要做好突发环境事件的风险控制、应急准备、应急处置和事后恢复等工作。《突发事件应对法》对突发事件预防、应急准备、监测与预警、应急处置与救援、事后恢复与重建等环节作了全面、综合、基础性的规定。本办法是在环境应急领域对新修订《环境保护法》及《突发事件应对法》的具体落实。

（五）《办法》的主要内容

《办法》共 8 章 40 条。主要内容如下:

第一章总则。主要规定了适用范围和管理体制。

第二章风险控制。一是规定了企业事业单位突发环境事件风险评估、风险防控措施以及隐患排查治理的要求。二是规定了环境保护主管部门区域环境风险评估以及对环境风险防范和隐患排查的监督管理责任。

第三章应急准备。一是规定了企业事业单位、环境保护主管部门应急预案的管理要求。二是规定了环境污染预警机制、突发环境事件信息收集系统、应急值守制度等。三是规定了企业事业单位环境应急培训、环境应急队伍、能力建设以及环境应急物资保障。

第四章应急处置。主要明确了企业事业单位和环境保护主管部门的相应职责。一是规定了企业的先期处置和协助处置责任。二是规定了环境保护主管部门在应急响应时的信息报告、跨区域通报、排查污染源、应急监测、提出处置建议等职责。三是规定了应急终止的条件。

第五章事后恢复。规定了总结及持续改进、损害评估、事后调查、恢复计划等职责。

第六章信息公开。规定了企业事业单位相关信息公开、应急状态时信息发布、环保部门相关信息公开。

第七章法律责任。规定了污染责任人法律责任。

第八章附则。主要明确《办法》的解释权和实施日期。

（六）《办法》的主要特点

1. 从全过程角度系统规范突发环境事件应急管理工作

近年来，在各级政府、环保部门以及有关方面的共同努力下，突发环境事件应急管理工作有了长足的进步，但是仍然存在不系统、不规范的问题。《办法》在总结各地环境应急管理实践经验的基础上，以最新《环境保护法》为依据，从事前、事中、事后全面系统地规范突发环境事件应急管理工作，从根本上解决突发环境事件应急管理"管什么"和"怎么管"的问题。

2. 构建了突发环境事件应急管理基本制度

《办法》围绕环保部门和企业事业单位两个主体，构建了八项基本制度，分别是风险评估制度、隐患排查制度、应急预案制度、预警管理制度、应急保障制度、应急处置制度、损害评估制度、调查处理制度。这八项基本制度组成了突发环境事件应急管理工作的核心内容。

3. 突出了企业事业单位的环境安全主体责任

企业事业单位应对本单位的环境安全承担主体责任，具体体现在日常管理和事件应对两个层次十项具体责任。在日常管理方面，企业事业单位应当开展突发环境事件风险评估、健全突发环境事件风险防控措施、排查治理环境安全隐患、制定突发环境事件应急预案并备案、演练、加强环境应急能力保障建设；在事件应对方面，企业事业单位应立即采取有效措施处理，及时通报可能受到危害的单位和居民，并向所在地环境保护主管部门报告、接受调查处理以及对所造成的损害依法承担责任。

4. 明确了突发环境事件应急管理优先保障顺序

《办法》明确了突发环境事件应急管理的目的是，预防和减少突发环境事件的发生及危害，规范相关工作，保障人民群众生命安全、环境安全和财产安全。《办法》将突发环境事件应急管理优先保障顺序确定为"生命安全""环境安全""财产安全"，突出强调了环境作为公共资源的特殊性和重要性，这也是《办法》的一大创新点。

5. 依据部门规章的权限新设了部分罚则

对于发生突发环境事件并造成后果的，相关法律法规已多有严格规定，但在风险防控和应急准备阶段，《环境保护法》和《突发事件应对法》等有相关义务规定，但没有与之对应的责任规定或者规定不明。针对这项情况，《办法》依据部门规章的权限，针对六种情形设立警告及罚款。

十一、清洁生产制度

清洁生产制度指有关清洁生产的目的、任务、使用范围、具体内容、推行实施、评价方法、鼓励措施和管理体制等一系列法律规定的总称。清洁生产制度把综合预防的环境策略持续应用于生产过程和产品中，减少对人类和环境的风险。根据《中华人民共和国清洁生产促进法》（以下简称《清洁生产促进法》）的规定，清洁生产是指不断采取改进设计、使用清洁的能源和原料、采用先进的工艺技术和设备、改善管理、综合利用等措施,从源头削减污染,提高资源利用效率,减少或避免生产、服务和产品使用过程中污染物的产生和排放,以减轻或者消除对人类健康和环境的危害。联合国环境规划署(UNEP)把"清洁生产"定义为:将综合预防的环境策略持续地应用于生产过程和产品中,以便减少对人类和环境的风险性。因此,清洁生产的实质是强调三方面的内容即清洁的能源、清洁的生产过程和清洁的产品,实现对生产全过程和产品生命周期全过程的"绿化",是国际社会在总结工业污染治理的经验教训后提出的一种新型的污染预防和控制战略,它对于预防和控制环境污染、减轻末端治理的负担、提高企业的市场竞争力、应对国际贸易的新形势与实施可持续发展战略都具有重要意义。清洁生产制度即是由有关清洁生产的一系列法律规范形成的规则系统,包括有关清洁生产的目的、任务、适用范围、具体内容、推行措施、评价方法、鼓励措施和管理体制等的法律规定,是清洁生产的主要环节、方式和管理措施的法定化与制度化。

(一)清洁生产制度的内涵

1. 减量化原则与制度

改进产品设计和工艺、利用清洁的原材料和能源,采用资源利用率高、污染物排放量少的工艺技术与设备。该原则与制度的目标是减少资源和能源消耗,资源消耗最少、污染物产生和排放最小。

2. 环境损害最低原则与制度

生产过程中,节约原材料与能源,尽可能减少有害原料的使用以及有害物质的产生和排放;尽可能减少产品使用后的排放物和废物的数量和有害性。该原则与制度的目标是通过产品的生命周期分析,从原材料取得至产品最终处置过程中,都尽可能将对环境的影响降至最低。

3. 再利用原则与制度

该原则与制度要求重复使用原料、中间产品和产品,对物料和产品进行再循环,尽可能利用可再生资源。对生产和流通中产生的废弃物,作为再生资源充分回收利用。该原则与制度的目标是让废弃物最大限度地转化为原料或者产品。

(二)清洁生产制度的特征

1. 促进性

我国《清洁生产促进法》的立法目标是"促进清洁生产",实现清洁生产的手段是"促进",而不是强制推行。该法第四条规定:"国家鼓励和促进清洁生产。国务院和县级以上地方人民政府,应当将清洁生产促进工作纳入国民经济和社会发展规划、年度计划以及环境保护、资源利用、产业发展、区域开发等规划。"这里的"鼓励和促进"的措施针对的不是行政相对人的行为,而是运行着的、具有生产全过程性甚至是生产、流通、消费全过程性的清洁生产。该法关于指导性的要求比重比较大,强制性规范比重较小,制度设计突出了"促进法"的特点,淡化了行政强制性色彩,以利于引导生产经营者进行清洁生产。

2. 渐进性

该法的适用范围包含了全部生产领域。清洁生产不应仅限于传统的工业生产领域,农业、建筑业、服务业等领域也需要推行清洁生产。清洁生产的推行是一个渐进的过程,法律应当为其未来的发展留出空间,这个范围宜宽不宜窄,规定过窄会阻碍清洁生产进一步的推行。

考虑到法律的可操作性,该法着重对工业生产领域的清洁生产推行和实施作具体规定,对农业、服务业等领域实施清洁生产,只提了原则性要求。对于公民个人在生活领域如何"清洁地"消费产品的问题则没有涉及。这样的规定,既可以满足当前工业等领域推行清洁生产的迫切需要,也可以为今后在其他领域推行清洁生产提供必要的法律依据和活动空间。

3. 鼓励性

从《清洁生产促进法》的法律名称就可以看出国家创造条件、提供帮助、鼓励进行清洁生产的立法初衷。第四条表明,国家对清洁生产的基本指导思想是"鼓励和促进",该法规定的政府职责是以支持、鼓励措施为主。第六条规定:国家鼓励开展有关清洁生产的科学研究、技术开发和国际合作,组织宣传、普及清洁生产知识,推广清洁生产技术。国家鼓励社会团体和公众参与清洁生产的宣传、教育、推广、实施及监督。清洁生产法主要侧重于建立激励机制,这种机制不是强制企业做什么,而是引导扶持企业推行清洁生产。《清洁生产促进法》注重对清洁生产行为的引导、鼓励和支持,而不是对企业生产、服务的相关工作进行过多的直接行政控制。所以,清洁生产立法以对清洁生产进行引导、鼓励和支持保障的法律规范为主要内容,而不是以直接行政控制和制裁性法律规范为主,是一个激励性特征比较明显的法律。

(三) 清洁生产制度的作用

1. 促进污染防治方式的转变,推动经济增长与环境资源保护的协调发展

我国正处于快速工业化发展时期,如何既保证我国经济的快速增长,又有效控制污染物排放,并且逐步适当削减污染物排放量,提高和改善人民生活质量,是我国政府的重要执政目标。清洁生产法律制度要求减少和避免污染物的产生,而不是以往环境法律制度的"末端治理",最终目标是促进资源的循环利用。推行清洁生产改变了传统污染防治方式,可以从根本上减轻经济发展造成的环境污染和生态破坏,减轻"末端治理"的压力,是协调经济发展与资源环境保护的最佳选择。

2. 促进中国经济发展战略的转变,逐步建立资源节约型国民经济体系

我国的清洁生产法律制度具有实现工业污染防治向源头控制模式转变与促进工业发展战略变革的双重目的。实施清洁生产,有助于推动和实现我国工业污染防治由末端治理模式向源头控制模式的转变。目前,我国工业发展仍然是以资源高消耗、环境重污染为特征的粗放型经营。实施清洁生产,可以转变为资源低消耗、环境轻污染为特征的集约型经营。通过实施清洁生产,提高资源、能源利用效率,提高生产效率,优化产品结构和产业结构,发展环保产业,有利于节约资源、降低消耗、提高效率、增加效益。实施清洁生产,目的就是逐步建立资源节约型的国民经济体系,促进中国逐步进入循环型经济、环境协调型社会。

3. 清洁生产是应对入世挑战,冲破绿色贸易壁垒的重要途径

在当前的国际贸易中,与环境相关的绿色壁垒已成为一个重要的非关税贸易壁垒。按照 WTO 有关规定,进口国可以以保护人体健康、动植物健康和环境为由,制定一系列相关的环境标准或者技术措施,限制或者禁止外国产品进口,保护本国产品和市场。在 WTO 新一轮谈判中,环境与贸易问题将成为焦点问题之一。近年来,发达国家为了保护本国利益,

设置了一些发展中国家目前难以达到的资源环境技术标准,不仅要求产品符合环保要求,而且规定从产品开发、生产、包装、运输、使用、回收等环节都要符合环保要求。为了维护我国在国际贸易中的地位,避免因绿色贸易壁垒对我国出口产品造成影响,只有实施清洁生产,提供符合环境标准的"清洁产品",才能参与国际竞争。

4. 表明了中国对全球环境高度负责的态度和决心

中国是发展中国家,消除贫困、发展经济的压力非常大,任务十分艰巨。尽管如此,中国仍然积极参与国际环境事务,积极履行国际环境义务。大力探索和推行清洁生产,这不仅有利于中国保护和改善生态环境,而且将为广大发展中国家提供宝贵的借鉴经验。

第四章　环境标准

第一节　环境标准概述

一、环境标准的概念

环境标准是对某些环境要素所作的统一的、法定的和技术的规定。环境标准是环境保护工作中最重要的工具之一。环境标准用来规定环境保护技术工作,考核环境保护和污染防治的效果。环境标准主要有:环境质量标准,污染物排放标准,分析方法标准,排污收费标准等。另外还有一些关于标准的环境词汇、术语、标志等的规定。其中环境质量标准和污染物排放标准是环境标准体系的核心。

环境标准是按照严格的科学方法和程序制定的。环境标准的制定还要参考国家和地区在一定时期的自然环境特征、科学技术水平和社会经济发展状况。环境标准过于严格,不符合实际,将会限制社会和经济的发展;过于宽松,又不能达到保护环境的基本要求,造成人体危害和生态破坏。

我国的环境标准,既是标准体系的一个分支,又属于环境保护法体系的重要组成部分,具有法的性质。具体体现在以下几方面。

（1）具有规范性。它不是以法律条文、而是通过具体数字、指标、技术规范来表示行为规则的界限,以规范人们的行为。

（2）具有强制性。环境保护的污染物排放标准和环境质量标准"属于强制性标准"。

（3）环境标准同环境保护规章一样,要经授权由有关国家机关制定和发布。

二、环境标准的作用

（一）环境标准是环境保护规划的体现

环境规划主要就是指标准。规划的目标主要是用标准来表示的,环境规划通俗地讲指在什么地方到什么时候达到什么标准,也就是通过环境规划来实施环境标准。通过环境标准提供了可列入国民经济和社会发展计划中的具体环境保护指标,为环境保护计划切实纳入各级国民经济和社会发展计划创造了条件;环境标准为其他行业部门提出了环境保护具体指标,有利于其他行业部门在制定和实施行业发展计划时协调行业发展与环境保护工作;环境标准提供了检验环境保护工作的尺度,有利于环保部门对环保工作的监督管理,对于人民群众加强对环保工作的监督和参与,提高全民族的环境意识也有积极意义。

（二）环境标准是环境保护行政主管部门依法行政的依据

环境管理制度和措施的基本特征是定量管理,定量管理就要求在污染源控制与环境目标管理之间建立定量评价关系,并进行综合分析。因而就需要通过环境保护标准统一技术方法,作为环境管理制度实施的技术依据。

环境质量标准提供了衡量环境质量状况的尺度,污染物排放标准为判别污染源是否违法提供了依据。同时,方法标准、标准样品标准和基础标准统一了环境质量标准和污染物排放标准实施的技术要求,为环境质量标准和污染物排放标准正确实施提供了技术保障,并相应提高了环境监督管理的科学水平和可比程度。

(三)环境标准是推动环境保护科技进步的一个动力

环境标准与其他任何标准一样,是以科学技术与实践的综合成果为依据制定的,具有科学性和先进性,代表了今后一段时期内科学技术的发展方向。使标准在某种程度上成为判断污染防治技术、生产工艺与设备是否先进可行的依据,成为筛选、评价环保科技成果的一个重要尺度;对技术进步起到导向作用。同时,环境方法样品、基础标准统一了采样、分析、测试、统计计算等技术方法,规范了环保有关技术名词、术语等,保证了环境信息的可比性,使环境科学各学科之间,环境监督管理各部门之间以及环境科研和环境管理部门之间有效的信息交往和相互促进成为可能。标准的实施还可以起到强制推广先进科技成果的作用,加速科技成果转化及污染治理新技术、新工艺、新设备尽快得到推广应用。

三、环境标准体系

我国的环境标准分为五个类别,即环境质量标准、污染物排放标准、环境监测方法标准、环境标准样品标准和环境基础标准;包括两个级别,即国家级标准和地方级(省级)标准。

(一)环境标准的分类

1. 环境质量标准

环境质量标准是指对一定区域内,限制有害物质和因素的最高允许浓度所作的综合规定。它是衡量一个国家、一个地区环境是否受到污染的尺度,是制定污染物排放标准的依据。省、自治区、直辖市人民政府对国家环境质量标准中未作规定的项目,可以制定地方环境质量标准;对国家环境质量标准中已作规定的项目,可以制定严于国家环境质量标准的地方环境质量标准。地方环境质量标准应当报国务院环境保护主管部门备案。

2. 污染物排放标准

污染物排放标准是为了实现环境质量标准,结合技术经济条件和环境特点。对排入环境的污染物或者有害因素所作的控制规定,省、自治区、直辖市人民政府对国家污染物排放标准中作规定的项目,可以制定地方污染物排放标准;对国家污染物排放标准中已作规定的项目,可以制定严于国家污染物排放标准的地方污染物排放标准。地方污染排放标准应当报国务院环境保护主管部门备案。

3. 环境监测方法标准

环境监测方法标准指为监测环境质量和污染物排放、规范采样、分析测试、数据处理等技术而制定的技术规范。它是使各种环境监测和统计数据准确、可靠并且具有可比性的保证。如《地表水和污水监测技术规范》(HJ/T 91—2002),《固定污染源排气中颗粒物测定与气态污染物采样方法》(GB/T 16157—1996)、《环境空气 PM_{10} 和 $PM_{2.5}$ 的测定重量法》(HJ 618—2011)等。

4. 环境标准样品标准

环境标准样品标准,是为了保证环境监测数据的准确、可靠,对用于量值传递或质量控制的材料、实物样品所制定的标准样品。它是一种实物标准,如《水质 化学需氧量标准样品》(GSB 07-3161-2014)等。环境标准样品是具有一种或多种足够均匀并充分确定了特性值、通过技术评审且附有适用证书的样品或材料,它可以是纯的或混合的气体、液体或固体。环境标准样品在我国环境监测仪器校准和检定、环境监测方法验证和评价、环境监测过程的质量管理、环境监测实验室资质认证认可以及环境监测技术仲裁等多个领域得到了广泛应用。依据环境要素和样品基体不同,环境标准样品分为九大类,即纯物质标准样品、空气和废气监测标准样品、空气颗粒物和粉尘监测标准样品、水和废水监测标准样品、沉积物监测标准样品、土壤监测标准样品、生物监测标准样品、固体废物监测标准样品和其他环境监测标准样品。

5. 环境基础标准

是对环境保护工作中需要用的技术术语、符号、指南、导则、代码及信息编码等所作的规定。其目的是为制定和执行各类环境标准提供一个统一遵循的准则。它是制定其他环境标准的基础。如《制订地方水污染物排放标准的技术原则与方法》(GB/T 3839—1983)、《制定地方大气污染物排放标准的技术方法》(GB/T 3840—1991)等。

(二) 环境标准的分级

我国环境标准依据制定、发布机关不同,分为国家环境标准(包括环境保护行业标准)和地方环境标准两级。

1. 国家环境标准

是指由国务院环境保护行政主管部门制定,由国务院环境保护行政主管部门和国务院标准化行政主管部门共同发布,在全国范围内适用的标准,如《地表水环境质量标准》(GB 3838—2002)、《环境空气质量标准》(GB 3095—2012)、《污水综合排放标准》(GB 8978—1996)、《大气污染物综合排放标准》(GB 16297—1996)等。国家环境标准主要包括国家环境质量标准、国家污染物排放标准、国家环境监测方法标准、国家环境标准样品标准和国家环境基础标准。

2. 环境保护行业标准

环境保护行业标准又称生态环境部标准,是指由国务院环境保护行政主管部门制定发布的,在全国环境保护行业范围内适用的标准。如《建设项目环境风险评价技术导则》(HJ 169 2018)、《规划环境影响评价技术导则 总纲》(HJ 130—2019)、《集中式饮用水水源地环境保护状况评估技术规范》(HJ 774—2015)等。环境保护行业标准主要包括国家环境监测方法标准。

3. 地方环境标准

是指由省、自治区、直辖市人民政府批准颁布的,在特定行政区适用。国家环境标准在环境管理方面起宏观指导作用,不可能充分兼顾各地的环境状况和经济技术条件,各地应酌情制定严于国家标准的地方标准,对国家标准中的原则性规定进一步细化和落实,如北京市地方标准《水污染物综合排放标准》(DB 11/307—2013)、《锅炉大气污染物排放标准》(DB 11/139—2015),上海市地方标准《污水综合排放标准》(DB 31/199—2018),内蒙古自治区人民政府针对包头市氯化物污染严重的问题制定了《包头地区氯化物大气质量标准》和《包头地区大气氯化物排放标准》等。地方环境标准包括地方环境质量标准和地方污染物排放标准(或控制标准)。

第二节　环境标准的制定和实施

一、环境标准的制定

（一）遵循的基本原则

1999 年 1 月 5 日,国家环境保护总局发布《环境标准管理办法》,规定国家环境保护总局负责全国环境标准管理工作,负责制定国家环境标准和国家环境保护总局标准,负责地方环境标准的备案审查,指导地方环境标准管理工作。县级以上地方人民政府环境保护行政主管部门负责本行政区域内的环境标准管理工作,负责组织实施国家环境标准、国家环境保护总局标准和地方环境标准。

2006 年 8 月,国家环境保护总局发布《国家环境保护标准制修订工作管理办法》,规定环境标准制修订工作遵循下列基本原则:

（1）以科学发展观为指导,以实现经济、社会的可持续发展为目标,以国家环境保护相关法律、法规、规章、政策和规划为依据,通过制定和实施标准,促进环境效益、经济效益和社会效益的统一;

（2）有利于保护生活环境、生态环境和人体健康;

（3）有利于形成完整、协调的环境保护标准体系;

（4）有利于相关法律、法规和规范性文件的实施;

（5）与经济、技术发展水平和相关方的承受能力相适应,具有科学性和可实施性,促进环境质量改善;

（6）以科学研究成果和实践经验为依据,内容科学、合理、可行;

（7）根据本国实际情况,可参照采用国外相关标准、技术法规;

（8）制定过程和技术内容应公开、公平、公正。

（二）制定程序

环境标准的制修订应按照下列程序进行。

（1）根据国家环境保护工作的需要,编制年度标准制修订项目计划草案,并对项目计划草案征求意见,修改必要时进行专题论证,形成项目计划;

（2）根据确定标准技术内容的需要,进行必要的验证实验,编制标准征求意见书及编制说明;

（3）公布标准的征求意见稿,向社会公众或有关单位征求意见,编制标准送审稿及编制说明;

（4）对标准草案进行技术审查和格式审查;

（5）按照各类环境标准规定的程序编号发布。

（三）制定、发布机关

1. 国家环境标准

（1）国家环境质量标准,国家污染物排放标准。由国务院环境保护主管部门提出计划,国务院质量技术监督主管部门下达计划,由国务院环境保护主管部门组织制定。由国务院质量技术监督主管部门编号,再由国务院环境保护主管部门和质量技术监督主管部门联合发布。

（2）国家环境标准样品标准、国家环境基础标准。由国务院环境保护主管部门提出计划,组织制定。由国务院质量技术监督主管部门下达计划、审批、编号、发布。

根据《环境标准管理办法》,对需要统一的技术规范和技术要求,应制定相应的环境标准。

① 为保护自然环境、人体健康和社会物质财富,限制环境中的有害物质和因素,制定环境质量标准。

② 为实现环境质量标准,结合技术经济条件和环境特点,限制排入环境中的污染物或对环境造成危害的其他因素,制定污染物排放标准（或控制标准）。

③ 为监测环境质量和污染物排放,规范采样、分析测试、数据处理等技术。制定国家环境监测方法标准。

④ 为保证环境监测数据的准确、可靠,对用于量值传递或质量控制的材料、实物样品,制定国家环境标准样品。

⑤ 在环境保护工作中,需要统一的技术语、符号、代号（代码）、图形、指南、导则及信息编码等,制定国家环境基础标准。

2. 环境保护行业标准

环境保护行业标准由国务院环境保护主管部门负责组织制定、审批、编号、发布,向国务院质量技术监督主管部门备案。根据《环境标准管理办法》,需要在全国环境保护范围内施行统一的技术要求而又没有国家环境标准时,应制定国家环境保护总局标准。

3. 地方环境标准

省、自治区、直辖市人民政府对国家环境质量标准中未作规定的项目,可以制定地方环境质量标准;对国家环境质量标准中已作规定的项目,可以制定严于国家环境质量标准的地方环境质量标准。地方环境质量标准应当报国务院环境保护主管部门备案。

省、自治区、直辖市人民政府对国家污染物排标准中未作规定的项目,可以制定地方污染物排放标准。对国家污染物排放标准中已作规定的项目,可以制定严于国家污染物排放标准的地方污染物排放标准。地方污染物排放标准应当报国务院环境保护主管部门备案。

需要注意的方面,省、自治区、直辖市人民政府无权制定环境基础标准、环境方法标准和环境标准样品标准。

二、环境标准的实施与监督

（一）环境质量标准的实施

（1）县级以上地方人民政府环境保护行政主管部门在实施环境质量标准时,应结合所辖区域环境要素的使用目的和保护目的划分环境功能区,对各类环境功能区按照环境质量标准要求进行相应标准级别的管理。

（2）县级以上地方人民政府环境保护行政主管部门在实施环境质量标准时,应按国家规定,选定环境质量标准的监测点位或断面。经批准确定的监测点位、断面不得任意变更。

（3）各级环境监测站和有关环境监机构应按照环境质量标准和与之相关的其他环境标准规定的采样方法、频率和分析方法进行环境质量监测。

（4）承担环境影响评价工作的单位应按照环境质量标准进行环境质量评价。

（5）跨省河流、湖泊以及由大气传输引起的环境质量标准执行方面的争议，由有关省、行政主管部门协调解决，协调无效时，报国家环境保护总局协调解决。

（二）污染物排放标准的实施

（1）县级以上人民政府环境保护行政主管部门在审批建设项目环境影响报告书（表）时，应根据下列因素或情形确定该建设项目应执行的污染物排放标准。

① 建设项目所属的行业类别、所处环境功能区、排放污染物种类、污染物排放去向和建设项目环境影响报告书（表）批准的时间。

② 建设项目向已有地方污染物排放标准的区域排放污染物时，应执行地方污染物排放标准，对于地方污染物排放标准中没有规定的指标，执行国家污染物排放标准中相应的指标。

③ 实行总量控制区域内的建设项目，在确定排污单位应执行的污染物排放标准的同时，还应确定排污单位应执行的污染物排放总量控制指标。

④ 建设从国外引进的项目，其排放的污染物在国家和地方污染物排放标准中无相应污染物排放指标时，该建设项目引进单位应提交项目输出国或发达国家现行的该污染物排放标准及有关技术资料，由市（地）人民政府环境保护行政主管部门结合当地环境条件和经济技术状况，提出该项目应执行的排污指标，经省、自治区、直辖市人民政府环境保护行政主管部门批准后实行，并报国家环境保护总局备案。

（2）建设项目的设计、施工、验收及投产后，均应执行经环境保护行政主管部门在批准的建设项目环境影响报告书（表）中所确定的污染物排放标准。

（3）企事业单位和个体工商业者排放污染物，应按所属的行业类型、所处环境功能区、排放污染物种类、污染物排放去向执行相应的国家和地方污染物排放标准，环境保护行政主管部门应加强监督检查。

（三）国家环境监测方法标准的实施

被环境质量标准和污染物排放分标准等强制性标准引用的方法标准具有强制性，必须执行。在进行环境监测时，应按照环境质量标准和污染物排放标准的规定，确定采样位置和采样频率，并按照国家环境方法标准的规定测试与计算。对于地方环境质量标准和污染物排放标准中规定的项目，如果没有相应的国家环境监测方法标准时，可由省、自治区、直辖市发布统一分析方法，与地方环境质量标准或污染物排放标准配套执行。相应的国家环境监测方法标准发布后，地方统分析方法停止执行。因采用不同的国家环境监测方法标准所得监测数据发生争议时，由上级环境保护行政主管部门裁定，或者指定采用一种国家环境监测方法标准进行复测。

（四）国家环境监测方法标准的实施

在下列环境监测活动中应使用国家环境标准样品。

（1）对各级环境监测分析实验室及分析人员进行质量控制考核；

（2）校准、检验分析仪器；

（3）配制标准溶液；

（4）分析方法验证以及其他环境监测工作。

第五章　煤矿环境影响评价政策法规与技术规范

第一节　环境影响评价制度

一、环境影响评价制度的历史沿革

环境影响评价制度是把环境影响评价工作以法律、法规或行政规章的形式确定下来从而必须遵守的制度。这一制度对环境影响评价的主体、对象、内容、程序等予以确定,具有强制执行力,任何单位和个人都不得违反,否则就要承担相应的责任。一旦国家(政府)把环境影响评价作为一种国家行为,作为开发建设活动和制订方针政策的重要决策依据,并通过法律规定了进行环境影响评价的程序、分类审批以及违反环境影响评价要求的法律责任时,就建立了环境影响评价制度。环境影响评价不能代替环境影响评价制度,前者是评价技术,后者是进行评价的法律依据。

环境影响评价制度要求在工程、项目、计划和政策等活动的拟定和实施中,除了传统的经济和技术等因素外,还要考虑环境影响,并把这种考虑体现到决策中。对可能显著影响人类环境的重要的开发建设行为,必须编写环境影响报告书。环境影响评价制度的建立,从一方面体现了人类环境意识的提高,是正确处理人类与环境关系、保证社会经济与环境协调发展的一个进步。

(一)国外环境影响评价制度的形成与发展

美国是第一个把环境影响评价作为一项法律制度确定下来的国家。1969 年美国国会通过的《国家环境政策法》,自 1970 年 1 月 1 日起正式实施。该法第一章第二节第二条第三款规定:在对人类环境质量具有重大影响的每项生态建议或立法建议报告和其他重大联邦行动中,均应由提出建议的机构协商相关主管部门后,提供一份详细报告,说明拟议中的行动将会对环境 和自然资源产生的影响、采取的减缓措施以及替代方案等。把环境影响评价作为联邦政府在环境管理中必须遵循的一项制度。20 世纪到 70 年代末美国绝大多数州相继建立了各种形式的环境影响评价制度。1977 年,纽约州还制定了专门的《环境质量评价法》。

继美国之后,瑞典(1969 年)、日本(1972 年)、新西兰(1973 年)、加拿大(1973 年)、澳大利亚(1974 年)、马来西亚(1974 年)、德国(1976 年)、印度(1978 年)、菲律宾(1979 年)、泰国(1979 年)、中国(1979 年)、印度尼西亚(1979 年)、斯里兰卡(1979 年)等国家也相继建立了环境影响评价制度。1987 年美国又制定了《国家环境政策法实施程序的条例》。瑞典在其1969 年的《环境保护法》对环境影响评价制度作了规定,日本于 1972 年 6 月 6 日批准了公共工程的环境保护办法,首次引入环境影响评价思想。澳大利亚于 1974 年制定了《环境保护法》,法国于 1976 年通过的《自然保护法》第二条规定了环境影响评价制度,英国于 1988年制定了《环境影响评价条例》。进入 20 世纪 90 年代,德国于 1990 年、加拿大于 1992 年、日本于 1997 年也先后制定了以《环境影响评价法》为名称的专门法律。俄罗斯也于 1994 年制定了《俄罗斯联邦环境影响评价条例》。经过几十年的发展,世界上已有 100 多个国家和地区建立了并推行了环境影响评价制度。环境影响评价制度不仅为多数国家的国内立法所吸收,而且也已为越来越多的国际环境条约所采纳,如在《跨国界的环境影响评价公约》《生物多样性公约》《气候变化框架公约》等中都对环境影响评价制度作了规定,环境影响评价制度正逐步成为一项各国以及国际社会通用的一项环境管理制度和措施。

与此同时,国际上还成立了许多环境影响评价机构,召开了一系列有关环境影响评价的会议,开展了环境影响评价的研究与交流,进一步促进了环境影响评价制度的发展。环境影响评价的内涵不断丰富,已从对自然环境的影响评价发展到社会环境的影响评价;不仅考虑环境污染的影响,还注重了生态影响;开展了环境风险评价;关注了环境累积影响和后评价等。评价对象也从单纯的建设项目发展到区域开发计划环境影响评价、规划环境影响评价和战略环境影响评价等。环境影响评价的技术方法、程序和法律法规也不断完善。

(二)我国环境影响评价制度的建立与发展

我国环境影响评价制度的建立可以概括为四个阶段,即引入和确立阶段、规范和建设阶段、强化和完善阶段以及提高和拓展阶段。

1. 引入和确立阶段(1973—1979 年)

1972 年联合国斯德哥尔摩人类环境会议之后,我国开始对环境影响评价制度进行探讨和研究。从 1973 年第一次全国环境保护会议后,发布了《关于保护和改善环境的若干规定》,环境影响评价的概念开始引入我国。1973 年于北京西郊环境质量评价研究协作组成立,开始进行环境质量评价的研究。1978 年,国务院环境保护领导小组《环境保护工作汇报要点》中首先提出了环境影响评价的内涵。1979 年,北京师范大学等单位率先在江西永平铜矿开展了我国第一个建设项目的环境影响评价工作。1979 年 4 月,国务院环境保护领导小组在《关于全国环境保护工作会议情况的报告》中,把环境影响评价作为一项方针政策再次提出,1979 年 9 月,《中华人民共和国环境保护法(试行)》颁布,规定一切企业、事业单位的选址、设计、建设和生产,都必须注意防止对环境的污染和破坏。在进行新建、改建和扩建工程中,必须提出环境影响报告书,经环境保护主管部门和其他有关部门审查批准后才能进行设计。我国的环境影响评价制度正式建立起来。

2. 规范和建设阶段(1980—1989 年)

为了进一步加强基本建设项目的环境保护管理,根据《中华人民共和国环境保护法(试行)》和基本建设的有关规定,1981 年 5 月 11 日国家计划委员会、国家基本建设委员会、国家政协经济委员会、国务院环境保护领导小组联合发布了《基本建设项目环境保护管理办法》,对环境影响评价的范围、内容、程序作了具体规定。1986 年 3 月 26 日国务院原环境保护委员会、国家计划委员会和国家经济贸易委员会联合发布了《建设项目环境保护管理办法》,规定:凡从事对环境有影响的建设项目都必须执行环境影响评价制度和"三同时"制度,并以此为出发点,对实行这两项制度的对象、主管部门、各有关部门间的职责分工、审批程序、环境影响报告书和环境影响报告表、环境影响评价资格审查、评价工作收费、项目初步设计中的环境保护篇章、环境保护设施的竣工验收报告、监督检查等作了具体规定。把评价的范围从原来的基本建设项目扩大到所有对环境有影响的建设项目,并针对评价制度实行几年的情况对评价内容、程序、法律责任等作了修改、补充和更具体的规定。

除此之外,我国通过各种具体立法对环境影响评价制度作了规定。如 1982 年颁布的《海洋环境保护法》、1984 年颁布的《水污染防治法》、1987 年颁布的《大气污染防治法》、1988 年颁布的《水法》、1988 年颁布的《野生动物保护法》等法律中对海洋环境影响评价、水环境影响评价、大气环境影响评价、水资源环境影响评价、野生动物环境影响评价等作了明确规定。

1989 年 12 月 26 日通过了《中华人民共和国环境保护法》,其中的第十三条规定:"建设污染环境的项目,必须遵守国家有关建设项目环境保护管理的规定。建设项目的环境影响报告书,必须对建设项目产生的污染和对环境的影响作出评价,规定防治措施,经项目主管部门预审并依照规定的程序报环境保护行政主管部门批准。环境影响报告书经批准后,计划部门方可批准建设项目设计任务书"。至此,可以说我国的环境影响评价制度进入一个新的发展阶段。

除此之外,我国通过各种具体立法对环境影响评价制度作了规定。如 1982 年颁布的《海洋环境保护法》、1984 年颁布的《水污染防治法》、1987 年颁布的《大气污染防治法》、1988 年颁布的《水法》、1988 年颁布的《野生动物保护法》等法律中对海洋环境影响评价、水环境影响评价、大气环境影响评价、水资源环境影响评价、野生动物环境影响评价等作了明确规定。

3. 强化和完善阶段(1990—2002 年)

从 1989 年 12 月 26 日通过了《环境保护法》到 1998 年 11 月 18 日,国务院审议通过了《建设项目环境保护管理条例》(以下简称《条例》),这一阶段是建设项目环境影响评价强化和完善阶段。《条例》对《基本建设项目环境保护管理办法》进行了补充、修改、完善,并提升为行政法规,替代了《基本建设项目环境保护管理办法》。《条例》是建设项目环境管理的第一个行政法规,将环境影响评价作为其中的一章做了详细明确的规定。至此,可以说我国的环境影响评价制度进入一个新的发展阶段。

1993 年,国家环境保护总局下发了《关于进一步做好建设项目环境保护管理工作的几点意见》,提出了先评价、后建设、环境影响评价分类指导和开发区域环境影响评价的规定,以应对建设项目多渠道立项和开发区的兴起等问题。

1993 年—1997 年,国家环境保护总局陆续发布了《环境影响评价技术导则》(总纲、大气环境、地面水环境、声环境、非污染生态环境)、《辐射环境保护管理导则》、《电磁辐射环境影响评价与标准》以及《火电厂建设项目环境影响报告书编制规范》等。

1996 年召开了第四次全国环境保护工作会议,各级环境保护主管部门认真落实《国务院关于环境保护若干问题的决定》,坚决控制新污染,对不符合环境保护要求的项目实施"一票否决"制度。各地加强了对建设项目的审批和检查,并实施污染物总量控制,环境影响评价中提出了"清洁生产"和"公众参与"的要求,强化了生态影响评价,环境影响评价的深度和广度得到进一步扩展。

1999 年国家环境保护总局公布了《建设项目环境影响评价资格证书管理办法》《建设项目环境保护分类管理名录(试行)》《关于执行建设项目环境影响评价制度有关问题的通知》等,形成了较为完善的环境影响评价法律制度体系。

4. 提高和拓展阶段(2003—2013 年)

2002 年 10 月 28 日,第九届全国人民代表大会常务委员会通过了《中华人民共和国环境影响评价法》,并于 2003 年 9 月 1 日起正式实施。首次将环境影响评价的对象和范围从建设项目扩大到了经济和社会发展有关规划,标志着我国的环境影响评价工作进入了一个崭新的发展阶段。

国家环境保护总局依照法律的规定,初步建立了环境影响评价基础数据库;2003 年颁布了《规划环境影响评价技术导则(试行)》,明确了规划环境影响评价的基本内容、工作程序、指标体系及评价方法等;2004 年还会同有关部门制定了《编制环境影响报告书的规划的具体范围(试行)》和《编制环境影响篇章或说明的规划的具体范围(试行)》;2003 年制定了《专项规划环境影响报告书审查办法》和《环境影响评价审查专家库管理办法》;设立了国家环境影响评价审查专家库。2009 年 10 月 1 日正式实施了《规划环境影响评价条件》,为规划环境影响评价提供了可操作性的法律依据,重塑了政府宏观决策的程序规则,标志着环境保护参与综合决策进入了新阶段。《规划环境影响评价条件》细化了规划环境影响评价的很多具体条款,明确了审查部门、程序、内容等,增加了跟踪评价和责任追究等方面的内容。

为了加强环境影响评价管理,提高环境影响评价专业技术人员素质,确保环境影响评价质量,2004 年 2 月,中华人民共和国人事部、国家环境保护总局决定在全国环境影响评价行业建立环境影响评价工程师职业资格制度,对从事环境影响评价的专业技术人员提出了更高的要求。

2010 以后,我国环境影响评价进入了高速发展阶段,先后出台了大量的法律法规、部门规章、技术导则、技术规范等。

5. 深入发展阶段(2014 年至今)

2014 年 4 月 24 日,修订《中华人民共和国环境保护法》,环境影响评价进入新的发展阶段。按日计罚,被称为"史上最严"的环保法。

2016 年和 2018 年两次修订了《中华人民共和国环境影响评价法》,将环境影响评价分为建设项目环境影响评价和规划环境影响评价,建设单位可以委托技术单位对其建设项目开展环境影响评价,编制建设项目环境影响报告书、环境影响报告表;建设单位具备环境影响评价技术能力的,可以自行对其建设项目开展环境影响评价,编制建设项目环境影响报告书、环境影响报告表,并取消了编制环境影响报告书或表单位的环境影响评价单位的资质申请与管理,实施环境影响登记表实行备案管理。

二、我国环境影响评价的法律法规体系

我国的环境影响评价制度融汇于环境保护的法律法规体系之中,该体系以《中华人民共和国宪法》中关于环境保护的规定为基础,以综合性环境保护基本法为核心,以相关法律关于环境保护的规定为补充,是由若干相互联系协调的环境保护法律、法规、规章、标准及国际条约所组成的一个完整而又相对独立的法律法规体系。

(一)法律

1. 宪法中关于环境保护的规定

1982 年 12 月 4 日通过的《中华人民共和国宪法》规定:国家保护和改善生活环境和生态环境,防治污染和其他公害的规定。第九条规定:国家保障自然资源的合理利用,保护珍贵的动物和植物。禁止任何组织或者个人用任何手段侵占或破坏自然资源。这些规定是

中国环境保护工作的最高准则,是确定环境影响评价制度的最根本的法律依据和基础。

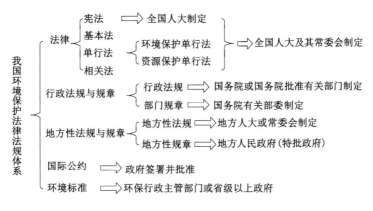

图 5-1　我国环境保护法律法规体系构成

2．环境保护基本法

1979 年 9 月 13 日颁布的《中华人民共和国环境保护法（试行）》,标志着我国的环境保护工作进入法治轨道,带动了我国环境保护立法的全面开展。1989 年颁布实施并于 2015 年实施的《中华人民共和国环境保护法（修订）》是我国环境保护的综合性法律,在环境保护法律体系中占有核心地位。这是各单项法规和行政法规中关于环境影响评价制度的法律依据和基础。其中明确规定:编制有关开发利用规划、建设对环境有影响的项目,应当依法进行环境影响评价。未依法进行环境影响评价的开发利用规划,不得组织实施;未依法进行环境影响评价的建设项目,不得开工建设。

3．环境保护单项法

2002 年 10 月 28 日第九届人大常委会第三十次会议通过《中华人民共和国环境影响评价法》,2003 年 9 月 1 日实施,该法作为一部单独的环境保护单行法,规定了规划和建设项目环境影响评价的相关法律要求。

其他环境保护单项法包括污染防治法和生态环境保护法。主要有:《中华人民共和国大气污染防治法》《中华人民共和国水污染防治法》《中华人民共和国固体废物污染环境防治法》《中华人民共和国环境噪声污染防治法》《中华人民共和国土壤污染防治法》等。

4．相关法

相关法是指一些自然资源保护和其他有关部门法律,都涉及环境保护的有关要求,也是环境保护法律法规体系的一部分。如《中华人民共和国清洁生产促进法》《中华人民共和国水土保持法（修订）》《中华人民共和国煤炭法》《中华人民共和国矿产资源法》《中华人民共和国草原法（修订）》《中华人民共和国土地管理法》《中华人民共和国循环经济促进法》《中华人民共和国节约能源法》《中华人民共和国野生动物保护法》《中华人民共和国防沙治沙法》等。

（二）环境保护行政法规与部门规章

环境保护行政法规是由国务院制定并公布实施的环境保护规范性文件。它包括两类:一类是为执行某些环境保护单项法而制定的实施细则或条例,另一类是针对环境保护工作中某些尚无相应单行法律的重要领域而制定的条例、规定或办法。如《建设项目环境保护管理条例》《建设项目环境影响评价分类管理名录》《生态环境部审批环境影响评价文件的建设项目目录(2019 年本)》《土地复垦条例》《水土保持法实施条例》《关于进一步加强环境影响评价管理防范环境风险的通知》《关于切实加强风险防范严格环境影响评价管理的通知》《建设项目主要污染物排放总量指标审核及管理暂行办法》《环境影响评价公众参与办法》《关于落实大气污染防治行动计划严格环境影响评价准入的通知》《关于进一步加强环境影响评价违法项目责任追究的通知》《关于加强规划环境影响评价与建设项目环境影响评价联动工作的意见》《关于强化建设项目环境影响评价事中事后监管的实施意见》《关于加强"未批先建"建设项目环境影响评价管理工作的通知》《关于印发大气污染防治行动计划的通知》《关于印发水污染防治行动计划的通知》《关于印发土壤污染防治行动计划的通知》《关于加强环境保护重点工作的意见》《煤炭产业政策》《煤矸石综合利用管理办法》《关于印发煤炭工业节能减排工作意见的通知》《国务院关于印发打赢蓝天保卫战三年行动计划的通知》《关于加强锅炉节能环保工作的通知》《关于划定并严守生态保护红线的若干意见》等。

(三)环境保护地方性法规和规章

环境保护地方性法规和规章是依照宪法和法律享有立法权的地方权力机关和地方行政机关(包括省、自治区、直辖市、省会城市、地级市的人民代表大会及其常务委员会、人民政府)制定的环境保护规范性文件。如《关于重点区域执行大气污染物特别排放限值的公告》;关于印发《宁夏回族自治区打赢蓝天保卫战三年行动计划(2018—2020 年)》的通知;《国务院关于环境保护工作的决定》《国务院关于加强乡镇、街道企业环境管理的规定》《国务院关于环境保护若干问题的决定》以及《医疗废物管理条例》《危险化学品安全管理条例》《规划环境影响评价条例》等。

(四)环境标准

环境标准是环境保护法律法规体系的一个组成部分,是环境执法和环境管理工作的技术依据。环境标准是国家为了维护环境质量、控制污染,保护人群健康、社会财富和生态平衡,按照法定程序制定的各种技术规范的总体。我国的环境标准分为强制性标准和推荐性标准两类。环境影响评价中常用的是环境质量标准和污染物排放标准。如《环境空气质量标准》(GB 3095—2012)、《声环境质量标准》(GB 3096—2008)、《地表水环境质量标准》(GB 3838—2002)、《地下水质量标准》(GB/T 14848—2017);《生活饮用水卫生标准》(GB 5749—2022)、《土壤环境质量 建设用地土壤污染风险管控标准(试行)》(GB 36600—2018)、《土壤环境质量 农用地土壤污染风险管控标准(试行)》(GB 15618—2018);《大气污染物综合排放标准》(GB 16297—1996)、《污水综合排放标准》(GB 8978—1996)、《城镇污水处理厂污染物排放标准》(GB 18918—2002)等。

(五)环境保护国际公约

环境保护国际公约是指我国缔结和参加的环境保护国际公约、条约和议定书。国际公约与我国环境法有不同规定时,优先适用国际公约的规定,但我国声明保留的条款除外。保护臭氧层的《维也纳公约》《联合国气候变化框架公约》《生物多样性公约》等。

三、环境影响评价的技术体系

我国的环境影响评价体系包括建设项目环境影响评价技术导则体系和规划环境影响

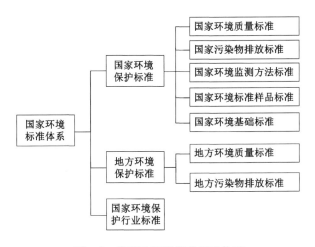

图 5-2　我国的环境保护标准体系

评价技术体系。

（一）建设项目环境影响评价技术导则体系构成

建设项目环境影响评价技术导则体系由总纲、污染源源强核算技术指南、环境要素环境影响评价技术导则、专题环境影响评价技术导则和行业建设项目环境影响评价技术导则等构成。代表性的技术导则和规范有：

①《建设项目环境影响评价技术导则　总纲》（HJ 2.1—2016）；

②《环境影响评价技术导则　大气环境》（HJ 2.2—2018）；

③《环境影响评价技术导则　地面水环境》（HJ/T 2.3—2018）；

④《环境影响评价技术导则　声环境》（HJ 2.4—2021）；

⑤《环境影响评价技术导则　地下水环境》（HJ 610—2016）；

⑥《环境影响评价技术导则　生态影响》（HJ 19—2022）；

⑦《环境影响评价技术导则　煤炭采选工程》（HJ 619—2011）；

⑧《建设项目环境风险评价技术导则》（HJ 169—2018）；

⑨《污染源源强核算技术指南　准则》（HJ 884—2018）；

⑩《环境影响评价技术导则　土壤环境（试行）》（HJ 964—2018）。

（二）规划环境影响评价技术导则体系构成

规划环境影响评价技术导则体系由总纲、综合性规划环评导则、专项规划环评导则和相关的技术规范构成。其中"一地三域"的综合规划是指土地利用的有关规划和区域、流域、海域的建设、开发利用规划，简称"一地三域"；专项规划包括工业、农业、畜牧业、林业、能源、水利、交通、城市建设、旅游、自然资源开发的有关专项规划。现有的规划环境影响评价技术体系包括《规划环境影响评价技术导则　总纲》（HJ 130—2019）、《规划环境影响跟踪评价技术指南（试行）》（2019）、《规划环境影响评价技术导则　煤炭工业矿区总体规划》（HJ 463—2009）等。此外，规划环境影响评价也执行《规划环境影响评价条例》（2009）中的相关规定。

第二节　煤矿规划环境影响评价政策与法规

一、煤矿区规划环境影响评价概述

（一）环境影响评价类型

1. 环境影响评价分类

环境影响评价主要分为建设项目的环境影响评价（Environmental Impact Assessment，EIA）和战略环境评价（Strategic Environmental Assessment，SEA）。

建设项目 EIA 是目前开展最多的环境影响评价，而随着社会经济的发展，项目环境影响评价也逐渐体现出其不足之处：

一是本质上是对发展项目环境影响评价的一种反应评估，而不是前瞻性预测。只能针对项目的污染状况提出一些控制和治理污染措施。

二是传统建设项目 EIA 在反应上是被动的，建设项目处于整个决策链（政策、规划、计划、项目）的末端，所以建设项目 EIA 只能做修补性努力，对具体的项目认可或否决，并不能影响最初的决策和布局，也不能指导政策和规划的发展方向。它在本质上（或在很大程度上）是对建设项目环境影响的一种反应性评估，而非前瞻性预测，它在战略实施后进行的，其作用局限于识别有害的环境影响，针对项目的污染状况提有限的控制和治理污染、缓解影响的措施，无法影响到最初的决策和布局。

三是单一项目的环境评价未能考虑多个建设项目的累积环境影响，或者某一个所包含的项目或附加开发项目所引起的累积影响。环境影响评价比较注重减少某一开发行为对环境产生的不良效应，缺乏对整体发展计划的了解和对其他开发项目的控制，无法考虑多个项目的累积影响。

四是传统建设项目 EIA 难以考虑大尺度和全球性环境影响，如温室气体排放。

五是单一项目很少将环境、社会、经济作为一个系统综合加以考虑。

面临严重的环境威胁，人们逐渐认识到政府的重大决策是环境问题产生的重要源头之一，需要一种能够在环境问题产生的源头就对其进行预防和控制的手段。这就是战略环境评价（Strategic Environmental Assessment，SEA）。SEA 的出现可以认为是人类走向可持续发展的第二步。

2. 战略环境影响评价

战略环境评价（Strategic Environmental Assessment ，SEA）是对政府部门的战略性决策行为及其可供选择方案的环境影响和效应进行系统的和综合性评价的过程，它为政府政策、规划、计划的制定和实施提供环境影响评价上的技术支持。战略指的是带有全局性、长期性、规律性和决策性特点的谋划。在国外的 SEA 研究与实践中，战略范畴通常包括政策（policy）、规划（plan）和计划（program）。在中国，人们对战略范畴的理解与国外有所不同。在层次上，战略应包括法律、政策、规划、计划 4 个不同类型，甚至有时还包括重大的工程项目，诸如三峡水利枢纽、南水北调工程等。

3. 规划环境影响评价

规划环境影响评价是指对规划实施后可能造成的环境影响进行分析、预测和评价，提出预防或者减轻不良环境影响的对策和措施,综合考虑所拟议的规划可能涉及的环境问题,预防规划实施后对各种环境要素及其所构成的生态系统可能造成的影响,协调经济增长、社会进步与环境保护的关系,为科学决策提供依据。规划环境影响评价包括对综合规划和专项规划实施后可能对环境造成的影响所开展的评价。规划环评是从源头上防止环境污染并为领导决策提供科学依据。

规划评价目的是:以提高环境质量和保障生态安全为目标,论证规划方案的生态环境合理性和环境效益,提出规划优化调整建议;明确不良生态环境影响的减缓措施,提出生态环境保护建议和管控要求,为规划决策和规划实施过程中的生态环境管理提供依据。

4. 煤矿规划类型

为保证煤矿生产利用过程的有序进行,国家、省(市)、煤炭集团公司或煤矿需要编制各种规划。煤矿涉及的主要规划类型包括煤炭工业发展规划、矿区总体规划、矿产资源规划、煤矿安全生产规划、煤炭生产开发规划等。

(1)矿区总体规划

矿区总体规划是对矿区建设规模、井(矿)田划分、煤矿生产能力与建设顺序、煤炭加工、地面配套设施,以及矿区环境保护和其他外部关系等进行的全面规划。

(2)煤炭工业发展规划

国家能源局根据国民经济和社会发展五年规划纲要和能源发展规划,编制印发相应时期的煤炭工业发展规划。如《煤炭工业发展"十三五"规划》,阐明"十三五"时期我国煤炭工业发展的指导思想、基本原则、发展目标、主要任务和保障措施,是指导煤炭工业科学发展的总体蓝图和行动纲领。

(3)矿产资源规划

矿产资源规划是法定部门按照规定程序编制的国家对一定时期矿产资源勘查和开发利用具体安排的书面文件。矿产资源规划制度,则是关于矿产资源规划编制和实施的一整套程措施和方法,是矿产资源规划的法律化。

矿产资源规划包括全国矿产资源规划和地区矿产资源规划。全国矿产资源规划由国务院国土资源主管部门根据国民经济和社会发展中、长期规划和矿产资源的实际情况组织编制,报国务院批准后实施。地区矿产资源规划由省(区、市)人民政府组织编制。矿产资源规划是矿产资源勘查、开发利用与保护的指导性文件,是依法审批和监督管理矿产资源勘查、开采活动的重要依据。

(4)煤矿安全生产规划

为贯彻落实党中央、国务院关于加强安全生产工作的决策部署,遏制煤矿重特大事故,实现煤矿安全生产形势根本好转,根据《中华人民共和国安全生产法》,结合国民经济和社会发展规划和安全生产规划,制定相应时期的煤矿生产开发规划。

各地区、各部门和各煤矿企业始终将煤矿安全作为安全生产的重中之重,认真贯彻落实中央、国务院的重要决策部署,强化煤矿安全法治化建设,完善监管监察体制,创新工作机制,提升执法效能,加快淘汰落后和不安全产能,推动安全科技进步,开展煤矿安全质量标准化和隐患排查治理体系建设,提升重大灾害治理和应急救援能力,有力促进煤矿安全生产形势持续稳定好转。

（二）煤矿规划环境影响评价

1. 矿产资源开发的规划环境影响评价

矿产资源的开发利用在国家社会经济发展中具有重要的作用,在经济快速发展对矿产资源需求量急剧增加的背景下,如何解决好矿产资源勘查、开发与环境保护之间的关系显得越来越重要。规划的主体与核心是,制定矿产资源开发的发展方向。要确保矿产资源规划实施后环境与资源的可持续性,最有效的方法之一就是对将要实施的矿产资源规划进行规划环境影响评价。在进行矿产资源规划时,根据矿产资源开发对环境影响较大的特点,预测实现规划期矿产资源开发目标对环境的影响和破坏程度,对治理污染保护生态环境进行具体规划,提出合理可行的补救措施。

综上所述,矿产资源规划环境影响评价指在矿产资源规划编制阶段,对规划实施可能造成的环境影响进行分析、预测和评价,并提出预防或者减轻不良环境影响的对策和措施的过程。

2. 煤矿规划环境影响评价

煤炭资源是国民经济、社会发展和人民生活的重要物质基础,煤炭资源的开发推动了社会、经济的发展。同时,煤炭资源开发利用也不同程度地造成了环境污染和生态破坏。煤矿从建设阶段、运行阶段到服务期满后,都涉及生态环境保护问题。

煤矿规划环境影响评价是指在煤炭工业发展规划、矿区总体规划、矿产资源规划等的编制阶段,对规划实施可能造成的环境影响进行分析、预测和评价,并提出预防或者减轻不良环境影响的对策和措施的过程。我国的煤矿规划环境影响评价始于我国的《煤炭工业"十一五"发展规划》。

二、煤矿区规划环境影响评价政策与规章

（一）煤矿区规划环境保护的相关政策

1.《煤炭工业环境保护暂行管理办法》(1994)

为合理开发利用煤炭资源,防止环境污染和生态破坏,保障人体健康,促进煤炭工业健康发展,依据《中华人民共和国环境保护法》及有关法律、法规,1994年11月2日原煤炭工业部制定了《煤炭工业环境保护暂行管理办法》。

在煤炭工业发展中贯彻保护环境这一基本国策。坚持经济建设、城乡建设、环境建设同步规划、同步实施、同步发展的方针,坚持预防为主、防治结合、综合治理,谁污染、谁治理、谁开发、谁保护的原则。煤炭工业环境保护的主要任务是:合理开发利用煤炭及与煤共生、伴生的矿产资源,依靠科学技术进步,推行清洁生产,防治矿区生态破坏和环境污染,发展洁净煤技术,提供清洁能源。

矿区环境管理应根据区域环境容量和环境目标,规划矿区的污染综合防治及生态环境恢复方案,并配合地方人民政府环境保护部门制定区域环境综合整治规划。

煤炭工业环境保护工作实行分级监督检查和管理。原煤炭工业部组织编制煤炭行业环境保护规划和环境保护产业发展规划,负责环境统计和环境状况报告的编制,提出煤炭行业环境保护科研发展规划和重大科研项目;省、自治区、直辖市及地、市、重点产煤县煤炭工业主管部门组织编制辖区内环境保护规划、环境保护产业发展规划及年度计划;煤炭企

业、事业单位编制本单位环境保护规划、环境保护产业发展规划和年度计划,将其纳入生产发展规划和计划中,并组织实施。

2.《煤炭产业政策》

为全面贯彻落实科学发展观,合理、有序开发煤炭资源,提高资源利用效率效益,推进矿区生态文明建设,促进煤炭工业健康发展,根据《中华人民共和国煤炭法》《中华人民共和国矿产资源法》和《国务院关于促进煤炭工业健康发展的若干意见》(国发〔2005〕18 号)等法律和规范性文件,国家发改委 2011 年制定了《煤炭产业政策》,并于 2013 年进行了修订。

《煤炭产业政策》强调,要根据国民经济和社会发展规划总体部署,按照煤炭工业发展规划、矿产资源规划、煤炭生产开发规划、煤矿安全生产规划、矿区总体规划,合理、有序开发和利用煤炭资源。煤炭资源开发坚持先规划、后开发的原则,国家统一管理煤炭资源一级探矿权市场,由国家出资完成煤炭资源的预查、普查和必要详查,编制矿区总体规划。对不符合规划和产业发展方向的建设项目,国土资源部门不予办理矿业权登记和土地使用手续,环保部门不予审批环境影响评价文件和发放排污许可证,水利部门不予审批水土保持方案文件,工商管理部门不予办理工商登记,金融机构不予提供贷款和其他形式的授信支持,投资主管部门不予办理核准手续。

根据《煤炭产业政策》和《能源发展战略行动计划(2014—2020 年)》,为稳定东部地区煤炭生产规模,加强中部煤炭资源富集地区大型煤炭基地建设,加快西部地区煤炭资源勘查和适度开发,建设神东、晋北、晋中、晋东、陕北、黄陇(华亭)、鲁西、两淮、河南、冀中、云贵、蒙东(东北)、宁东、新疆等 14 个亿吨级大型煤炭基地;重点建设锡林郭勒、鄂尔多斯、晋北、晋中、晋东、陕北、哈密、准东、宁东等 9 个千万千瓦级大型煤电基地。

2017 年 3 月 22 日,国家发展和改革委员会、工业和信息化部对外公布了《现代煤化工产业创新发展布局方案》,明确未来重点规划布局 4 大现代煤化工产业示范区为:内蒙古鄂尔多斯、陕西榆林、宁夏宁东、新疆准东。

3.《煤炭矿区总体规划管理暂行规定》

为规范煤炭资源勘查开发秩序,保护和合理开发利用煤炭资源,2012 年 6 月 13 日由以中华人民共和国国家发展和改革委员会令第 14 号发布《煤炭矿区总体规划管理暂行规定》(2012)(以下简称《规定》)。该《规定》分总则、规划编制、规划审批、规划管理与实施、法律责任、附则 6 章 24 条,自 2012 年 7 月 13 日起实施发布之日施行。

该《规定》适用于国家发展与改革委员会审批的矿区总体规划。煤炭资源开发必须编制矿区总体规划。经批准的矿区总体规划,是煤炭工业发展规划、煤矿建设项目开展前期准备工作和办理核准的基本依据。国家发展改革委和省级发展改革委负责矿区总体规划的监督管理,煤炭行业管理、安全生产监管、国土资源、环保、水利、监察等部门在各自职责范围内参与管理。煤炭矿区总体规划应当与国家主体功能区规划、国家能源规划、煤炭工业发展规划、省级以上人民政府批准的城镇总体规划等相衔接。

国家发展改革委在受理矿区总体规划后,应当委托有资质的评估机构进行评估或者组织专家评审。煤炭矿区总体规划评估报告应当包括下列内容:

(1)矿区概况及开发企业基本情况;

(2)矿区范围及勘查程度评价;

(3)资源条件评价,包括地层与构造、煤层、水文地质、开采技术条件及工程地质、资源储量、煤质等；

(4) 矿区开发的必要性；

(5) 矿区开发评价，包括矿区开发现状、规划原则、井(矿)田划分方案、规划建设规模、矿区均衡生产服务年限等；

(6) 煤炭洗选加工和资源综合利用评价，包括原煤可选性及产品利用方向、煤炭洗选加工与布局、资源综合利用等；

(7) 外部建设条件评价，包括矿区铁路、公路、供电电源及供电方案、供水水源及供水方式等；

(8) 矿区总平面布置及辅助设施评价，包括矿区地面布置、建设用地、防洪排涝等；

(9) 矿区安全生产与灾害防治评价；

(10) 矿区环境保护、水土保持和节能减排评价；

(11) 主要结论和建议；

(12) 评估报告应当附规划矿井(露天矿)基本特征表、矿区勘查程度图、矿区井(矿)田划分图、矿区及井(矿)田拐点坐标表。

(二) 煤矿规划环境影响评价的相关政策

1. 煤炭矿区总体规划环境影响评价的相关规定

为认真贯彻落实《国务院关于落实科学发展观加强环境保护的决定》(国发〔2005〕39号)和《国务院关于促进煤炭工业健康发展的若干意见》(国发〔2005〕18号)的有关要求，合理开发煤炭资源，保护和改善矿区生态环境，2006年11月6日原环保部办公厅下发了《关于加强煤炭矿区总体规划和煤矿建设项目环境影响评价工作的通知》(环办〔2006〕129号)，要求强化煤炭矿区总体规划环境影响评价。具体规定：

(1) 各产煤省(自治区、直辖市)有关部门应根据国家大型煤炭基地建设规划，按照"统一规划、合理布局、有序开发、综合利用、保护环境"的原则，组织编制或修编矿区总体规划。在编制或修编过程中，要充分考虑本地区煤炭资源禀赋、环境容量、生态状况和经济发展需要，合理确定矿区建设规模、生产能力和开发顺序，增强规划的科学性和指导性。矿区总体规划要依法进行环境影响评价，对规划实施后可能造成的环境影响作出分析、预测和评估，提出预防或减缓不利影响的对策措施。经批准的矿区总体规划环境影响评价文件是煤炭开发建设活动的基本依据。

(2) 规划编制机关在报批矿区总体规划时，应将规划环境影响评价文件一并附送规划审批部门，同级环保行政主管部门负责召集有关部门代表和专家组成审查小组，对矿区总体规划环境影响评价文件进行审查。规划环境影响评价文件结论和审查意见是批准矿区总体规划的重要依据。

(3) 经批准的矿区总体规划的范围、井田划分、建设规模等主要内容发生重大调整的，应当重新进行环境影响评价。

(4) 规划编制机关对涉及公众环境权益的矿区总体规划，应当在报批前举行论证会或听证会，也可以采取其他形式，征求有关单位、专家和公众的意见。

2. 矿产资源规划环境影响评价的相关规定

为深入贯彻党的十八大和十八届二中、三中、四中全会精神，全面落实《环境影响评价法》及《规划环境影响评价条例》，进一步指导和规范矿产资源规划环境影响评价工作，切实统筹好资源开发与环境保护,大力推进生态文明建设,2015 年 12 月 7 日环境保护部联合国土资源部下发了《关于做好矿产资源规划环境影响评价工作的通知》,要求切实加强矿产资源规划环境影响评价工作,认真落实规划环境影响评价制度。国土资源主管部门在组织编制有关矿产资源规划时,应根据法律法规要求,严格执行规划环境影响评价制度,同步组织开展规划环境影响评价工作。规划编制过程中,应坚持资源开发与环境保护协调发展,及时开展规划环境影响评价,充分吸纳规划环评提出的优化调整建议和减缓不利环境影响的对策措施,强化资源开发合理布局、节约集约利用和矿区生态保护。规划实施后,规划编制机关应当将规划环评的落实情况和实际效果等纳入规划评估重要内容;对于有重大环境影响的规划,规划编制机关应及时组织规划环境影响的跟踪评价。

(1)分类开展矿产资源规划环评工作

需编写环境影响篇章或说明的矿产资源规划包括:全国矿产资源规划,全国及省级地质勘查规划,设区的地市级矿产资源总体规划,重点矿种等专项规划。需编制环境影响报告书的矿产资源规划包括:省级矿产资源总体规划,设区的市级以上矿产资源开发利用专项规划,国家规划矿区、大型规模以上矿产地开发利用规划。县级矿产资源规划原则上不开展规划环境影响评价,各省级人民政府有相关规定的按照其规定执行。

环境影响篇章或者说明、环境影响报告书,可由规划编制机关编制,或者组织规划环境影响评价的技术机构编制。规划编制机关应加强规划环评的财政经费保障和相关信息资料共享,对环境影响评价文件的质量负责。

(2)准确把握矿产资源规划环境影响评价的基本要求

矿产资源规划环境影响评价,应符合《规划环境影响评价技术导则 总纲》(HJ 130—2019)和有关技术规范,立足于提高区域生态环境质量、促进资源绿色开发,完善规划环境目标和原则要求,分析规划实施的协调性和资源环境制约因素,预测规划实施对区域生态系统、水环境、土壤环境等的影响范围、程度和变化趋势,统筹做好规划和规划环评的信息公开与公众参与,优化规划的总量、布局、结构和时序安排,提出预防和减轻不良环境影响的政策、管理、技术等对策措施。

全国矿产资源规划环境影响评价。应结合相关主体功能区规划、环境功能区划、生态功能区划、土地利用总体规划及其他相关规划,综合评判矿产资源开发布局与经济社会、生态环境功能格局的协调性、一致性;预测规划实施和资源开发对区域生态系统、环境质量等造成的重大影响,提出预防或减轻不良环境影响的对策措施;论证资源差别化管理政策和开发负面清单的合理性与有效性,从源头预防资源开发带来的不利环境影响。

省级矿产资源规划环境影响评价。应以资源环境承载能力为基础,科学评价矿产资源勘查开发总体布局与区域经济社会发展、生态安全格局的协调性、一致性;从经济社会可持续发展、矿产资源可持续利用和维护区域生态安全的角度,评价规划定位、目标、任务的环境合理性;重点识别规划实施可能影响的自然保护区、风景名胜区、饮用水水源保护区、地质公园、历史文化遗迹等重要环境敏感区及其他资源环境制约因素;结合本行政区重要环境保护目标,预测规划实施可能对区域生态系统产生的整体影响以及对环境产生的长远影响;提出规划优化调整建议和减轻不良环境影响的对策措施。省级矿产资源总体规划环境影响评价技术要点由生态环境部会同国土资源部联合制定,另行印发。

设区、地市级矿产资源规划环境影响评价。主要是围绕沙石黏土及小型非金属矿等资源的开发利用与保护活动,评价规划部署与区域经济发展、民生改善和生态保护的协调性;预测规划实施和资源开发可能对生态环境造成的直接和间接影响;评价矿山地质环境治理恢复与矿区土地复垦重点项目安排的合理性,以及开采规划准入条件的有效性。

(3)严格规范矿产资源规划环境影响报告书审查

规划编制机关在报送矿产资源规划草案时,应将环境影响篇章或说明(作为规划草案的组成部分)、环境影响报告书一并报送规划审批机关。未依法编写环境影响篇章或说明、环境影响报告书的,规划审批机关应当要求其补充;未补充的,规划审批机关不予审批。已经批准的规划在实施范围、适用期限、规模、结构和布局等方面进行重大调整或修订的,应当依法重新或补充进行环境影响评价。

需编制环境影响报告书的矿产资源规划,在审批前由同级环境保护部门会同规划审批机关,对环境影响报告书进行审查,就基础资料的真实性、评价方法的恰当性、预测结果的可靠性、预防或者减轻措施的合理性与有效性、公众参与意见的合理性、评价结论的科学性等方面提出书面审查意见。

国土资源主管部门在审批规划草案时,将环境影响报告书结论以及审查意见作为规划审批决策的重要依据。对环境影响报告书结论以及审查意见不予采纳的,逐项作出书面说明,存档备查并告知有关环境保护部门。

3. 煤电基地规划环境影响评价的相关规定

按照《中华人民共和国环境影响评价法》和《规划环境影响评价条例》要求,为贯彻落实《大气污染防治行动计划》,进一步做好煤电基地规划环境影响评价工作,以环境保护优化煤电基地发展,促进相关区域大气污染防治目标实现,国家环境保护部办公厅于2014年7月17日下发了《关于做好煤电基地规划环境影响评价工作的通知》,该通知对煤电基地规划环境影响评价工作作出详细规定。编制煤电基地规划,应严格依法做好环境影响评价,在规划草案报送前编制完成规划环境影响报告书,并报送负责召集审查的环境保护部门。煤电基地规划范围、布局、结构、规模等发生重大调整或修订的,应依法重新或补充进行规划环境影响评价。煤电基地规划环境影响评价应尽早介入,贯穿规划编制的全过程。环境影响报告书编制单位应及时将规划草案的资源环境制约、可能产生的环境问题和优化调整建议反馈给规划编制机关,以便在规划方案中及时调整。煤电基地规划环境影响报告书和审查意见应与规划草案一并报送规划审批机关,作为规划决策和实施的重要依据。规划的环境影响评价结论应作为建设项目环境影响评价的重要依据,对未完成环境影响评价工作的规划,环境保护部门不予受理规划中建设项目的环境影响评价文件。

煤电基地规划环境影响评价的重点工作包括以下几点:

一是与相关规划等的协调性分析。应重点分析煤电基地规划与主体功能区规划、生态功能区划、环保政策和规划等在功能定位、开发原则和环境准入等方面的符合性。分析规划方案与其他相关规划在资源保护与利用、生态环境要求等方面的冲突与矛盾。论证规划方案规模、布局、结构、建设时序与区域发展目标、定位的协调性,以外送为主的煤电基地还应重点分析与相关输电通道规划的协调性。

二是区域生态环境现状分析和回顾性评价。应结合自然保护区、饮用水水源保护区等重要环境保护目标,重点说明近年来大气环境、地表水、地下水、土壤环境等区域生态环境现状与变化。通过分析区域内煤电和相关煤炭、有色、煤化工行业规划实施引发的生态环境演变趋势,准确识别区域突出的生态环境问题及其成因。说明相关战略环评成果、规划环评审查意见及有关项目环评批复的落实情况。

三是资源环境承载力分析。应重点分析大气环境及水环境容量,深入开展生态承载力分析。立足煤电基地内主要用水行业现有和规划的各项水资源需求,依据水资源调配引发的生态环境影响分析水资源承载能力。根据所依托矿区的煤炭产能、产量与流向,核实煤炭资源承载能力。

四是环境影响预测和分析。应重点开展大气环境影响预测,综合考虑煤矿、煤电及区域相关产业排放的二氧化硫(SO_2)、氮氧化物(NO_x)、可吸入颗粒物(PM_{10})、细颗粒物($PM_{2.5}$)和汞等重金属及有毒有害化学物质对煤电基地大气环境的影响,分析其对周边重点城市的跨界影响。分析煤电及相关产业发展对区域防风固沙、水土保持、水源涵养、生物多样性保护等重要生态功能的影响,明确煤电基地开发是否会导致生态系统主导功能发生显著不良变化或丧失,是否会加剧现有生态环境问题。

五是规划优化调整建议。应以资源环境可承载为前提,从煤电基地规划的规模和空间布局、外送电和自用电比例、下游产业发展方向及区域产业结构调整等方面提出规划草案的优化调整建议。对与环保政策要求存在明显冲突、将显著加剧或引发严重生态环境问题、建设规模缺乏必要性或无输电通道支撑、现状环境容量不足且区域削减措施滞后或效果不佳、现状水资源难以承载且供水存在较大不确定性等情况,均应明确提出规划规模调减和布局优化等建议。

六是预防或减缓不良环境影响的对策措施。应立足大气环境质量提高,提出煤电基地所在区域大气污染物削减方案、大气污染防控对策,以及受电区域控制煤电行业发展的政策建议。统筹制定煤电基地环境保护和生态修复方案,细化水资源循环利用方案,分类明确固体废物综合利用、处理处置的有效途径和方式。制定有针对性的跟踪评价方案,对煤电基地开发产生的实际环境影响、环境质量变化趋势、环境保护措施落实情况和有效性做好监测和评价。

七是山西省和内蒙古自治区编制的煤电基地规划环境影响报告书,应根据报告书结论建议开展京津冀及周边地区环评会商,形成会商意见,重点从减缓跨界影响的角度提出规划方案优化调整和加强区域联防联控等方面措施建议。

三、煤矿区规划环境影响评价法律法规

煤矿区规划环境影响评价依据我国环境保护的相关法律规定,如《中华人民共和国宪法》《中华人民共和国环境保护法》《中华人民共和国环境影响评价法》等,以及行业专项法律法规。

（一）《中华人民共和国矿产资源法》

为了发展矿业,加强矿产资源的勘查、开发利用和保护工作,保障社会主义现代化建设的当前和长远的需要,根据《中华人民共和国宪法》,制定《中华人民共和国矿产资源法》,自1986年10月1日起施行,2009年8月27日第二次修正。在中华人民共和国领域及管辖海域勘查、开采矿产资源,必须遵守本法。

《中华人民共和国矿产资源法》规定:"国家对矿产资源的勘查、开发实行统一规划",其目的:一是为了维护矿产资源国家所有权益,加强国家对矿产资源开发利用的宏观调控;二

是协调当前与长远、国内与国外、中央与地方、地方与地方之间对矿产资源的需求,促进矿产资源的合理利用;三是节约利用有限的矿产资源,有效保护资源与环境,促进国民经济持续、快速、健康发展。

矿产资源属于国家所有,国家保障矿产资源的合理开发利用。禁止任何组织或者个人用任何手段侵占或者破坏矿产资源。开采矿产资源,必须按照国家有关规定缴纳资源税和资源补偿费。勘查、开采矿产资源,必须依法分别申请、经批准取得探矿权、采矿权,并办理登记。国有矿山企业是开采矿产资源的主体。省、自治区、直辖市人民政府地质矿产主管部门主管本行政区域内矿产资源勘查、开采的监督管理工作。

（二）《中华人民共和国煤炭法》

中华人民共和国煤炭法,是为了我国煤炭行业发展规范化、法治化,完善我国煤炭法律法规体系,合理开发利用和保护煤炭资源,规范煤炭生产、经营活动,促进和保障煤炭行业的发展而制定的专项法,1996 年 8 月 29 日发布。2016 年 11 月 7 第十二届全国人民代表大会常务委员会第二十四次会议修正,自 1996 年 12 月 1 日起施行。在我国境内从事煤炭生产、经营活动适用本法。

煤炭资源属于国家所有。国家对煤炭开发实行统一规划、合理布局、综合利用的方针。国家依法保护煤炭资源,禁止任何乱采、滥挖破坏煤炭资源的行为。开发利用煤炭资源,应当遵守有关环境保护的法律、法规,防治污染和其他公害,保护生态环境。

国务院煤炭管理部门根据全国矿产资源规划规定的煤炭资源,组织编制和实施煤炭生产开发规划。省、自治区、直辖市人民政府煤炭管理部门根据全国矿产资源规划规定的煤炭资源,组织编制和实施本地区煤炭生产开发规划,并报国务院煤炭管理部门备案。

煤炭生产开发规划应当根据国民经济和社会发展的需要制定,并纳入国民经济和社会发展计划。

（三）《规划环境影响评价条例》

为了加强对规划的环境影响评价工作,提高规划的科学性,从源头预防环境污染和生态破坏,促进经济、社会和环境的全面协调可持续发展,根据《中华人民共和国环境影响评价法》,2009 年 8 月 17 日国务院发布了《规划环境影响评价条例》,本条例自 2009 年 10 月 1 日起施行。

国务院有关部门、设区的市级以上地方人民政府及其有关部门,对其组织编制的土地利用的有关规划和区域、流域、海域的建设、开发利用规划（以下称综合性规划）,以及工业、农业、畜牧业、林业、能源、水利、交通、城市建设、旅游、自然资源开发的有关专项规划（以下称专项规划）,应当进行环境影响评价。规划编制机关应当在规划编制过程中对规划组织进行环境影响评价。国家建立规划环境影响评价信息共享制度,县级以上人民政府及其有关部门应当对规划环境影响评价所需资料实行信息共享。

对规划进行环境影响评价,应当分析、预测和评估以下内容:① 规划实施可能对相关区域、流域、海域生态系统产生的整体影响;② 规划实施可能对环境和人群健康产生的长远影响;③ 规划实施的经济效益、社会效益与环境效益之间以及当前利益与长远利益之间的关系。

编制综合性规划,应当根据规划实施后可能对环境造成的影响,编写环境影响篇章或者说明。编制专项规划,应当在规划草案报送审批前编制环境影响报告书。编制专项规划中的指导性规划,应当依照本条第一款规定编写环境影响篇章或者说明。指导性规划是指以发展战略为主要内容的专项规划。对已经批准的规划在实施范围、适用期限、规模、结构和布局等方面进行重大调整或者修订的,规划编制机关应当依照本条例的规定重新或者补充进行环境影响评价。

对环境有重大影响的规划实施后,规划编制机关应当及时组织规划环境影响的跟踪评价,将评价结果报告规划审批机关,并通报环境保护等有关部门。

四、煤矿区规划环境影响评价技术规范

为规范煤矿区规划环境影响评价工作,不同部委先后出台了多个技术导则、技术指南、规范标准等。首先,煤矿区各种规划都执行《规划环境影响评价技术导则 总纲》(HJ 130—2019)的相关规定。其次,为贯彻《中华人民共和国环境保护法》《中华人民共和国环境影响评价法》,规范和指导煤炭工业矿区总体规划环境影响评价工作,促进煤炭工业可持续发展,生态环境部制定《规划环境影响评价技术导则 煤炭工业矿区总体规划》(HJ 463—2009)和《规划环境影响跟踪评价技术指南(试行)》(2019 年)。

(一)《规划环境影响评价技术导则 总纲》(HJ 130—2019)

《规划环境影响评价技术导则 总纲》(HJ 130—2019)规定了开展规划环境影响评价的一般性原则、工作程序、内容、方法和要求。本标准适用于国务院有关部门、设区的市级以上地方人民政府及其有关部门组织编制的土地利用的有关规划,区域、流域、海域的建设、开发利用规划,以及工业、农业、畜牧业、林业、能源、水利、交通、城市建设、旅游、自然资源开发的有关专项规划的环境影响评价。其他规划的环境影响评价可参照执行。各综合性规划、专项规划环境影响评价技术导则和技术规范等应根据本标准制(修)订。煤炭工业矿区总体规划、煤炭工业发展规划、矿产资源规划、煤矿安全生产规划、煤炭生产开发规划等规划均应遵循《规划环境影响评价技术导则 总纲》(HJ 130—2019)中的有关规定。

(二)《规划环境影响评价技术导则 煤炭工业矿区总体规划》(HJ 463—2009)

为贯彻《中华人民共和国环境保护法》和《中华人民共和国环境影响评价法》,保护环境,防治污染,规范和指导煤炭工业矿区总体规划环境影响评价工作,促进煤炭工业可持续发展,2009 年由原环境保护部批准《规划环境影响评价技术导则 煤炭工业矿区总体规划》(HJ 463—2009)为国家环境保护标准,并予以发布,规定了煤炭工业矿区总体规划环境影响评价的一般原则、内容、方法和要求。本标准适用于国务院有关部门、设区的市级以上人民政府及其有关部门组织编制的煤炭工业矿区总体规划环境影响评价;煤、电一体化,煤、电、化工一体化等专项规划环境影响评价中的煤炭开发规划环境影响评价可参照执行。

1. 矿区总体环境影响评价评价的目的与基本内容

在煤炭工业矿区总体规划的编制和决策过程中,充分考虑所拟议的规划可能涉及的资源、环境问题,预防和减轻规划实施后可能造成的不良环境影响,从源头控制环境污染和生态破坏,协调经济增长、社会进步和环境保护的关系。

煤炭工业矿区总体规划的环境影响评价工作的基本内容包括：概述和分析矿区总体规划主要内容，分析、评价矿区总体规划方案与相关政策、法规的符合性，与国家、地方、行业相关规划、计划的协调性，调查、评价矿区总体规划实施所依托的环境条件（包括自然、社会和经济环境），识别区域主要环境问题以及制约矿区规划实施的敏感环境因素。对已经开发的矿区应进行矿区环境影响回顾评价，预测矿区总体规划实施后，可能对环境造成的影响，包括直接影响、间接影响和累积影响，分析、评价矿区资源、环境对总体规划实施和区域可持续发展的承载能力，提出预防和减轻不良环境影响的对策措施，对矿区总体规划方案的环境合理性进行综合论证，提出环境合理的规划方案调整建议，开展公众参与工作，制订矿区总体规划实施后环境影响的监测与跟踪评价计划。

2. 矿区总体规划分析

分析矿区总体规划方案的内部协调性及存在的主要问题，包括规划方案是否坚持可持续发展原则、是否在合理开发煤炭资源的同时，注重对污染的预防、生态环境的保护和其他资源的综合利用。

分析矿区总体规划的协调性，包括矿区总体规划与相关政策、法规的符合性分析；与相关行业发展规划、地区经济发展规划、城镇总体规划、自然保护区规划、风景名胜区规划、环境保护规划、生态建设规划、区域水资源利用与水源保护区规划等相关规划的协调性分析等。根据规划的协调性分析和环境制约因素分析，筛选出环境合理的规划方案。

3. 矿区总体规划环境影响识别与环境目标确定

识别矿区开发主要的资源、环境制约因素和矿区规划实施可能造成的资源、环境问题，列出矿区总体规划环境影响识别清单。环境影响识别应贯穿矿区总体规划的整个生命周期，并适当关注矿区煤炭资源枯竭闭矿过程的环境影响。

针对矿区总体规划实施可能涉及的环境主题、环境要素、区域敏感环境制约因素，根据环境保护政策、法规、标准和相关规划，以及环境功能区划等，确定符合区域社会、经济可持续发展的矿区总体规划环境目标。

4. 环境影响预测与评价

应重点关注和分析不同阶段规划实施对矿区及其周围自然保护区，重要水源保护区，特殊人文、自然景观和生物多样性等敏感保护目标的影响分析。内容涉及：矿区煤炭井工开采地表沉陷变形、露天开采地表挖损以及外排土场占压对地形地貌、土地利用、农牧业生产及自然生态资源的影响，矿区生态系统变化趋势；矿区煤炭开采含水层破坏或露天矿疏干排水可能造成的对区域水资源的影响，以及由此引发的对生态环境的影响；矿区规划实施各类污染物排放可能造成的对区域环境质量的影响，分析规划实施后矿区环境质量能否满足环境功能区划的要求；矿区规划实施可能对矿区内及其周围重要环境保护目标的影响；矿区煤炭资源开发带动的下游产业延伸可能产生的在时间、空间上的累积环境影响；矿区整体开发可能带来的主要环境风险问题分析；矿区开发造成的移民搬迁、安置问题分析；矿区规划实施对区域社会、经济的影响及发展趋势分析。

5. 资源、环境承载力分析

根据煤炭开发行业的资源、环境影响特征，针对制约矿区规划实施和规划实施后影响较大的资源、环境因素进行承载力分析，客观反映矿区经济、社会发展与资源、环境的协调程度，为合理确定矿区煤炭开发强度、产业配置与布局，确定环境合理的矿区总体发展目标提供科学依据。进行矿区土地资源、水资源、生态承载力分析,计算矿区地表水环境与大气环境容量,核算矿区规划实施后污染物排放总量。

6. 矿区规划的环境合理性分析

在区域资源、环境承载力分析基础上,根据矿区规划实施环境影响预测结果,对矿区规划方案的环境合理性进行分析。重点分析矿区煤炭资源开发总规模、阶段性开发规模、产业结构配置等与区域资源、环境承载力的协调 性分析;矿区总体规划布局与功能分区的环境合理性分析,重点关注和分析矿区规划范围内以及周边重 要环境保护目标和生态敏感区之间存在的冲突与潜在的环境风险;矿区总体规划环境目标的可达性分析;矿区总体规划实施的环境成本或环境代价分析;提出供有关部门决策的环境合理的规划方案优化调整建议。

7. 清洁生产与循环经济分析

从生产工艺与产品指标、资源与能源消耗指标、生态破坏与污染控制指标、资源综合利用指标以及矿区环境管理五个方面,分析矿区实现清洁生产的途径,提出矿区实现清洁生产的指标要求和管理措施。根据"减量化、再利用、资源化"原则,以建立资源-产品-再生资源的物质闭环流动型煤炭矿区经济模式为目的,结合区域资源、环境承载力分析,提出促进矿区可持续发展的循环经济基本模式。

(三)《规划环境影响跟踪评价技术指南(试行)》(2019)

跟踪评价(follow-up evaluation):指规划编制机关在规划的实施过程中,对已经和正在产生的环境影响进行监测、分析和评价的过程,用以检验规划实施的实际环境影响以及不良环境影响减缓措施的有效性,并根据评价结果,提出完善环境管理方案,或者对正在实施的规划方案进行修订。《规划环境影响评价技术导则 总纲》(HJ 130—2019)对规划的跟踪评价提出了要求。结合规划实施的主要生态环境影响,拟定跟踪评价计划,监测和调查规划实施对区域环境质量、生态功能、资源利用等的实际影响,以及不良生态环境影响减缓措施的有效性。跟踪评价取得的数据、资料和结果应能够说明规划实施带来的生态环境质量实际变化,反映规划优化调整建议、环境管控要求和生态环境准入清单等对策措施的执行效果,并为后续规划实施、调整、修编,完善生态环境管理方案和加强相关建设项目环境管理等提供依据。

2019 年生态环境部发布了《规划环境影响跟踪评价技术指南(试行)》(2019),用于指导规划的跟踪评价。《中华人民共和国环境影响评价法》和《规划环境影响评价条例》中规定的各类综合性规划和专项规划实施后可能对生态环境有重大影响的,规划编制机关可参照《规划环境影响跟踪评价技术指南(试行)》(2019),及时开展规划环境影响的跟踪评价。煤炭资源开发涉及的各类规划的跟踪评价依据本指南进行。

通过调查规划实施情况、受影响区域的生态环境演变趋势,分析规划实施产生的实际生态环境影响,并与环境影响评价文件预测的影响状况进行比较和评估。对规划已实施部分,如规划实施中采取的预防或者减轻不良生态环境影响的对策和措施有效,且符合国家和地方最新的生态环境管理要求,可提出继续实施原规划方案的建议。如对策和措施不能满足国家和地方最新的生态环境管理要求,结合公众意见,对规划已实施部分造成的不良生态环境影响提出整改措施。对规划未实施部分,基于国家和地方最新的生态环境管理要求或必要的影响预测分析,提出规划后续实施的生态环境影响减缓对策和措施。如规划未实施部分与原规划相比在资源能源消耗、主要污染物排放、生态环境影响等方面发生了较大的变化,或规划后续实施不能满足国家和地方最新的生态环境管理要求,应提出规划优化调整或修订的建议。跟踪评价工作成果应与规划编制机关进行充分衔接和互动。

重点进行规划实施及开发强度对比、环境管理要求落实情况、生态环境质量变化趋势分析、资源环境承载力变化分析、生态环境影响对比评估、生态对策措施有效性分析、环保措施有效性分析等方面的评估,提出环境保护整改建议与生态环境管理优化建议。

第三节　煤矿建设项目环境影响评价政策与法规

一、煤矿区建设项目环境影响评价概述

煤炭开采、洗选、加工等生产建设活动,均会造成生态破坏、环境污染等问题。煤炭工业环境保护的主要任务是:合理开发利用煤炭及与煤共生、伴生的矿产资源,依靠科学技术进步,推行清洁生产,防治矿区生态破坏和环境污染,发展洁净煤技术,提供清洁能源。依照我国环境影响评价的相关规定,各类项目均要进行环境影响评价。

二、煤矿建设项目环境影响评价法规与政策

(一)国家法律

煤炭是我国的主要能源和重要工业原料,煤炭产业是我国重要的基础产业。煤炭产业的可持续发展关系国民经济健康发展和国家能源安全。煤矿区建设项目涉及煤炭的生产、洗选、加工、运输等多种类型,对环境影响评价均有所要求,项目建设单位依据环境影响评价相关法律法规、技术政策、规范导则等开展环境影响评价工作。为全面贯彻落实科学发展观,合理、有序开发煤炭资源,提高资源利用率和生产力水平,促进煤炭工业健康发展,建设单位依据《中华人民共和国环境保护法》《中华人民共和国煤炭法》《中华人民共和国矿产资源法》和《中华人民共和国环境影响评价法》等相关法律开展环境影响评价工作。

建设项目涉及环境要素的环境影响评价要满足相关单项法的规定,如《中华人民共和国固体废物污染环境防治法》(2016.11.7 修订实施)、《中华人民共和国水污染防治法》(2017.6.27 修订实施)、《中华人民共和国大气污染防治法》(2018.10.26 修订实施)、《中华人民共和国环境噪声污染防治法》(2018.12.29 修订实施)、《中华人民共和国土壤污染防治法》(2019.1.1 实施)、《中华人民共和国野生动物保护法》(2018.10.26 修订实施)、《中华人民共和国防沙治沙法》(2018.10.26 修订实施)、《中华人民共和国清洁生产促进法》(2012.7.1 实施)、《中华人民共和国循环经济促进法》(2018.10.26 修订实施)、《中华人民共和国森林法》(2009.8.27 修订实施)、《中华人民共和国土地管理法》(2004.8.28 修订实施)等。

(二)行政法规

1998 年 11 月 29 日中华人民共和国国务院令第 253 号首次发布,2017 年 7 月 16 日根

据《国务院关于修改〈建设项目环境保护管理条例〉的决定》(国务院令第 682 号)进行了修订,并于 2017 年 10 月 1 日实施。规定:我国建设对环境产生污染的建设项目,实行分类管理。依法应当编制环境影响报告书、环境影响报告表的建设项目,建设单位应当在开工建设前将环境影响报告书、环境影响报告表报有审批权的环境保护行政主管部门审批;建设项目的环境影响评价文件未依法经审批部门审查或者审查后未予批准的,建设单位不得开工建设。根据《建设项目环境影响评价分类管理名录》(2017 年修订)的规定,煤炭开采项目均需编制环境影响报告书,煤炭洗选、配煤、煤炭储存与集运、型煤水煤浆生产等均需编制环境影响报告书或报告表。

《煤炭产业政策(修订稿)》(2013)中第四十二条:煤炭资源的开发利用应依法开展环境影响评价、编报水土保持方案,依法建设的环保、水保设施与主体工程要严格实行项目建设"三同时"制度。按照"谁开发、谁保护,谁损坏、谁恢复,谁污染、谁治理,谁治理、谁受益"的原则,推进矿区环境综合治理,形成与生产同步的水土保持、矿山土地复垦和矿区生态环境恢复补偿机制。

《关于加强煤炭矿区总体规划和煤矿建设项目环境影响评价工作的通知》(2006 年 11月 27 日)中也规范了煤矿建设项目环评审批,严格准入条件,强化监督管理,落实各项生态保护措施。具体规定如下:

(1)煤矿建设项目必须依照《环境影响评价法》和《建设项目环境保护管理条例》的规定进行环境影响评价。环境影响评价文件未经批准,建设单位不得开工建设。

(2)煤矿建设项目应当符合经批准的矿区总体规划及规划环评要求,未进行环境影响评价的矿区总体规划所包含的煤矿建设项目,环保部门不予受理和审批其环境影响评价文件。

(3)煤矿建设项目环境影响评价文件实行分级审批。国家规划矿区内年产 150 万吨及以上的煤矿建设项目,其环境影响评价文件由国家环保总局审批;国家规划矿区内年产150 万吨以下和国家规划矿区外的煤矿建设项目,其环境影响评价文件由地方环境保护部门审批。

(4)在国家级自然保护区、国家重点风景名胜区、饮用水水源保护区及其他依法划定需特别保护的环境敏感区内,禁止建设煤矿项目。依法需要征得有关机关同意的,建设单位应当事先征得该机关同意。

(5)新建煤矿项目必须与周边煤矿资源的整合、改造相结合。关闭违法违规建设、布局不合理、生态破坏和环境污染严重的小煤矿,采取有效措施保护矿区生态环境,防止和减缓地表沉陷、水土流失和植被破坏。土地复垦率、植被恢复系数等须达到国家和地方规定的指标要求。

改扩建项目要按照"以新带老"原则,对历史形成的采煤沉陷区和废弃物进行治理。未完成生态恢复治理任务的煤矿项目,环保部门不予受理和审批其环境影响评价文件。

(6)在水资源短缺地区,严格限制取用地表水和地下水,防止矿井疏干造成地下水位下降、地表水干枯、地面植被破坏或严重退化。矿井水复用率应达到 70% 以上,晋、陕、蒙、宁等严重干旱缺水地区应达到 90% 以上,煤矿、洗煤厂和资源综合利用电厂等生产用水应优先使用矿井水。集中建设配套的煤炭洗选厂,洗煤水全部闭路循环。

(7)煤矸石综合利用率应达到 70% 以上。在平原地区严禁设立永久性煤矸石堆场,有条件的矿区应实施矸石井下充填,减少矸石占用土地、减轻地表沉陷和环境污染。高瓦斯矿井应对煤层气进行综合利用。

(8)建设单位在报批煤矿项目环境影响报告书前,应采取便于公众知悉的方式,公开有关环境影响评价的信息,收集公众反馈意见。

(9)各级环保部门要加强对煤矿项目设计、建设和运行等各个阶段的环境保护监督管理,严格执行"三同时"制度。要求设计单位在项目设计时,应当依据经批准的环境影响评价文件,认真落实各项生态保护措施,将环境保护投资纳入投资概算。建设单位应当按照环境影响评价审批文件的要求,制定并实施施工期环境监理计划,定期向所在地环境保护部门报告。施工单位应当严格按照合同中的环境保护条款,做好生态保护措施的实施工作。

要按照"谁开发谁保护,谁污染谁治理,谁损坏谁恢复"的原则,积极推进有利于生态保护的经济政策,扭转矿区生态恢复治理工作滞后的局面,促进煤炭资源开发与生态环境保护协调发展。

此外,煤矿区建设项目环境影响评价还应遵循《煤炭工业环境保护暂行管理办法》(1994)、《煤矸石综合利用管理办法》(2014)以及《环境影响评价公众参与办法》(2018)等的相关规定。

三、煤矿区建设项目环境影响评价技术规范

(一)建设项目环境影响评价导则体系

煤矿区各类建设首先要遵循《建设项目环境影响评价技术导则 总纲》(HJ 2.1—2016)与各环境要素的环境影响评价技术导则,如《环境影响评价技术导则》(大气环境 HJ 2.2—2018、地表水环境 HJ 2.3—2018、地下水环境 HJ 610—2016、声环境 HJ 2.4—2021、生态影响 HJ 19—2022、土壤环境 HJ 964—2018)、《建设项目环境风险评价技术导则》(HJ 169—2018)等的相关要求。

为进一步规范煤矿采选工程的环境影响评价工作,2011年原环境保护部发布了《环境影响评价技术导则 煤炭采选工程》(HJ 619—2011),规定了煤炭开采工程、选煤工程环境影响评价的基本原则、内容、方法和技术要求。煤炭采选工程环境影响后评价与煤炭资源勘探活动环境影响评价可参照本标准执行。

(二)《建设项目竣工环境保护验收技术规范 煤炭采选》

我国的煤炭采选工程建设项目的环境影响评价工作遵循《建设项目竣工环境保护验收技术规范 煤炭采选》导则具体执行。煤炭采选工程环境影响后评价与煤炭资源勘探活动环境影响评价可参照本标准执行。

煤炭采选工程环境影响评价工作分类应按照《建设项目环境影响评价分类管理名录》有关煤炭采选部分的规定确定。煤炭开采工程需编制环境影响报告书,选煤工程活动需编制环境影响报告表。

煤炭采选工程建设项目环境影响评价等级与评价范围按环境要素分别确定,分别按照HJ2.2、HJ/T2.3、HJ2.4、HJ19、HJ964、HJ/T169中的规定确定大气环境、地表水环境、声环境、生态影响、土壤环境和环境风险的评价工作等级。按照HJ610的要求初步确定地下

水评价工作等级,基于煤炭采选业对地下水环境的影响特征,根据评价区地下水环境敏感程度与水文地质问题,煤炭开采在不直接影响具有城镇及工业供水或潜在供水意义的含水层时,或评价区内不涉及集中供水水源地等地下水敏感保护目标时,适当降一级确定煤炭采选工程地下水评价工作等级。井工开采项目要根据地面深陷影响范围合理确定生态评价范围,露天开采项目一般以采掘场、外排土场外扩 $1\sim2$ km 作为煤炭采选工程生态评价范围。

一般将煤炭采选工程划分为建设期和运行期。当剩余服务年限低于 5 年的,应该开展闭矿期环境影响评价。根据我国煤炭采选工程运行服务期长的特点,应分阶段适时开展环境影响后评价。建设期、运行期生态影响主要包括土地占压、开采深陷与地表挖损;环境污染影响因素主要从废水、废气、噪声、固体废物等方面进行分析、预测与评价。改扩建、技术改造项目应明确原有污染源和污染物排放情况、目前存在的环境问题、工程实施后的污染源及污染物变化情况等。还应说明拟采取的污染控制、生态恢复及沉陷治理措施。

地表水的环境影响评价主要评价矿井水、露天矿矿坑水、一般生产生活废水等对环矿区周边的影响,选煤废水主要分析选煤废水闭路循环的可靠性。锅炉烟气需要根据评价级别的要求进行二氧化硫、氮氧化物、颗粒物等污染物的影响预测或分析。筛分破碎系统及转载粉尘、煤堆扬尘、运输扬尘、煤矸石堆场的自燃和扬尘、露天矿排土场扬尘等在采取相应的环保措施后对大气环境的影响作定性分析。煤炭采选工程项目对下水的环境影响主要分析煤炭开采对下水水资源量、对地下水供水水源取水层、对地表水和地下水的补排关系、煤矸石淋溶水对下水水质、对泉域、水源地等环境保护目标的影响。此外,还应分析煤矸石等固体废物的环境影响、开采沉陷的生态影响以及煤矸石堆场溃坝、露天矿排土场滑坡、瓦斯储罐泄漏引起的爆炸、井下突水、井下透水等环境风险。

其他相关标准、规范还有《煤炭工业污染物排放标准》(GB 20426—2006)、《清洁生产标准 煤炭采选业》(HJ 446—2008)、《建设项目竣工环境保护验收技术规范 煤炭采选》(HJ 672—2013)、《煤炭采选建设项目环境影响评价文件审批原则(试行)》(2016)、《燃煤电厂超低排放烟气治理工程技术规范》(HJ 2053—2018)、《煤矸石山生态修复综合技术规范》(LY/T 2991—2018)、《现代煤化工建设项目环境准入条件(试行)》(2015)等。

第四节 煤矿环境影响后评价政策与法规

一、环境影响后评价制度

(一)基本概念

在项目建设、运行过程中产生不符合经审批的环境影响评价文件的情形的,建设单位应当组织环境影响的后评价,采取改进措施,并报原环境影响评价文件审批部门和建设项目审批部门备案;原环境影响评价文件审批部门也可以责成建设单位进行环境影响的后评价,采取改进措施。环境影响后评价是指编制环境影响报告书的建设项目在通过环境保护设施竣工验收且稳定运行一定时期后,对其实际产生的环境影响以及污染防治、生态保护和风险防范措施的有效性进行跟踪监测和验证评价,并提出补救方案或者改进措施,提高环境影响评价有效性的方法与制度。

（二）环境影响后评价目的

环境影响后评估的目的是:检查环境影响报告书的各项环保措施是否落实,在建设过程中工艺流程和环保设施以及对环境的影响贡献值是否发生变化,验证环境影响评价的模式、预测的结论是否符合当地的环境实际,系数是否要修正,当地环境质量、环境保护目标和环境标准有无变化,原有的环境影响评价结论是否要修正,目前的环保设施能否满足环境变化的需要,是否需要调整,对环境影响评价中的缺项、漏项或调整后的情况进行补充评价。

环境影响后评估不是所有建设项目都必须进行,它适合于:在建设过程中工艺过程和环保设施有所变更。由于当地开发活动较多,环境质量有了重大的变化。由于当地环境规划制定、环境保护目标和环境标准有所提高。在国家总量控制指标下达后,需重新确定项目的允许排放量。目前的环保设施运行不正常或其效率不能达到原定要求,不能满足当地环境的总量控制需要,其他环保主管单位认为有必要的项目应进行环境影响后评估。

通过环境影响后评价有效实施,对环境影响预测和环保设计成果进行验证,为进一步加强过程环境管理提供科学依据,为其他项目环境影响评价和环保设计提供借鉴,检查过程项目环保设施"三同时"制度执行情况,检查环境监测设施的运行情况,为环境监测断面和监测项目的调整和优化提供依据。

（三）环境影响后评价内容

建设项目环境影响后评价内容涉及多方面。对建设项目环保设施的排放量应进行核实,对不足部分进行必要的补充。根据国家、省、市总量控制指标和排污许可证的相关要求重新确定项目的允许排放量,对影响区的环境质量进行验证性评价。针对建设项目的实际生产过程,制订环境监控计划,实行环境保护的全程控制。由于工艺、设备的改变或原评价中存在的问题,进行补充性评价,对产生的环境问题提出补救措施。

煤矿区建设项目由于建设工期、生产周期长,涉及大气、地表水、地下水、土壤、植被等多个环境要素,影响类型包括环境污染、土地占压、植被破坏、生态修复、环境风险等,因此,煤炭开采等工程项目非常有必要开展环境影响后评价工作。

二、环境影响后评价政策

（一）建设项目环境影响后评价管理办法

为规范建设项目环境影响后评价工作,根据《中华人民共和国环境影响评价法》,原环境保护部制定《建设项目环境影响后评价管理办法（试行）》(2016),并于 2016 年 1 月 1 日开始实施。该办法明确规定,建设项目运行过程中产生不符合经审批的环境影响报告书情形的,应当开展环境影响后评价,具体包括以下情形:① 水利、水电、采掘、港口、铁路行业中实际环境影响程度和范围较大,且主要环境影响在项目建成运行一定时期后逐步显现的建设项目,以及其他行业中穿越重要生态环境敏感区的建设项目;② 冶金、石化和化工行业中有重大环境风险,建设地点敏感,且持续排放重金属或者持久性有机污染物的建设项目;③ 审批环境影响报告书的环境保护主管部门认为应当开展环境影响后评价的其他建设项目。

建设项目环境影响后评价的管理,由审批该建设项目环境影响报告书的环境保护主管部门负责。国家环境保护主管部门组织制定环境影响后评价技术规范,指导跨行政区域、跨流域和重大敏感项目的环境影响后评价工作。建设项目环境影响后评价应当在建设项目正式投入生产或者运营后三至五年内开展。原审批环境影响报告书的环境保护主管部门也可以根据建设项目的环境影响和环境要素变化特征,确定开展环境影响后评价的时限。

建设单位或者生产经营单位负责组织开展环境影响后评价工作,编制环境影响后评价文件,并对环境影响后评价结论负责。建设单位或者生产经营单位可以委托环境影响评价机构、工程设计单位、大专院校和相关评估机构等编制环境影响后评价文件。编制建设项目环境影响报告书的环境影响评价机构,原则上不得承担该建设项目环境影响后评价文件的编制工作。建设单位或者生产经营单位应当将环境影响后评价文件报原审批环境影响报告书的环境保护主管部门备案,并接受环境保护主管部门的监督检查。

建设单位或者生产经营单位可以对单个建设项目进行环境影响后评价,也可以对在同一行政区域、流域内存在叠加、累积环境影响的多个建设项目开展环境影响后评价。建设单位或者生产经营单位完成环境影响后评价后,应当依法公开环境影响评价文件,接受社会监督。对未按规定要求开展环境影响后评价,或者不落实补救方案、改进措施的建设单位或者生产经营单位,审批该建设项目环境影响报告书的环境保护主管部门应当责令其限期改正,并向社会公开。

（二）建设项目环境影响后评价文件内容

建设项目环境影响后评价文件应当包括以下内容:

（1）建设项目过程回顾。包括环境影响评价、环境保护措施落实、环境保护设施竣工验收、环境监测情况,以及公众意见收集调查情况等。

（2）建设项目工程评价。包括项目地点、规模、生产工艺或者运行调度方式,环境污染或者生态影响的来源、影响方式、程度和范围等。

（3）区域环境变化评价。包括建设项目周围区域环境敏感目标变化、污染源或者其他影响源变化、环境质量现状和变化趋势分析等。

（4）环境保护措施有效性评估。包括环境影响报告书规定的污染防治、生态保护和风险防范措施是否适用、有效,能否达到国家或者地方相关法律、法规、标准的要求等。

（5）环境影响预测验证。包括主要环境要素的预测影响与实际影响差异,原环境影响报告书内容和结论有无重大漏项或者明显错误,持久性、累积性和不确定性环境影响的表现等。

（6）环境保护补救方案和改进措施。

（7）环境影响后评价结论。

（三）煤矿区建设项目环境影响后评价

煤炭开采方式有两种,一种是井工开采,一种是露天开采。目前绝大多数煤矿采用井工开采方式。煤矿项目的环境影响具有环境污染和生态影响的双重特点。除具有一般传统工业的污染特点,即产生废水、废气、噪声、固体 废物,可能污染环境空气、地表水、地下水、土壤及影响 声环境质量外,还具有一般传统工业不具有的非污染生态影响特点,井工矿采煤沉陷或露天矿挖损、排土引起的井田范围生态破坏及含水层破坏,且影响延续时间长、范围大。煤矿项目的服务年限少则几十年,多则上百年。生态影响具有潜在性、长期性、累积性,且不易量化,在项目投产初期,生态影响往往仅在首采区或首采区的局部区域有所表现,并不能真正代表项目实施后的生态影响的实际影响。煤矿项目环境影响的这些特点,决定了需要对煤矿项目实施一定时间后的实际环境影响进行跟踪调查和评价,以弥补项目筹备阶段环境影响评价和项目投产试运行阶段竣工环境保护验收调查的不足。

煤炭开采项目地下环境影响后评价的关键在于大量监测、观测资料的积累。生态环境影响后评价重点内容包括矿区生态环境现状及区域环境变化、生态环境影响回顾、预测与评价、生态环境整治措施与补偿、生态管理及监测计划等。地表水、地下水、大气、土壤、声环境、固体废物等要素的环境影响后评价主要包括矿区环境质量和区域变化情况、环境影响回顾、环评文件中环境影响预测验证、已采取的污染防治设施的有效性评价及改进措施、环境风险回顾、环境风险防范措施有效性评价等内容。

第六章　环境污染防治法

第一节　大气污染防治的法律规定

一、大气污染概述

（一）大气污染的定义

大气是指包围地球的空气。大气由多种物质混合而成，其主要成分包括氮、氧、氖、氦、氩、氙以及二氧化碳、水蒸气和其他杂质。大气是人类以及其他生物赖以生存的基本环境要素。

大气污染是指由于向大气排入有毒、有害物质和能量，使得大气特性改变，导致环境质量下降，进而危害人类生命、健康、财产的现象。而排入大气中的污染物质主要有烟尘、粉尘及其他颗粒状物质、硫氧化合物、氮氧化合物、碳氧化合物、碳氢化合物和放射性物质等。这些污染物质除少数是由自然界的灾害性事故如地震、火山爆发等造成的外，绝大多数是人类活动所排放的废弃物。因此，大气污染按污染源来源的不同可分为自然污染源和人为污染源，其中，人类活动所引起的大气污染的污染源包括生活污染源、工业污染源、交通污染源、扬尘污染源等。

（二）大气污染的类型

根据近染物的种类和构成，可以将大气污染分为：① 煤烟型大气污染，主要是由于燃煤产生的烟尘、二氧化碳、一氧化碳和氮氧化物引起的大气污染；② 石油型大气污染，主要是生产、使用石油及其制品造成的大气污染；③ 氮氧型大气污染，主要是汽车尾气排放的氮氧化物造成的大气污染；④ 混合型大气污染，主要是工矿企业、建筑施工的废气、粉尘造成的大气污染。

按照大气污染的范围，可将大气污染分为局部性大气污染、地区性大气污染和全球性大气污染。按照污染源存在形式的不同，可以将大气污染分为固定污染源污染和移动污染源污染。

（三）大气污染的现状

我国现阶段大气污染问题较为突出，发达国家上百年工业化过程中分阶段出现的大气环境问题，在我国近年来集中出现，呈现结构型、复合型、压缩型的特点。未来我国人口将继续增加，经济总量将再翻两番，资源、能源消耗持续增长，大气环境保护面临的压力越来越大。2011年，世界卫生组织公布了世界1 082个城市2008—2010年可吸入颗粒物年均浓度分布，我国32个重点城市参与排名，最好的是海口，排名第814位，其余均在第890位以后。国内32个城市的PM_{10}平均浓度为94 g/m^3，而排名前十的城市仅为7 g/m^3，前者是后者的 13.4 倍。2013 年,"雾霾"更成为我国年度热词之一,国内 25 个省区市 100 多个大中城市被雾霾所困扰,全国平均雾霾天数达到 29.9 天,较往年同期偏多 9.43 天,且持续性霾过程增加显著。从空间分布看,华北、长江中下游和华南地区呈增加趋势,其中珠三角地区和长三角地区增加最快。此外,大城市比小城镇的增加趋势更为明显,还呈现雾霾天气持续时间多、范围广、影响大、污染重等特点。

二、大气污染防治的立法概况

我国大气污染防治工作最早是从对工矿企业劳动场所的环境卫生保护和职业病防护开始的。20 世纪 70 年代我国制定了《工业"三废"排放试行标准》《工业企业设计卫生标准》,以标准的形式对大气污染物的排放作出了定量规定。1979 年《环境保护法(试行)》首次以法律的形式对大气污染防治作出了原则性的规定。1987 年 9 月 5 日,第六届全国人大常委会第二十二次会议通过《大气污染防治法》,自 1988 年 6 月 1 日起施行,这是我国首部大气污染防治法。1991 年 7 月 1 日,国家环境保护总局发布了《大气污染防治法实施细则》,1995 年对《大气污染防治法》进行了修正。2000 年 4 月 29 日,第九届全国人大常委会第十五次会议修订通过,自 2000 年 9 月 1 日起施行。该次修订,将《大气污染防治法》的内容由 6 章 50 条增加到 7 章 65 条,对大气污染防治的监督管理体制、主要的法律制度、防治燃烧产生的大气污染、防治机动车船排放污染以及防治废气、尘和恶臭污染的主要措施、法律责任等作出了较为明确、具体的规定。

2005 年 3 月,国家环境保护总局发布了《关于征求对修订〈大气污染防治法〉意见的函》,并且提出了《大气污染防治法》修订条款内容,以供政府各部委和地方环境保护局研究讨论。2009 年 3 月,环境保护部发布《2009—2010 年全国污染防治工作要点》,明确指出要修订《大气污染防治法》。2012 年 1 月,环境保护部起草了《大气行染防治法(修订草案送审稿)》,报请国务院审议,国务院法制办公室经征求有关方面的意见,修改形成了《大气污染防治法(修订章案征求意见稿)》。为进一步增强立法的公开性和透明性,提高立法质量,2014 年 9 月 9 日国务院法制办将征求意见稿及说明全文公布,向社会公开征求意见。2015 年 8 月 29 日,《大气污染防治法》由第十二届全国人大常委会第十六次会议修订通过,自 2016 年 1 月 1 日起施行。

三、大气污染防治的主要法律规定

我国现行的《大气污染防治法》共 8 章 129 条,对我国大气污染防治的管理体制、主要法律制度、法律责任进行了规定,并对燃煤、工业、机动车船、扬尘、农业等大气污染进行了专门规定。

(一)大气污染防治的基本规定

1. 大气污染防治管理体制

在我国大气污染防治领域,管理体制表现为统管与分管相结合的特点。《大气污染防治法》规定,县级以上人民政府环境保护主管部门对大气污染防治实施统一监督管理,县级以上人民政府其他有关部门在各自职责范围内对大气污染防治实施监督管理。《大气污染防治法》同时规定,地方各级人民政府应当对本行政区域的大气环境质量负责,制定规划,采取措施,控制或者逐步削减大气污染物的排放量,使大气环境质量达到规定标准并逐步提高。国务院环境保护主管部门会同国务院有关部门,按照国务院的规定,对省、自治区、直辖市大气环境质量提高目标、大气污染防治重点任务完成情况进行考核。省、自治区、直辖市人民政府制定考核办法,对本行政区域内地方大气环境质量提高目标、大气污染防治重点任务完成情况实施考核。

2. 重点大气污染物排放总量控制制度

《大气污染防治法》规定,我国对重点大气污染物排放实行总量控制。重点大气污染物排放总量控制目标,由国务院环境保护主管部门在征求国务院有关部门和各省、自治区、直辖市人民政府意见后,会同国务院经济综合主管部门报国务院批准并下达实施。省、自治区、直辖市人民政府应当按照国务院下达的总量控制目标,控制或者削减本行政区域的重点大气污染物排放总量。确定总量控制目标和分解总量控制指标的具体办法,由国务院环境保护主管部门会同国务院有关部门规定。省、自治区、直辖市人民政府可以根据本行政区域大气污染防治的需要,对国家重点大气污染物之外的其他大气污染物排放实施总量控制。

3. 大气环境标准制度

《大气污染防治法》规定,国务院环境保护行政主管部门制定国家大气环境质量标准。省、自治区、直辖市人民政府对国家大气环境质量标准中未做规定的项目,可以制定地方标准,并报国务院环境保护行政主管部门备案。《环境空气质量标准》是大气环境标准体系的核心。该标准将环境空气质量功能区分为三类,依类别不同执行不同的空气质量标准,并对十种大气污染物规定了具体的浓度限值。国务院环境保护行政主管部门制定国家大气污染物排放标准。《大气污染物综合排放标准》是国家大气污染物排放标准中较为重要的综合性排放标准。省、自治区、直辖市人民政府对国家大气污染物排放标准中未作规定的项目,可以制定地方排放标准;对国家大气污染物排放标准中已作规定的项目,可以制定严于国家排放标准的地方排放标准。地方排放标准须报国务院环境保护行政主管部门备案。省级政府制定机动车船大气污染物地方排放标准严于国家排放标准的,须报经国务院批准。凡是向已有地方排放标准的区域排放大气污染物的,应当执行地方排放标准。省级以上人民政府环境保护主管部门应当在其网站上公布大气环境质量标准、大气污染物排放标准,供公众免费查阅、下载。

4. 清洁生产制度

国家鼓励和支持大气污染防治科学技术研究,开展对大气污染来源及其变化趋势的分析,推广先进适用的大气污染防治技术和装备,促进科技成果转化,发挥科学技术在大气污染防治中的支撑作用。国家对严重污染大气环境的工艺、设备和产品实行淘汰制度。国务院经济综合主管部门会同国务院有关部门确定严重污染大气环境的工艺、设备和产品淘汰期限,并纳入国家综合性产业政策目录,生产者、进口者、销售者或者使用者应当在规定期限内停止生产、进口、销售或者使用列入目录中的设备和产品,工艺的采用者应当在规定期限内停止采用列入目录中的工艺。被淘汰的设备和产品,不得转让给他人使用。

5. 排放许可制度

排放工业废气或者《大气污染防治法》第十九条规定,排放工业废气或本法规定名录中所列有毒有害大气污染物的企业事业单位集中供热设施的燃煤热源生产运营单位以及其他依法实行排污许可管理的单位,应当取得排污许可证。

6. 大气环境监测制度

国务院环境保护行政主管部门建立大气污染监测制度,组织监测网络,制定统一的监测方法。截至 2023 年,我国的环境质量监测网络已经基本形成,全国共建成 1 800 多套空气质量自动监测站,配备主要环境监测仪器设备 8 万台(套)。我国沙尘暴监测网络建成,实现 12 小时沙尘暴精准预报。2008 年,我国成功发射了两颗环境与灾害监测卫星(HJ-1 A/B),为大区域高精度开展大气环境监测奠定了基础;2012 年发射了搭载 S 波段合成孔径雷达(SAR),具备全天候、全天时灾害监测能力的 HJ-1C 卫星;2020 年发射了分辨率更好、观测效率更高、覆盖周期缩短至 48 小时的 HJ-2A/B 卫星。预计 2025 年后会发射 HJ-3 系列卫星。

7. 限期达标制度

未达到国家大气环境质量标准城市的人民政府应当及时编制大气环境质量限期达标规划,采取措施,按照国务院或者省级人民政府规定的期限达到大气环境质量标准,城市大气环境质量限期达标规划应当向社会公开。直辖市和设区的市的限期达标规划及质量标准应当报国务院环境保护主管部门备案。城市人民政府每年在向本级人民代表大会组成者其常务委员会报告环境状况和环境保达标规划完成情况时,应当报告大气环境质量限期达标规划执行情况,并向社会公开。

8. 重点区域大气污染联合防治

近年来,我国区域性大气环境问题愈加严重,雾霾等重污染天气频发,严重影响社会经济发展,威胁人民的身体健康,仅从单个行政区域的角度考虑单个城市大气污染防治的管理模式已经难以有效解决当前日益严重的大气污染问题,亟待探索建立区域大气污染防治协调体系。我国《大气污染防治法》规定,国家建立重点区域大气污染联防联控机制,统筹协调重点区域内大气污染防治工作,国务院环境保护主管部门根据主体功能区划、区域大气环境质量状况和大气污染传输扩散规律,划定国家大气污染防治重点区域,报国务院批准。重点区域内有关省、自治区、直辖市人民政府应当确定牵头的地方人民政府,定期召开联席会议,按照统一规划、统一标准、统一监测、统一的防治措施的要求,开展大气污染联合防治,落实大气污染防治目标责任。

9. 重污染天气应对

自 2018 年以来,我国中东部地区大范围、大面积、长时间的雾霾天气,严重损害了人民群众的身体健康,影响社会的安定和谐。对此,《大气污染防治法》规定,国家建立重污染天气监测预警体系。国务院环境保护主管部门会同国务院气象主管机构等有关部门、国家大气污染防治重点区域内有关省、自治区、直辖市人民政府,建立重点区域重污染天气监测预警机制,统一预警分级标准。可能发生区域重污染天气的,应当及时向重点区域内有关省、自治区、直辖市人民政府通报。省、自治区、直辖市设区的市人民政府环境保护主管部门会同气象主管机构等有关部门建立本行政区域重污染天气监测预警机制,县级以上地方人民政府应当将重污染天气应对纳入突发事件应急管理体系。省、自治区、直辖市设区的市人民政府以及可能发生重污染天气的县级人民政府,应当制定重污染天气应急预案,向上一级人民政府环境保护主管部门备案,并向社会公布。县级以上地方人民政府应当依据重污染天气的预警等级,及时启动应急预案,根据应急需要可以采取责令有关企业停产或者限产、限制部分机动车行驶、禁止燃放烟花爆竹、停止工地土石方作业和建筑物拆除施工、停止露天烧烤、停止幼儿园和学校组织的户外活动、组织开展人工影响天气作业等应急措施。

（二）大气污染防治的分类管理规定

1. 燃煤及其他能源污染防治

（1）煤炭洗选加工制度

推行煤炭洗选加工制度，以降低煤的硫分和灰分，使煤炭中的含硫分、含灰分达到规定的标准。同时规定限制对高硫分、高灰分煤炭的开采和禁止对含放射性和砷等有毒有害物质超过规定标准煤炭的开采。

（2）改进能源结构

在城市能源结构方面，要求政府采取措施，改进城市能源结构，推广清洁能源的生产和使用。城市人民政府还可以在本辖区内划定禁止销售、使用国务院环境保护部门规定的高污染燃料的区域。石油炼制企业应当按照燃油质量标准生产燃油禁止进口、销售和燃用不符合质量标准的石油焦。

（3）统筹规划城市燃煤供热

在城市燃煤供热地区，要求实行统筹规划、统一解决热源，发展集中供热。在集中供热管网覆盖的地区，不得新建分散燃煤供热锅炉。

（4）排污企业脱硫、脱硝、除尘义务

燃煤电厂和其他燃煤单位应当采用清洁生产工艺，配套建设除尘、脱硫、脱硝等装置，或者采取技术改造等其他控制大气污染物排放的措施。国家鼓励燃煤单位采用先进的除尘、脱硫、脱硝、脱汞等大气污染物协同控制的技术和装置，减少大气污染物的排放。

（5）集中防治大气污染措施

在人口集中地区堆放的煤炭、煤矸石、煤渣、煤灰、砂土、灰土等物料，要求必须采取防燃、防尘措施，防止污染大气。

2. 机动车船大气污染防治

机动车船尾气排放成为大中城市空气污染的重要来源，大中城市空气污染开始呈现煤烟型和机动车船排气排放物复合型污染的特点。

（1）机动车船尾气排放标准法律规定机动车船向大气排放污染物不得超过规定的排放标准。机动车船生产企业应当对新生产的机动车船进行排放检验。经检验合格的，方可出厂销售。检验信息应当向社会公开。机动车维修单位，应当按照防治大气污染的要求机动车船达到规定的污染物排放标准，求和国家有关技术规范进行维修，使在机动车船达到规定的污染物排放标准。

（2）燃料油控制国家鼓励生产和消费使用清洁能源的机动车船，国家鼓励和支持生产、使用优质燃料油，采取措施减少燃料油有害物质对大气环境的污染。禁止生产、进口、销售不符合标准的机动车船、非道路移动机械用燃料；禁止向汽车和摩托销售普通柴油以及其他非机动车用燃料；禁止向非道路移动机械、内河和江海直达船舶销售渣油和重油。

（3）机动车船排污的监督检测

在用机动车应当按照国家或者地方的有关规定，由机动车排放检验机构定期对其进行排放检验。经检验合格的，方可上道路行驶。未经检验合格的，公安机关交通管理部门不得核发安全技术检验合格标志。县级以上地方人民政府环境保护主管部门可以在机动车集中停放地、维修地对在用机动车的大气污染物排放状况进行监督抽测;在不影响正常通行的情况下,可以通过遥感监测等技术手段对在道路上行驶的机动车的大气污染物排放状况进行监督抽测,公安机关交通管理部门予以配合。从1999年起,我国制定并实施车用汽油有害物质控制标准以及轻型汽车和重型车用压燃式发动机排气污染物排放标准,目前在全国范围内已经普遍实施机动车国Ⅲ标准,北京、上海提前实施了国Ⅳ标准。

3. 工业污染防治

(1)粉尘污染防治

对于粉尘污染的防治,要求采取除尘措施严格限制排放含有毒物质的废气和粉尘;确需排放的必须经过净化处理并不超过规定的排放标准;运输、装卸、存载能够散发有毒有机气体或者粉尘物质的,必须采取密闭措施或者其他防护措施。

(2)废气污染防治

工业生产企业应当回收利用可燃性气体、减少废气排放,工业企业生产过程中排放硫化物和氨氮化物的,应当采用清洁生产工艺,配套建设除尘、脱硫、脱硝等装置,或者采取技术改造等其他控制大气污染物排放的措施。

(3)工业涂装污染防治

工业涂装指使用含有挥发性有机物的涂料等,对待处理的材料或者产品表面进行喷涂处理,以达到防腐、防腐蚀、装饰美观的目的。进行喷涂时,会在喷涂、晒干和烘干工序中产生含有苯、甲苯、二甲苯等等有毒有害、有挥发性的有机废气。工业涂装企业应当使用低挥发性有机物含量的涂料,并建立台账,记录生产原料、辅料的使用量、废弃量、去向以及挥发性有机物的含量,台账保存期限不得少于三年。

4. 扬尘污染防治

我国城市颗粒物污染比较严重,近几年部分城市大气颗粒物源解析研究结果表明,扬尘是城市颗粒物污染严重的主要原因之一。扬尘不仅危害人体健康,还破坏生态平衡,制约经济发展。政府应当采取绿化责任制、加强建设施工管理、扩大地面铺装面积、控制渣土等扬尘污染源的堆放和清洁运输等措施,提高人均占有绿地面积,减少市区裸露地面和地面尘土,防治城市扬尘污染。进行建设施工或者从事其他产生扬尘污染活动的单位,应当采取防治扬尘污染的措施。建设单位应当将防治扬尘污染的费用列入工程造价。

5. 农业和其他污染防治

(1)农业污染防治

我国是农业大国,农村地域广阔、人口众多,农业污染防治事关广大农民的切身利益,事关国家的可持续发展。在农业污染防治方面,《大气污染防治法》规定加强农业大气污染控制,畜禽养殖场、养殖小区应当防止排放恶臭气体,减少肥料、农药等农业大气污染,加强秸秆综合利用和政府财政扶持。

(2)餐饮业油烟污染防治

城市饮食服务业的经营者,必须采取措施,防止油烟对附近居民的居住环境造成污染。餐饮服务单位应在规定期限内安装国家环境保护部认可的油烟净化装置,确保油烟排放达到国家《饮食业油烟排放标准》(GB 18483—2001)。设立新的饮食业单位,应按"三同时"制度执行该标准。

(3)消耗臭氧层物质替代产品

《大气污染防治法》专门规定了国家鼓励、支持消耗臭氧层物质替代品的生产和使用。逐步减少消耗臭氧层物质的产量,直至停止消耗臭氧层物质的生产和使用。在国家规定的期限内,生产、进口消耗臭氧层物质的单位必须按照国务院有关行政主管部门核定的配额进行生产、进口。我国自 2007 年 7 月 1 日起,停止全氯氟烃(除必要用途之外)和哈龙的生产和消费,提前两年半实现《关于消耗臭氧层物质的蒙特利尔议定书》的履约目标。

(4)有毒有害污染物防治

大气污染物种类繁多,其中持久性有机污染物是一类对人体危害巨大的污染物,可致畸、致癌、致突变性。该污染物具有毒性、难以降解、可在生物体内蓄积并可长期在生态系统中累积,可通过大气传输并沉积在远离其排放地点的地区。我国《大气污染防治法》规定,国务院环境保护主管部门应当会同国务院卫生行政部门,根据大气污染物对公众健康和生态环境的危害和影响程度,公布有毒有害大气污染物名录,实行风险管理。排放规定名录中所列有毒有害大气污染物的企业事业单位,应当按照国家有关规定建设环境风险预警体系,对排放口和周边环境进行定期监测,评估环境风险,排查环境安全隐患,并采取有效措施防范环境风险。向大气排放持久性有机污染物的企业事业单位和其他生产经营者以及废弃物焚烧设施的运营单位,应当按照国家有关规定,采取有利于减少持久性有机污染物排放的技术方法和工艺,配备有效的净化装置,实现达标排放。

(5)恶臭气体污染防治

向大气排放恶臭气体的排污单位,必须采取措施防止周围居民区受到污染。同时,在人口集中区和其他依法需要特殊保护的区域内,禁止焚烧沥青、油毡、橡胶、塑料、皮革、垃圾以及其他产生有毒有害烟尘和恶臭气体的物质。

四、煤矿大气污染典型案例分析

(1)山西兰花煤炭实业集团有限公司下属两公司违反环境保护相关法律法规

2022 年 6 月 20 日,山西兰花煤炭实业集团有限公司下属的山西兰花能源集运有限公司与山西兰花集团莒山煤矿有限公司,因违反环境保护相关法律法规,被晋城市生态环境局行政处罚。

依据《中华人民共和国环境保护法》相关规定,晋城市生态环境局对山西兰花能源集运有限公司自 2022 年 3 月 26 日起至 2022 年 4 月 11 日止实施按日连续处罚,罚款 81.6 万元;依据《中华人民共和国大气污染防治法》第一百零八条第五项、《中华人民共和国水污染防治法》相关规定,晋城市生态环境局对山西兰花集团莒山煤矿有限公司行政处罚 73.6 万元。

晋城市生态环境局官网 2022 年 6 月 16 日发布了《责令停产整治决定书(山西兰花能源集运有限公司)》。决定书显示,2022 年 2 月 28 日,晋城市生态环境局执法人员现场检查时发现,该公司储煤场未进行全封闭建设,现场大量末煤露天堆放,未采取覆盖等措施防止扬尘污染;末煤装卸、倒运过程未采取抑尘措施,扬尘严重。3 月 25 日向该公司送达了《责令改正违法行为决定书》。4 月 11 日,对该公司组织复查中发现,仍存在大量末煤露天堆放,未采取覆盖等措施防止扬尘污染;末煤装卸、倒运过程未采取抑尘措施,扬尘严重。依据《中华人民共和国大气污染防治法》相关规定,经研究,晋城市生态环境局决定责令山西兰花能源集运有限公司停产整治。改正方式包括:停止生产、制定整治方案、实施整改。

（2）登封市环保局申请对郑州煤电股份有限公司告成煤矿实施环境保护禁止令案

2018年10月20日，登封市环保局在对郑州煤电股份有限公司告成煤矿（以下简称告成煤矿）进行现场检查时，发现该煤矿矸石场堆放的煤矸石未采取有效扬尘覆盖和防燃措施，导致自燃，违反了《中华人民共和国大气污染防治法》关于贮存煤炭、煤矸石等应当采取防燃和防止扬尘污染措施的规定，于当日下达《责令（限期）改正决定书》，责令告成煤矿对煤矸石采取有效扬尘覆盖和防燃措施，限期50个工作日之内完成。后告成煤矿未改正，登封市环保局遂向登封市人民法院申请对告成煤矿发布环境保护禁止令。

登封市人民法院认为，告成煤矿堆放煤矸石未采取有效扬尘覆盖和防燃措施，致使煤矸石发生自燃，已经对周边环境和人民群众健康安全造成重大威胁。为及时制止污染行为，防止污染扩大，根据登封市环保局的申请，裁定告成煤矿立即停止污染环境的违法行为，对堆放的煤矸石采取有效扬尘覆盖和防燃措施。

环保禁止令是指人民法院根据生态环境保护行政机关的申请，针对正在发生的不立即制止将产生严重后果、损害社会公共利益的环境违法行为，作出责令被申请人立即停止环境违法行为的一种司法措施。环保禁止令是近年来人民法院贯彻环境保护"预防为主"原则的积极探索，其目的在于防止环境污染后果的产生和扩大。本案中，告成煤矿违反大气污染防治法的规定，露天堆放煤矸石，且未采取有效扬尘覆盖和防燃措施，致使发生自燃，释放大量有毒、有害气体，对周边环境和人民群众健康安全造成重大威胁。人民法院根据登封市环保局的申请依法裁定告成煤矿立即停止污染环境的违法行为，对堆放的煤矸石采取有效扬尘覆盖和防燃措施。该裁定送达后，告成煤矿主动履行环保禁止令的内容，聘请专家研究制定科学安全的整改方案，清理整改完毕。本案环保禁止令的下发，及时制止了造成煤矿污染大气的行为，有效地防止了大气污染后果的发生，体现了环保禁止令制度的积极价值。

第二节　水污染防治的法律规定

一、水污染概述

在环境科学中，人们把水中的悬浮物、溶解物质、水中生物、底泥和水作为一个整体的生态系统或完整的自然综合体对待，称为水体。《水污染防治法》中所指的水体，包括所有的江河运河、湖泊、渠道、水库等地表水和地下水，以及水中的悬浮物、底泥和水生生物等。

《水污染防治法》中的水污染是指水体因某种物质的介入，而导致其化学、物理、生物或者放射性等方面特性的改变，从而影响水的有效利用，危害人体健康或者破坏生态环境，造成水质恶化的现象。

水污染包括地表水污染和地下水污染，其污染源有两种来源形式：一种是"点源"，主要是指工业污染源和生活污染源，包括工业废水、城市生活污水等；另一种是"面源"，主要是指农村污水和灌溉水，此外还有因地质的溶解和降水对大气的淋洗所导致的水体的污染。

（一）水污染的特点

水污染主要有以下几方面的特点：

（1）水污染影响的范围大，涉及地区广，接触污染的对象普遍。

（2）水污染的作用时间长，接触者长时间遭受水污染的危害。

（3）水污染物质种类繁多，性质各异，经过转化、代谢、降解和富集后会改变其原来的性质，产生不同的危害，而且污染物危害潜伏期很长，有些对人体的危害不容易被发现。

（4）水污染造成的某些疾病不易彻底治疗。

（5）水污染治理困难，一旦形成，即使停止排污，旧的污染也难以消除，有的已不可能恢复；水污染治理费用大、费时长、代价高，治理费用往往要比预防费用高出许多。

（二）我国水污染现状

《2021年中国生态环境状况公报》显示，2021年，全国地表水监测的3 632个国考断面中，Ⅰ～Ⅱ类水质断面（点位）占84.9%，比2020年上升1.5个百分点，劣Ⅴ类占1.2%，均达到2021年水质目标要求。主要污染指标为化学需氧量、高锰酸盐指数和总磷。

河流总体状况：2021年长江、黄河、珠江、松花江、淮河、海河、辽河七大流域和浙闽片河流、西北诸河、西南诸河主要江河监测的3 117个国考断面中，Ⅰ～Ⅱ类水质断面占87.0%，比2020年上升2.1个百分点；劣Ⅴ类占0.9%，比2020年下降0.8个百分点。主要污染指标为化学需氧量、高锰酸盐指数和总磷。长江流域、西北诸河、西南诸河、浙闽片河流和珠江流域水质为优，黄河流域、辽河流域和淮河流域水质良好，海河流域和松花江流域为轻度污染。

湖泊（水库）总体状况：2021年开展水质监测的210个重要湖泊（水库）中，Ⅰ～Ⅱ类水质湖泊（水库）占72.9%，比2020年下降0.9个百分点；劣Ⅴ类占5.2%，与2020年持平。主要污染指标为总磷、化学需氧量和高锰酸盐指数。

开展营养状态监测的209个重要湖泊（水62.2%，比2020年下降5.1个百分点；轻度富营养状态占23.0%，比2020年下降0.1个百分点；中度富营养状态占4.3%，与2020年持平。

地下水总体状况：2021年，监测的1 900个国家地下水环境质量考核点位中，Ⅰ～Ⅳ类水质点位占79.4%，Ⅴ类占20.6%，主要超标指标为硫酸盐、氯化物和钠。

饮用水水源总体状况：全国地级及以上城市集中式生活饮用水水源2021年，监测的876个地级及以上城市在用集中式生活饮用水水源断面（点位）中，825个全年均达标，占94.2%。其中地表水水源监测断面（点位）587个，564个全年均达标，占96.1%，主要超标指标为总磷、高锰酸盐指数和铁；地下水水源监测点位289个，261个全年均达标，占90.3%，主要超标指标为锰、铁和氟化物，主要是由于天然背景值较高所致。

二、水污染防治立法概况

我国水污染防治立法始于20世纪50年代中期，最初的规定是在饮用水卫生方面，1955年国家制定了《自来水质暂行标准》。1956年，国务院颁布了《工厂安全卫生规程》，规定要"保证饮水不受污染"；要求对废水妥善处理，不使它危害工人和附近居民。同年卫生部和国家建委颁布了《饮用水水质标准》。1957年，国务院有关部门颁布了《集中式生活饮用水源选择及水质评价暂行规定》和《关于注意处理工矿企业排出有毒废水、废气问题的通知》，首次对水污染提出了具体的要求。1959年卫生部和建筑工程部联合发布了《生活饮用水卫生规程》。1963年国务院发布的《关于加强航道管理和养护工作的指示》，强调"在可能引起航道恶化的水区域区，禁止抛掷泥土、沙石和倾倒垃圾、废物等"。1965年国务院批转的《矿产资源保护试行条例》，规定"工矿企业、医疗卫生部门和城市建设部门，对于排出的工业、医疗和生活污水，必须采取有效措施，防止污染地下水的水质"。

20世纪70年代以后，水污染问题日益严重。1971年，卫生部发布了《关于工业"三废"对水源、大气污染程度调查的通知》，开始对我国水污染情况进行比较系统的调查。1972年6月至9月，国务院连续批转了《关于官厅水库水源保护工作进展情况的报告》关于桑干河水系污染情况的调查报告多环境的若干规定（试行草案）》，对防治水污染提出了要求。同年颁布的《工业"三废"排放试行标准》，规定了能在环境或动植体内蓄积，对人体健康产生长远影物质的最高容许排放浓度。1976年颁布的《生活饮用水卫生标准（试行）》，规定其长远影响较小的14类有害物作为城乡生活饮用水的水质标准，并对水源选择、水源卫生防护、水质检验等作了规定。1979年颁布的《渔业水质标准（试行）》，规定了渔业水域的水质标准，工业废水和生活污水经处理排入地面水后，必须保证渔业水域的水质符合该标准。同年颁布的《农田灌溉水质标准（试行）》《工业企业设计卫生标准（试行）》，分别规定了农田灌溉水质标准、地面水质卫生要求和地面水中有害物质的最高容许浓度。1979年颁布的《环境保护法（试行）》，首次以法律的形式对水污染防治作了原则性的规定。

1984年5月11日第六届全国人大常委会第五次会议通过了《水污染防治法》，这是我国第一部对陆地水污染防治方面规定得比较全面的综合性法律，也是国家和地方制定水污染防治条例、规定、办法和实施细则等法规的直接法律依据。为了贯彻实施这部法律，国家颁布或修订了一系列水污染排放标准，比如《生活饮用水卫生标准》《农田灌溉水质标准》《地面水质标准》等。1989年，国家环境保护局颁布了经国务院批准的《水污染防治法实施细则》。

进入20世纪90年代以来，随着我国经济的快速发展，水污染在总体上仍呈恶化的趋势，并出现了许多新问题和新情况。为此，第八届全国人大常委会第十九次会议于1996年5月15日通过了《关于修改〈中华人民共和国水污染防治法〉的决定》，并于同日公布施行。2000年3月，国务院发布了新的《水污染防治法实施细则》。2008年2月28日，第十届全国人大常委会第三十二次会议通过了修订后的《水污染防治法》，自2008年6月1日起施行。2017年6月27日，第十三届全国人大常委会第二十八次会议通过了再次修订的《水污染防治法》，自2018年1月1日起施行。这些修订适应了水污染防治工作日益深入的需要。

目前，我国关于水污染防治方面的法律法规主要有：《水污染防治法》《水污染防治法实施细则》《淮河流域水污染防治暂行条例》等；除此之外，各地还根据当地的具体情况颁布了一系列关于水污染防治的行政规章地方性法规和地方政府规章等。

三、水污染防治的主要法律规定

（一）水污染防治法的适用范围

《水污染防治法》规定：本法适用于中华人民共和国领域内的江河、湖泊、运河、渠道、水库以及地下水体的污染防治。海洋污染防治等适用《中华人民共和国海洋环境保护法》。

由此,可以明确该法适用的空间效力。第一,该法仅适用于陆地水体。陆地水体分为地表水体和地下水体。第二,海洋污染防治不适用该法的规定。

（二）关于水污染防治监督管理体制的法律规定

由于水污染防治与水资源的开发利用关系密切,工作中常常涉及多个行政主管部门的职责范围,为了提高水污染防治工作的效率,《水污染防治法》规定实行统一监督管理、分工负责和协同管理相结合的监督管理体制:

（1）县级以上人民政府环境保护主管部门对水污染防治实施统一监督管理;

（2）交通主管部门的海事管理机构对船舶污染水域的防治实施监督管理;

（3）县级以上人民政府水行政、国土资源、卫生、建设、农业、渔业等部门以及重要江河、湖泊的流域水资源保护机构,在各自的职责范围内,对有关水污染防治实施监督管理;

（4）省、市、县、乡建立河长制,分级分段组织领导本行政区域内江河、湖泊的水资源保护、水域岸线管理、水污染防治、水环境治理等工作。

（三）水污染防治的标准和规划

1. 水环境质量标准的制定

国务院环境保护主管部门制定国家水环境质量标准。省、自治区、直辖市人民政府可以对国家水环境质量标准中未作规定的项目,制定地方标准,并报国务院环境保护主管部门备案。

2. 水污染物排放标准的制定

国务院环境保护主管部门根据国家水环境质量标准和国家经济、技术条件,制定国家水污染物排放标准。省、自治区、直辖市人民政府对国家水污染物排放标准中未作规定的项目,可以制定地方水污染物排放标准;对国家水污染物排放标准中已作规定的项目,可以制定严于国家水污染物排放标准的地方水污染物排放标准。

3. 重要江河流域水污染防治规划的制定

国家确定的重要江河、湖泊的流域水污染防治规划,由国务院环境保护主管部门会同国务院经济综合宏观调控、水行政等部门和有关省、自治区、直辖市人民政府编制,报国务院批准。

（四）水污染防治措施

1. 一般措施

（1）禁止向水体排放的物质

第一,禁止向水体排放油类、酸液、碱液或者剧毒废液。

第二,禁止向水体排放、倾倒放射性固体废物或者含有高放射性和中放射性物质的废水。

第三,禁止向水体排放、倾倒工业废渣、城镇垃圾和其他废弃物;禁止将含有汞、镉、砷、铬、铅、氰化物、黄磷等的可溶性及剧毒废渣向水体排放、倾倒或者直接埋入地下。

第四,禁止在江河、湖泊、运河、渠道、水库最高水位线以下的滩地和岸坡堆放、存贮固体废弃物和其他污染物。

第五,禁止利用渗井、渗坑裂隙和溶洞排放倾倒含有毒污染物的废水、含病原体的污水和其他废弃物。

第六,禁止利用无防渗漏措施的沟渠、坑塘等输送或者存贮含有毒污染物的废水、含病原体的污水和其他废弃物。

(2)限制向水体排放的物质

有些种类的废水虽然允许向水体排放,但必须预先处理以符合国家有关的规定和标准。这些废水包括:

第一,含低放射性物质废水。

第二,含热废水。

第三,含病原体污水。

2.工业水污染防治

(1)国家对严重污染水环境的落后工艺和设备实行淘汰制度。国务院经济综合宏观调控部门会同国务院有关部门,公布限期禁止采用的严重污染水环境的工艺名录和限期禁止生产、销售、进口、使用的严重污染水环境的设备名录。

(2)国家禁止新建不符合国家产业政策的小型造纸、制革、印染、染料、炼焦、炼硫、炼砷、炼汞炼油、电镀、农药、石棉、水泥、玻璃、钢铁、火电以及其他严重污染水环境的生产项目。

3.城镇水污染防治

城镇污水应当集中处理。

(1)对城市污水集中处理设施排放水污染物的要求

第一,向城镇污水集中处理设施排放水污染物,应当符合国家或者地方规定的水污染物排放标准。

第二,城镇污水集中处理设施的运营单位.应当对城镇污水集中处理设施的出水水质负责。

第三,环境保护主管部门应当对城镇污水集中处理设施的出水水质和水量进行监督检查。

(2)污水处理费用的收取和使用

第一,城镇污水集中处理设施的运营单位按照国家规定向排污者提供污水处理的有偿服务收取污水处理费用,保证污水集中处理设施的正常运行。

第二,向城镇污水集中处理设施排放污水缴纳污水处理费用的,不再缴纳排污费。

第三,收取的污水处理费用应当用于城镇污水集中处理设施的建设和运行,不得挪作他用。

4.农业和农村水污染防治

(1)使用农药,应当符合国家有关农药安全使用的规定和标准。

(2)畜禽养殖场、养殖小区应当保证其畜禽粪便、废水的综合利用或者无害化处理设施正常运转,保证污水达标排放,防止污染水环境。

(3)农田灌溉渠道排放工业废水和城镇污水,应当保证其下游最近的灌溉取水点的水质符合农田灌溉水质标准。

5.船舶水污染防治

(1)明确船舶应当采取的防污措施。船舶应当配置相应的防污设备和器材,持有合法有效的防止水域环境污染的证书与文书;进行涉及污染物排放的作业时,要严格遵守操作规程并如实记载。

（2）对船舶污染物、废弃物处理单位的管理。港口、码头、装卸站和船舶修造厂要备有足够的船舶污染物、废弃物的接收设施；从事船舶污染物、废弃物接收作业或者从事装载油类、污染危害性货物船舱清洗作业的单位,应当具备相应的接收处理能力。

（3）对船舶作业的污染监控。船舶进行残油、含油污水、污染危害性货物残留物的接收作业,或者进行装载油类、污染危害性货物船舱的清洗作业；船舶进行散装液体污染危害性货物的过驳作业以及进行船舶水上拆解、打捞或者其他水上、水下船舶施工作业的,应当报作业地海事管理机构批准。在渔港水域进行渔业船舶水上拆解活动的,应当报作业地渔业主管部门批准。

（五）饮用水水源和其他特殊水体保护

1. 重要用水保护区

县级以上人民政府可以对风景名胜区水体、重要渔业水体和其他具有特殊经济文化价值的水体划定保护区,并采取措施,保证保护区的水质符合规定用途的水环境质量标准。

2. 用水水源保护区制度

国家建立饮用水水源保护区制度。饮用水水源保护区分为一级保护区和二级保护区；必要时,可以在饮用水水源保护区外围划定一定的区域作为准保护区。

（1）饮用水水源一级保护区的水体保护

禁止在饮用水水源一级保护区内新建、改建、扩建与供水设施和保护水源无关的建设项目,如若违反该禁止性规定的,由县级以上地方人民政府环境保护主管部门责令停止违法行为,处 10 万元以上 50 万元以下的罚款；并报有批准权的人民政府责令拆除或者关闭。禁止在饮用水水源一级保护区内从事网箱养殖、旅游、游泳、垂钓或者其他可能污染饮用水水体的活动。如若违反该禁止性规定的,由县级以上地方人民政府环境保护主管部门责令停止违法行为,处 2 万元以上 10 万元以下的罚款。个人在饮用水水源一级保护区内游泳垂钓或者从事其他可能污染饮用水水体的活动的,由县级以上地方人民政府环境保护主管部门责令停止违法行为,可以处 500 元以下的罚款。

（2）饮用水水源二级保护区的水体保护

禁止在饮用水水源二级保护区内新建、改建、扩建排放污染物的建设项目,如若违反该禁止性规定的,由县级以上地方人民政府环境保护主管部门责令停止违法行为,处 10 万元以上 50 万元以下的罚款；并报有批准权的人民政府责令拆除或者关闭。在饮用水水源二级保护区内从事网箱养殖、旅游等活动的,应当按照规定采取措施,防止污染饮用水水体。

（3）饮用水水源准保护区的水体保护

禁止在饮用水水源准保护区内新建、扩建对水体污染严重的建设项目；改建建设项目,不得增加排污量,如若违反该禁止性规定的,由县级以上地方人民政府环境保护主管部门责令停止违法行为,处 10 万元以上 50 万元以下的罚款；并报经有批准权的人民政府批准,责令拆除或者关闭。

（六）水污染事故处置

水污染事故应急的主体是各级人民政府及其有关部门和可能发生水污染事故的企业事业单位。可能发生水污染事故的企业事业单位,应当制定有关水污染事故的应急方案,做好应急准备,并定期进行演练。生产、储存危险化学品的企业事业单位,应当采取措施,防止在处理安全生产事故过程中产生的可能严重污染水体的消防废水、废液直接排入水体。

企业事业单位造成或者可能造成水污染事故的,应当立即向事故发生地的县级以上地方人民政府或者环境保护主管部门报告;环境保护主管部门接到报告后,应当及时向本级人民政府报告,并抄送有关部门。造成渔业污染事故或者渔业船舶造成水污染事故的,应当向事故发生地的渔业主管部门报告;其他船舶造成水污染事故的,应当向事故发生地的海事管理机构报告;给渔业造成损害的,海事管理机构应当通知渔业主管部门参与调查处理。

(七)法律责任

(1)综合运用各种行政处罚手段。《水污染防治法》根据违法行为的不同,规定了责令改正责令停止违法行为、罚款、折扣船员适任证件责令停产停业、责令关闭等措施,同时要求对直接负责的主管人员和其他直接责任人员依法给予处分。

(2)环境保护主管部门的执法手段。《水污染防治法》将责令限期治理、限制生产限制排放或停产整治等行政强制权赋予环境保护主管部门。

(3)违法排污者的民事责任和治理责任。《水污染防治法》规定,因水污染受到损害的当事人,有权要求排污方排除危害和赔偿损失。受害人可以请求环境保护等部门处理赔偿责任和赔偿金额纠纷,也可以向人民法院起诉。违法排污者应当采取治理措施消除污染,逾期不采取治理措施的,环境保护等部门可以指定有能力的单位代为治理,所需费用由违法者承担。

(4)在强化行政责任和民事责任的基础上,《水污染防治法》规定,对违法构成违反治安管理行为的,依法给予治安管理处罚;构成犯罪的,依法追究刑事责任。

四、煤矿水污染典型案例分析

《神华神东布尔台煤矿环境影响报告书》批复文件中要求煤矿"矿井水和生活污水回用率应达到100%",但实际该矿矿井涌水经矿井水处理站处理后,部分回用于井下生产和绿化,部分排至沉陷区绿化灌溉。2019年4月23日伊金霍洛旗环境监测站对该公司的矿井水出水进行取样监测,监测报告结果显示该公司排水口氟化物超出《地表水环境质量标准》(GB 3838—2002)Ⅲ类标准限值要求。

伊金霍洛旗环境保护局环境执法人员收到伊金霍洛旗环境监测站提供的监测报告后,立即对该排污企业水污染治理设施进行了现场检查,通过对该煤矿水处理站运维工作人员走访,并对该煤矿水处理站直接负责人进行了询问,现场制作了《伊金霍洛旗环境保护局现场检查(勘验)笔录》和《伊金霍洛旗环境保护局调查询问笔录》,并调取了煤矿环境影响评价批复文件及煤矿的营业执照(复印件)和伊金霍洛旗环境监测站监测报告(YQ—2019—049)等证据材料。

2019年5月21日伊金霍洛旗环境保护局对该案件予以正式立案,组织召开行政处罚案件集体讨论会对该案件进行了集体讨论。经讨论研究后,认为该煤矿在实施沉陷区绿化灌溉过程中,矿井水质未达到《鄂尔多斯市环境保护条例》规定的水体水质标准,违反了《中华人民共和国水污染防治法》相关规定。应依据《中华人民共和国水污染防治法》第八十三条第二款"超过水污染物排放标准或超过重点水污染物排放总量控制指标排放水污染物的"由县级以上人民政府环境保护主管部门责令改正或者责令限制生产、停产整治,并处十万元以上一百万元以下的罚款。2019 年 5 月 21 日,伊金霍洛旗环境保护局以伊责改字〔2019〕30 号和伊环罚〔2019〕30 号对该煤矿下达了责令改正和处 100 万的行政处罚。

2019 年 3 月,该煤矿对乌兰木伦河入河排放口进行拆除,矿井水经处理后用于塌陷区生态恢复治理。2020 年 8 月该矿完成了矿井水处理厂应急除氟改造项目,该矿井水质达到《地表水环境质量标准》(GB 3838—2002)Ⅲ类标准限值要求。

为加强黄河流域生态环境保护,鄂尔多斯市始终以水环境质量改善为核心,持续加大沿黄流域企业执法查处力度。随着《鄂尔多斯市环境保护条例》的正式实施,要求"企事业单位和其他生产经营者向所有地表水体排放废水,应当符合相应水体的水环境质量标准要求"。《条例》实施后,部分排水企业未引起足够重视,环保措施改造一直推进缓慢。伊金霍洛旗环境保护局对该企业实施依法处罚后,该企业立即采取了整改措施,完成了环保设施的升级改造。案件办理切实起到了"以案促改"的作用。

第三节　土壤污染防治的法律规定

一、土壤污染概述

(一)土壤的概念

土壤是人类赖以生存的自然资源,也是经济社会可持续发展的重要物质基础,关系人民群众身体健康。土壤有广义和狭义之分。狭义的土壤是指地球表面能够生长植物的疏松层,主要指农用地土壤。广义的土壤泛指地球表面的疏松层,不仅包括农用地土壤,还包括建设用地土壤。土壤的形成和演变尺度大约在 1000 年至 100 万年。地球表层的岩石经过风化作用,逐渐破坏成疏松的、大小不等的矿物颗粒,称为"成土母质"。土壤是在母质、生物、气候、地形、时间等多种成土因素的综合作用下形成和演变而成的。土壤由固体、液体和气体三类物质组成,其中固体物质包括土壤矿物质、有机质和微生物;液体物质主要指土壤水分;气体是存在土壤孔隙中的空气。

土壤具有重要功能,提供植物生长的场所,提供植物生长必需的养分、水分和适宜的物理条件,提供各种生物及微生物的生存空间,具有环境净化作用。此外,土壤提供建筑物的基础和工程材料。

(二)土壤污染及其危害

1. 土壤污染概念

土壤污染是指人类活动产生的污染物进入土壤并累积到一定程度而引起土壤质量恶化并出现危害的现象。土壤污染具有隐蔽性、滞后性、不可逆转性、长期性、后果严重性等特点。土壤污染被称为看不见的污染,一般很难由感官直接发现。例如,日本的"痛痛病",是经过了 10~20 年之后才逐渐被人们认识的。土壤一旦污染极难修复或恢复,尤其是重金属对土壤的污染几乎是一个不可逆转的过程。

2. 土壤污染危害

土壤污染的危害是复杂和多方面的,主要有以下方面。

一是对人群的危害。人群通过许多途径接触暴露在土壤中的污染物,如饮用受污染的水、食用受污染的粮食和蔬菜、呼吸来自土壤的挥发性气态污染物等。如美国"拉夫运河"污染事件中,1942 年至 1953 年,美国一家电化学公司向废弃的拉夫运河填埋了 21 000 t 有害废物。此后,纽约市政府在这片土地上陆续开发了房地产,盖起了大量的住宅和一所学校。从 1977 年开始,这里的居民不断发生各种怪病,孕妇流产、儿童夭折、婴儿畸形、癫痫、直肠出血等病症也频频发生。

二是对生态环境的危害。土壤受到汞、铬、镉、铅、砷、镍、铜等污染后,会影响植物的生长和发育。土壤中的化学物质,如重金属、农药、除草剂等的积累和残留对动物和微生物影响很大,可以使一些土壤动物的正常代谢受到抑制甚至停止而死亡。

三是对水和大气环境的影响。水环境中的污染物质可以通过径流、浇灌等方式进入土壤,土壤中的污染物通过地表径流等过程最终有一部分进入饮用水源、渔业水体和地下水中,对水资源安全造成极大威胁。大气中的污染物质可以降落到土壤中,土壤中的污染物可以随着扬尘、挥发性污染物的挥发进入大气中,造成大气污染。这种循环周而复始地交替进行。

(三)我国土壤环境质量现状

根据国务院决定,2005 年 4 月至 2013 年 12 月,我国开展了首次全国土壤污染状况调查。2014 年 4 月,环境保护部和国土资源部联合发布了《全国土壤污染状况调查报告》。全国土壤环境状况总体不容乐观,部分地区土壤污染较重,耕地土壤环境质量堪忧,工矿业废弃地土壤环境问题突出。工矿业、农业等人为活动以及土壤环境背景值高是造成土壤污染或超标的主要原因。

全国土壤总的超标率为 16.1%,其中轻微、轻度、中度和重度污染点位比例分别为 11.2%、2.3%、1.5% 和 1.1%。污染类型以无机型为主,有机型次之,复合型污染比重较小,无机污染物超标点位数占全部超标点位的 82.8%。

从污染分布情况看,南方土壤污染重于北方;长江三角洲、珠江三角洲、东北老工业基地等部分区域土壤污染问题较为突出,西南、中南地区土壤重金属超标范围较大;镉、汞、砷、铅 4 种无机污染物含量分布呈现从西北到东南、从东北到西南方向逐渐升高的态势。

2021 年,全国土壤环境风险得到基本管控,土壤污染加重趋势得到初步遏制。全国受污染耕地安全利用率稳定在 90% 以上,重点建设用地安全利用得到有效保障。全国农用地土壤环境状况总体稳定,影响农用地土壤环境质量的主要污染物是重金属,其中镉为首要污染物。全国重点行业企业用地土壤污染风险不容忽视。

依据《"十四五"土壤环境监测总体方案》,国家土壤环境监测网每五年完成一轮次监测工作。2021 年,对珠江流域和太湖流域 2 118 个国家土壤环境基础点开展监测,两流域土壤环境质量总体保持稳定。

耕地质量:全国耕地质量平均等级为 4.76 等。其中一至三等、四至六等和七至十等耕地面积分别占耕地总面积的 31.24%、46.81% 和 21.95%。

水土流失:全国水土流失面积为 269.27 万 km²。其中,水力侵蚀面积为 112.00 万 km²,风力侵蚀面积为 157.27 万 km²。按侵蚀强度分,轻度、中度、强烈、极强烈和剧烈侵蚀面积分别占全国水土流失总面积的 63.3%、17.2%、7.6%、5.7% 和 6.2%。

全国荒漠化和沙化土地情况:全国荒漠化土地面积为 261.16 万 km²,沙化土地面积为

172.12 万 km²，岩溶地区现有石漠化土地面积 10.07 万 km²。

（四）我国土壤污染的主要原因

我国土壤污染是在工业化发展过程中长期累积形成的。工矿业、农业生产以及自然背景值高是造成土壤污染的主要原因。

（1）工矿企业生产经营活动中排放的废气、废水、废渣是造成其周边土壤污染的主要原因。尾矿渣、危险废物等各类固体废物堆放等，导致其周边土壤污染。汽车尾气排放导致交通干线两侧土壤铅、锌等重金属和多环芳烃污染。

（2）农业生产活动是造成耕地土壤污染的重要原因。污水灌溉，化肥、农药、农膜等农业投入品的不合理使用和畜禽养殖等，导致耕地土壤污染。

（3）生活垃圾、废旧家用电器、废旧电池、废旧灯管等随意丢弃，以及日常生活污水排放，造成土壤污染。

（4）自然背景值高是一些区域和流域土壤重金属超标的原因。如我国西南、中南地区分布着大面积的有色金属成矿带，镉、汞、砷、铅等元素背景值高，加上金属矿冶、高镉磷肥施用，导致区域性土壤重金属污染。

二、土壤污染防治立法概况

（一）主要国家和地区土壤污染防治立法概况

土壤作为一种不可再生的自然资源，其保护问题历来受到各国的重视。自 20 世纪 70 年代起，世界主要国家和地区陆续制定了关于土壤污染防治的专门性法律。

日本于 1970 年公布《农用地土壤污染防治法》，2002 年颁布了《土壤污染对策法》，弥补了城市用地土壤污染防治方面的法律空白。美国有关土壤污染防治的立法主要是 1980 年颁布的《综合环境反应、赔偿与责任法》（又称《超级基金法》），该法是受到拉夫运河污染事件的推动而出台。此后，美国国会又通过四部法案对该法进行修订，它们分别是：1986 年的《超级基金修正及再授权法》，1996 年的《财产保存、贷方责任及抵押保险保护法》，2000 年的《超级基金回收平衡法》，2000 年的《小规模企业责任减免和综合地块振兴法》。德国政府于 1985 年制定了《联邦政府土壤保护战略》，明确了扭转土地恶化趋势、降低污染物侵入土壤的保护目标。1987 年颁布了《土壤污染保护行动计划》，强调将土壤保护作为今后环境保护的最重要领域之一。1988 德国颁布了《联邦土壤保护法》。旨在规范垃圾填地工业场地行染、农业土地利用等问题，是德国土壤环境保护立法体系的核心，我国台湾地区于 2000 年 1 月制定了《土壤及地下水污染整治法》，此后于 2003 年、2010 年进行了两次修改，为配合该法施行，2001 年 10 月又颁布了《土壤及地下水污染整治法实施细则》，同年 11 月完成土壤及地下水污染的监测和管制基准。此外，韩国、荷兰、加拿大、英国等都颁布了有关土壤污染防治的法律。

（二）我国土壤污染防治立法现状

目前，我国与土壤污染防治相关的规定零散分散在有关政策、法律法规和规范性文件中，缺乏有关土壤污染防治的专门性立法。

1. 政策

2014 年 10 月 23 日，党的十八届四中全会通过的《中共中央关于全面推进依法治国若干重大问题的决定》提出，"制定完善生态补偿和土壤、水、大气污染防治及海洋生态环境保护等法律法规,促进生态文明建设。"2015年4月25日印发的《中共中央、国务院关于加强推进生态文明建设的意见》提出,加快解决人民群众反映强烈的大气、水、土壤污染等突出问题,制定实施土壤污染防治行动计划,优先保护耕地土壤环境,强化工业污染场地治理,开展土壤污染治理与修复试点。

2. 法律法规

目前,我国土壤污染防治相关规定主要分散在环境污染防治、自然资源保护和农业类法律法规之中。全国人大于2006年委托环境保护部进行土壤污染防治立法工作,土壤污染防治法草案已于2014年12月底提交全国人大环资委,继续进行修改完善。2016年4月27日,国务院讨论并原则通过,2016年5月19日,中央政治局会议审议并原则通过,2016年5月31日,国务院正式向社会公开《土壤污染防治行动计划》。国家环境保护总局2006年成立《土壤污染防治法》立法起草研究小组,2012年,该法列入国务院立法工作计划3类项目。2013年,该法被第十二届全国人大常委会正式纳入第1类项目中。2017年6月,第十二届全国人大常委会一次审议该法(草案),2017年12月,第十二届全国人大常委会二次审议该法(草案),2018年,土壤污染防治法有望快速出台。

《中华人民共和国土壤污染防治法》是为了保护和改善生态环境,防治土壤污染,保障公众健康,推动土壤资源永续利用,促进经济社会可持续发展制定的法律。该法于2019年1月1日颁布实施。《中华人民共和国土壤污染防治法》填补了我国土壤污染防治领域的立法空白,为扎实推进"净土"保卫战,为全面落实土壤污染防治工作提供了有力的法律武器。

2016年12月31日,国家出台《污染地块土壤环境管理办法(试行)》,土壤按照国家技术规范确认。超过有关土壤环境标准的疑似污染地块,开展环境详细调查、风险评估、风险管控、治理与修复及其效果评估等活动。

通过调查,可知目前我国关于土壤污染的防治政策主要有《关于加强土壤污染防治工作的意见》《土壤污染防治行动计划》《污染地块土壤环境管理办法(试行)》《农用地土壤环境管理办法》《福建省土壤污染防治办法》。

我国已出台的法律法规有《中华人民共和国环境保护法》(2014年)、《中华人民共和国土壤污染防治法》(2018年)、《中华人民共和国固体废物污染环境防治法》(2020年修订)、《中华人民共和国农产品质量安全法》(2022年修订)。

北京市土壤污染防治条例将于2023年1月1日起施行。同日,《安徽省实施〈中华人民共和国土壤污染防治法〉办法》也将实施。截至2023年年底,全国已有湖北、山东、山西、江西、天津、内蒙古、甘肃、河南、河北、江苏、福建、云南、广西、宁夏和北京等26个省、区市制定出台地方性的土壤污染防治条例。

《中华人民共和国环境保护法》对土壤污染防治做了原则性规定。根据该法第三十二条、第三十三条以及第五十条规定,国家加强对大气、水、土壤等的保护,建立和完善相应的调查、监测、评估和修复制度。各级人民政府应当加强对农业环境的保护,统筹有关部门采取措施,防治土壤污染,应当在财政预算中安排资金,支持土壤污染防治等环境保护工作。

根据《中华人民共和国农产品质量安全法》第十五条、第十七条、第十八条规定,县级以上地方人民政府农业行政主管部门根据生产区域大气、土壤、水体中有毒有害物质状况等因素,提出禁止生产的区域,报本级人民政府批准后公布。禁止在有毒有害物质超过规定标准的区域生产、捕捞、采集食用农产品和建立农产品生产基地。禁止违反法律、法规的规定向农产品产地排放或者倾倒废水、废气、固体废物或者其他有毒有害物质。

《中华人民共和国水污染防治法》第五十一条规定,利用工业废水和城镇污水进行灌溉,应当防止污染土壤、地下水和农产品。《中华人民共和国固体废物污染环境防治法》第十九条规定,使用农用薄膜的单位和个人,应当采取回收利用等措施,防止或者减少农用薄膜对环境的污染。《中华人民共和国草原法》第五十四条规定,禁止在草原上使用剧毒、高残留以及可能导致二次中毒的农药。《土地复垦条例》规定,土地复垦人应当对拟损毁的耕地、林地、牧草地进行表土剥离,剥离的表土用于被损毁土地的复垦。禁止将重金属污染物或者其他有毒有害物质用作回填或者充填材料。受重金属污染物或者其他有毒有害物质污染的土地复垦后,达不到国家有关标准的,不得用于种植食用农作物。

此外,《中华人民共和国农业法》《中华人民共和国土地管理法》《中华人民共和国矿产资源法》《基本农田保护条例》《农药管理条例》《危险化学品安全管理条例》《废弃危险化学品污染环境防治办法》对土壤污染防治均作了规定。

3. 规划

2011 年 2 月,经国务院批准后环境保护部印发的《重金属污染综合防治"十二五"规划》指出,"全国一些地区土壤存在不同程度的重金属污染",提出了"十二五"重金属污染综合防治的指导思想、基本原则、工作重点和目标。

2016 年 5 月 31 日,国务院发布《土壤污染防治行动计划》(以下简称"土十条")。《土壤污染防治行动计划》与《大气污染防治行动计划》《水污染防治行动计划》一起被称为应对环保"三大战役"的三大污染防治行动计划。该行动计划历时 3 年、50 余次易稿,对今后一个时期我国土壤污染防治工作做出全面战略部署。

"土十条"明确了土壤污染防治的总体要求:立足我国国情和发展阶段,着眼经济社会发展全局,以提高土壤环境质量为核心,以保障农产品质量和污染物,实施分类别、分用途、分居环境安全为出发点,坚持阶段治理。严控新增污染、逐步减少存量,形成政府预防为主、保护优先、风险管控,突出重点区域、行业和污染方主导、企业担责、公众参与、社会监督的土壤污染防治体系,促进土壤资源持续利用。确立了土壤污染防治的工作目标,到 2020 年,全国土壤污染加重趋势得到初步遏制,土壤环境质量总体保持稳定,农用地和建设用地土壤环境安全得到基本保障,土壤环境风险得到基本管控。到 2030 年,全国土壤环境质量稳中向好,农用地和建设用地土壤环境安全得到有效保障,土壤环境风险得到全面管控。到本世纪中叶,土壤环境质量全面提高,生态系统实现良性循环。规定了土壤污染防治的主要指标:到 2020 年,受污染耕地安全利用率达到 90% 左右,污染地块安全利用率达到 90% 以上。到 2030 年,受污染耕地安全利用率达到 95% 以上,污染地块安全利用率达到 95% 以上。

"土十条"规定了推进土壤污染防治的十项措施:① 开展土壤污染调查,掌握土壤环境质量状况;② 推进土壤污染防治立法,建立健全法规标准体系;③ 实施农用地分类管理,保障农业生产环境安全;④ 实施建设用地准入管理,防范人居环境风险;⑤ 强化未污染土壤保护,严控新增土壤污染;⑥ 加强污染源监管,做好土壤污染预防工作;⑦ 开展污染治理与修复,提高区域土壤环境质量;⑧ 加大科技研发力度,推动环境保护产业发展;⑨ 发挥政府主导作用,构建土壤环境治理体系;⑩ 加强目标考核,严格责任追究。

4. 地方性法规和规章

为加强土壤污染防治工作,一些省份先行先试,开展了土壤污染防治立法工作。2016

年2月1日,湖北省十二届人大四次会议通过《湖北省土壤污染防治条例》,自2016年10月1日起施行,这是我国首部针对土壤污染防治的地方性法规。《湖北省土壤污染防治条例》分为总则、土壤污染防治的监督管理、土壤污染的预防、土壤污染的治理、特定用途土壤的环境保护、信息公开与社会参与、法律责任及附则,共八章六十五条。明确了土壤污染防治遵循的基本原则,即保护优先、预防为主、风险管控、综合治理、污染者担责。确定了土壤污染防治的监督管理体制,即政府负总责、环境保护主管部门统一监管、其他部门分工负责。此外,福建省人民政府于2015年9月22日公布了《福建省土壤污染防治办法》。目前,湖南、河南、广东等省份也已开展土壤污染防治立法工作,形成了草案,正在进一步修改完善。

5. 环境标准

为贯彻《中华人民共和国环境保护法》,保护土壤环境质量,管控土壤污染风险,颁布《土壤环境质量 农用地土壤污染风险管控标准(试行)》(GB 15618—2018)、《土壤环境质量 建设用地土壤污染风险管控标准(试行)》(GB 36600—2018)等两项标准为国家环境质量标准,由生态环境部与国家市场监督管理总局联合发布,自2018年8月1日起实施。

鉴于我国目前核设施退役的迫切需要,参考国际上推荐的原则、方法和某些实例编制《拟开放场址土壤中剩余放射性可接受水平规定(暂行)》(HJ 53—2000),在计算中,结合国情采用了我国的食谱,以及某些实际参数,同时在内照射剂量转换因子上,采用了国际上最近推荐的数值,本标准于2000年12月1日起实施。

为贯彻《中华人民共和国环境保护法》,保护环境,保障人体健康,现批准《食用农产品产地环境质量评价标准》等两项标准为国家环境保护行业标准,《食用农产品产地环境质量评价标准》(HJ/T 332—2006)、《温室蔬菜产地环境质量评价标准》(HJ/T 333—2006)自2007年2月1日起实施。

为贯彻《中华人民共和国环境保护法》,保护环境,保障人体健康,防治土壤污染,现批准《展览会用地土壤环境质量评价标准(暂行)(HJ/T 350—2007)》(现已废止,由GB 36600—2018替代)为国家环境保护行业标准,自2007年8月1日起实施。

污染场地技术规范包括:《建设用地土壤污染状况调查 技术导则》(HJ 25.1—2019),《建设用地土壤污染风险管控和修复监测 技术导则》(HJ 25.2—2019),《建设用地土壤污染风险评估技术导则》(HJ 25.3—2019),《建设用地土壤污染修复技术导则》(HJ 25.4—2019)。

三、土壤污染防治的法律规定

根据中华人民共和国环境保护法相关法规、环境污染防治单行法、自然资源保护单行法及"土十条"的有关规定,土壤污染防治的主要法律规定包括以下方面。

(一)土壤污染防治的基本原则

1. 保护优先、预防为主、综合治理原则

土壤污染防治立法当务之急是保护、预防未受到污染的土地不再受到污染。土壤污染防治预防要把好第一道关,其次是已污染的土壤要避免污染扩散。土壤污染治理面临着诸多问题,最主要的是资金和技术。根据国外已有实践,预防成本相对治理成本低很多,比如污染之前土地的成本是1的话,那么污染之后,防止污染扩散以及防止污染造成后果的成本是10,而污染蔓延开来后治理完成则需要达到100。与此同时,我国土壤污染治理修复技术不成熟。据统计,针对国内土壤重金属污染治理的植物优选品种多达数十个,但从目前来看,还没有找到一种经济、有效、适合大规模农田治理的修复模式。因此,在目前土壤污染治理修复面临资金和技术双重瓶颈的条件下,与其重点治理已污染的土壤,不如把主要精力放在对未被污染的土壤进行保护和预防上。在做好保护和预防土壤污染的前提下,对于已污染的土壤,根据风险评估,分别采取风险管控措施和修复措施。

2. 土壤污染风险管控原则

土壤污染风险管控原则,是指对被污染地块或高污染风险地块进行风险管控,引导调整农作物种植结构或改变土地用途,防止被污染地块和高风险地块成为土壤污染源。"土十条"规定,到2020年,农用地和建设用地土壤环境安全得到基本保障,土壤环境风险得到基本管控。由于我国目前土壤污染形势严峻,而对于受到污染的土壤特别是重度污染的土壤,未来土壤污染防治的重点并不是投入大量资金进行治理,而是采取严格风险管控措施,土壤污染的转移或者扩散。

3. 污染者担责、治理者受益

按照"谁污染,谁治理"原则,造成土壤污染的单位或个人要承担治理与修复的主体责任。责任主体发生变更的,由变更后继承其债权、债务的单位或个人承担相关责任;土地使用权依法转让的,由土地使用权受让人或双方约定的责任人承担相关责任。责任主体灭失或责任主体不明确的,由所在地县级人民政府依法承担相关责任。通过政府和社会资本合作(PPP)模式,发挥财政资金撬动功能,按照"谁投资,谁受益"的原则,带动更多社会资本参与土壤污染防治。

4. 公众参与、社会监督

根据土壤环境质量监测和调查结果,适时发布全国土壤环境状况。各省(区、市)人民政府定期公布本行政区域各地级市(州、盟)土壤环境状况。重点行业企业要依据有关规定,向社会公开其产生的污染物名称、排放方式、排放浓度、排放总量,以及污染防治设施建设和运行情况。实行有奖举报,鼓励公众通过"12345"政务服务便民热线、信件、电子邮件、政府网站、微信平台等途径,对乱排废水、废气,乱倒废渣、污泥等污染土壤的环境违法行为进行监督。

(二)各级人民政府在土壤污染防治中的职责

县级以上人民政府对本行政区域内的土壤环境质量负责,应当将土壤污染防治工作纳入国民经济和社会发展规划,制定土壤污染防治政策、方案,确定重点任务和工作目标,提高土壤污染防治能力;应当统筹财政资金投入、土地出让收益、排污费等,建立土壤污染防治专项资金,用于土壤环境调查与监测评估、监督管理、治理与修复等工作,完善财政资金和社会资金相结合的多元化资金投入与保障机制;应当支持土壤污染防治科学技术的研究开发、成果转化和推广应用;应当加强土壤环境保护的宣传教育,增强公众土壤环境保护意识,拓展公众参与土壤环境保护途径。

(三)土壤污染防治监督管理体制

我国对土壤污染防治工作实行人民政府领导、政府各行政主管部门按职权划分。实施统一监督管理与部门分工负责管理的监督管理体制。县级以上人民政府环境保护主管部门对本行政区域内土壤污染防治实施统一监督管理。县级以上人民政府农业、住房和城乡建设、国土、发展和改革、经济和信息化、科技、财政、交通运输、水行政、林业、卫生、质量监督等主管部门在各自职责范围内对土壤污染防治实施监督管理。

"土十条"规定的每项工作计划后面,均备注了相应的牵头和参与部门名称,共涉及三十六个部门。"土十条"规定,按照"国家统筹、省负总责、市县落实"原则,全面落实土壤污染防治属地责任,逐步建立跨行政区域土壤污染防治联动协作机制。

(四)土壤污染防治的基本制度

1. 土壤环境监测制度

土壤污染监测是土壤污染防治的基础。"土十条"规定建设土壤环境质量监测网络。2017 年底前,完成土壤环境质量国控监测点位设置,建成国家土壤环境质量监测网络,充分发挥行业监测网作用,基本形成土壤环境监测能力。2020 年底前,实现土壤环境质量监测点位所有县(市、区)全覆盖。利用环境保护、国土资源、农业等部门相关数据,建立土壤环境基础数据库,构建全国土壤环境信息化管理平台,力争 2018 年底前完成。借助移动互联网、物联网等技术,拓宽数据获取渠道,实现数据动态更新。加强数据共享,编制资源共享目录,明确共享权限和方式,发挥土壤环境大数据在污染防治、城乡规划、土地利用、农业生产中的作用。

2. 土壤环境调查制度

土壤污染调查制度是土壤污染防治的核心制度之一。"土十条"规定的土壤环境调查包括两类:一类是由政府组织的土壤环境质量状况调查。查明农用地土壤污染的面积、分布及其对农产品质量的影响,以及重点行业企业用地中的污染地块分布及其环境风险情况。土壤环境质量状况定期调查制度,每 10 年开展 1 次。另一类是土壤环境状况调查评估。对拟收回土地使用权的有色金属冶炼、石油加工、化工、焦化、电镀、制革等行业企业用地,以及用途拟变更为居住和商业、学校、医疗、养老机构等公共设施的上述企业用地。由土地使用权人负责开展土壤环境状况调查评估;已经收回的,由所在地市、县级人民政府负责开展调查评估。重度污染农用地转为城镇建设用地的,由所在地市、县级人民政府负责组织开展调查评估。

3. 土壤分类管理制度

土壤分类管理制度是指根据土壤是否污染以及污染的严重程度对土壤的用途和土壤污染防治采取不同方式进行管理的制度。"土十条"规定农用地土壤按污染程度划为三个类别,未污染和轻微污染的划为优先保护类,轻度和中度污染的划为安全利用类,重度污染的划为严格管控类,以耕地为重点,分别采取相应管理措施,保障农产品质量安全。建设用地根据土壤环境调查评估结果,逐步建立污染地块名录及其开发利用的负面清单,合理确定湿地用途。符合相应规划用地土壤环境质量要求的地块,可进入用地程序。暂不开发利用或现阶段不具备治理修复条件的污染地块,由所在地县级人民政府组织划定管控区域,设立标志,发布公告开展土壤、地表水、地下水、空气环境监测;发现污染扩散的,有关责任主体要及时采取污染物隔离、阻断等环境风险管控措施。

4. 土壤污染治理修复制度

"土十条"规定,以拟开发建设居住、商业、学校、医疗和养老机构等项目的污染地块为重点,开展治理与修复。治理与修复工程原则上在原址进行,并采取必要措施防止污染土壤挖掘、堆存等造成二次污染;需要转运污染土壤的,有关责任单位要将运输时间、方式、线路和污染土壤数量、去向、最终处置措施等,提前向所在地和接收地环境保护部门报告。工程施工期间,责任单位要设立公告牌,公开工程基本情况、环境影响及其防范措施;所在地环境保护部门要对各项环境保护措施落实情况进行检查。工程完工后,责任单位要委托第三方机构对治理与修复效果进行评估,结果向社会公开。实行土壤污染治理与修复终身责任制。

（五）法律责任

根据《中华人民共和国固体废物污染环境防治法》规定,在基本农田保护区,建设工业固体废物集中储存、处置的设施、场所和生活垃圾填埋场的,由县级以上人民政府环境保护行政主管部门责令停止违法行为,限期改正,处以一万元以上十万元以下的罚款。从事畜禽规模养殖未按照国家有关规定收集、储存、处置畜禽粪便,造成环境污染的,责令限期改正,可以处五万元以下的罚款。工程施工单位不及时清运施工过程中产生的固体废物,造成环境污染的,工程施工单位不及时清运施工过程中产生的固体废物,造成环境污染的,处五千元以上五万元以下的罚款。

根据《土地复垦条例》规定,土地复垦义务人未按照规定对拟损毁的耕地、林地、牧草地进行表土剥离,由县级以上地方人民政府国土资源主管部门责令限期改正;逾期不改正的,按照应当进行表土剥离的土地面积处每公顷1万元的罚款。土地复垦义务人将重金属污染物或者其他有毒有害物质用作回填或者充填材料的,由县级以上地方人民政府环境保护主管部门责令停止违法行为,限期采取治理措施,消除污染,处十万元以上五十万元以下的罚款;逾期不采取治理措施的,环境保护主管部门可以指定有治理能力的单位代为治理,所需费用由违法者承担。

根据《废弃危险化学品污染环境防治办法》规定,危险化学品的生产、储存、使用单位在转产、停产、停业或者解散时,未按照国家有关环境保护标准和规范对厂区的土壤和地下水进行检测的,由县级以上环境保护部门责令限期改正,处以一万元以上三万元以下罚款。

四、煤矿土壤污染典型案例分析

2021年4月,中央第一生态环境保护督察组对山西焦煤集团有限责任公司(以下简称山西焦煤集团)下属山西西山晋兴能源有限责任公司斜沟煤矿(以下简称斜沟煤矿)开展督察,发现有关部门、公司对中央生态环境保护督察指出问题敷衍应对、表面整改,煤炭资源开发生态破坏问题突出。

山西焦煤集团是全国最大的炼焦煤生产加工企业和全国最大的炼焦煤市场供应商,下属的斜沟煤矿位于吕梁市兴县,在离柳矿区范围内,可采储量12.7亿t,建设规模为1 500万吨/年,被评为山西省先进产能煤矿。第一轮中央生态环境保护督察发现该煤矿未落实环保要求,擅自投产运行。督察整改方案要求其限期完成环保验收。2018年山西省上报整改进展为:斜沟煤矿2017年底环保设施全部建成投运,取得排污许可证,按相关规定完成自主验收并进行了公示,已完成整改。

（一）敷衍整改

煤矸石是煤炭开采过程产生的主要固体废物。为避免大量煤矸石压占土地和造成土壤污染,离柳矿区规划环评要求煤矸石的处置利用率应达到100%。斜沟煤矿环评批复进一步明确要求产生的煤矸石优先用于煤矸石砖厂、煤矸石电厂。督察发现斜沟煤矿擅自变更建设内容,取消了环评要求建设的煤矸石砖厂等综合利用建设内容,将产生的所有煤矸石一埋了之。在环评批复的排矸场堆满后,又在旁边非法建成一处占地面积近40公顷的排矸场,面积是环评批复排矸场3倍以上。为规避监管,斜沟煤矿没有依法申请办理新建排矸场的环评变更手续,而是将非法建成的排矸场申报为填沟造地工程,报吕梁市生态环境局审批,企图蒙混过关。由于存在批建不符、未批先建等突出问题,斜沟煤矿建成后长期达不到环保验收条件,更达不到"限期完成环保验收"的整改任务目标要求。作为责任单位的山西焦煤集团对整改任务敷衍了事,在明知未完成环保验收的情况下,就上报已完成整改任务,向山西省国资委提交了整改销号的请示,山西省国资委把关不严,予以销号。

（二）削山取土加剧当地水土流失

如斜沟煤矿所在地区生态环境比较脆弱,是国家级限制开发重点生态功能区,也是黄河中游干流水土流失控制的核心区域和黄土高原水土流失治理的重点区域。为非法建设排矸场,该煤矿在黄土高原天然沟壑纵横区域内,大肆削山平坡,将产生的上千万吨矸石倾倒在排矸场,再用削山平坡取来的黄土覆盖在上面。许多取土后的坡面几乎呈90°,垂直于地面,大幅度改变了原有地形地貌,破坏地表植被,致使区域内植被覆盖度明显降低,保水能力明显减弱,坡面冲刷明显加重,加剧了水土流失。

（三）违法排污问题突出

早在2015年,山西省水利厅关于斜沟煤矿及选煤厂项目水资源论证报告书意见即要求"该项目生产、生活废水必须经处理后全部回用,不得外排,不得设置入河排污口",但由于斜沟煤矿的矿井水综合利用相关项目迄今未建成,每年通过厂外排污渠直排河道的废水总量约为80—100万t。其外排矿井水没有达到《山西省水污染防治2017年行动计划》中"煤矿矿井水排放达到地表水环境质量Ⅲ类标准"的要求,水质检测报告显示,斜沟煤矿外排废水总氮指标超过地表水环境质量Ⅲ类标准3.1倍。现场督查发现,斜沟煤矿矿井水处理系统没有建设总氮处理工段及中控系统,不具备系统控制和存储历史数据的能力,其超滤系统反冲洗单元长期不加药、不运行。选煤厂污水处理工艺简单,只能加药沉淀收集煤泥,对厂区地面、装置和车辆的清洗废水不能收集处理。含油、含煤尘黑水未经收集处理直接外排,排污渠内有明显煤泥堆积现象,水面上浮有油花。斜沟煤矿矿井水和选煤厂废水最后都排入黄河一级支流岚漪河。

第四节　固体废物污染防治的法律规定

一、固体废物的概述

固体废物是指在生产、生活和其他活动中产生的丧失原有利用价值或者虽未丧失利用价值但被抛弃或者放弃的固态、半固态和置于容器中的气态的物品、物质以及法律、行政法规规定纳入固体废物管理的物品、物质。

废物又称为"废弃物",从其物质形态上看,可划分为固态、液态和气态三种废物。对于液态及气态废物而言,大部分渗透、掺杂于水和空气中直接或经处理排入水体和大气中,这些废水与废气被纳入我国相关大气污染及水污染防治的法律控制。而对于不能排入水体的液体废物和不能排入大气的置于容器中的气态废物,则适用我国固体废物污染防治法。

所谓废物,并非一个绝对的概念而是一个相对的概念。从时间上看,它只是在目前的科学技术和经济条件下无法加以利用,随着社会发展、科学进步以及人们要求的变化,今天的废物就有可能成为明天的资源;从空间角度看,废物仅仅在某一过程或某一方面没有使用价值,而并非在一切过程或一切方面都没有使用价值。某一过程的废物,往往可以成为另一过程的原料。而固体废物一般具有工业原材料所具备的化学、物理特性,并且较废水、废气容易收集、运输、加工处理,所以可以回收利用。在这一意义上,固体废物常常被称为"放错地方的资源"。

固体废物产生于人类生产、消费等一系列活动中,在资源开发与产品制造过程中必然产生废物,任何产品经过使用和消费后也会产生废物。其来源大体可分为两类:一类是生产过程中所产生的废物,称为"生产废物";另一类是在产品进入市场后在流通过程或使用消费后产生的废物,称为"生活废物"。

固体废物种类繁多,组成复杂。关于固体废物的分类,按照化学成分可以分为有机废物和无机废物;按其危害性可以分为一般废物和危险废物;按其形状可以分为固态废物(颗粒状、粉状、块状)和半固态废物(污泥)。我国法律从废物管理的角度出发,将固体废物划分为工业固体废物、生活垃圾以及危险废物。

随着我国工业化及城市化进程加快,固体废物的产生量逐年增加,提高和改善固体废物管理已成为我国环境资源管理领域的一项重大课题。《2017 年全国大、中城市固体废物污染环境防治年报》显示,2016 年,大、中城市一般工业固体废物产生量为 14.8 亿 t,工业危险废物产生量为 3 344.6 万 t,医疗废物产生量约为 72.1 万 t,生活垃圾产生量约为 18 850.5 万 t。固体产物本身具有两重性,既有可回收利用的资源性,同时又具有危害性,不适当处置会产生环境污染。固体废物堆放侵占大量土地,我国许多城市都已经出现垃圾围城现象,更为严重的是,被侵占的土地中有近 2/3 是耕地。而固体成物中的有害物质一旦溶解、渗透会造成可怕的水体污染和土壤污染。另外,堆放的固体废物中的颗粒物粉尘等可随风飘扬,而采用焚烧方式处理固体险物也会造成严重的大气污染。比如焚烧垃圾可产生二噁英,扩散到大气中会对周边居民造成严重的身体损害。固体废物污染环境的最终受体是人类,固体废物的有害成分作用于水体、大气和土壤,从而造成自然环境的污染,可以通过多种途径损害人体健康。

二、固体废物污染防治的立法概况

1973 年 11 月 17 日,国家计委、国家建设总局、卫生部联合批准颁布了中国第一个环境标准《工业"三废"排放试行标准》,为开展"三废"治理和综合利用工作提供了依据。1977 年 4 月 14 日,国家计委、国家建设总局、财政部和国务院环境保护领导小组联合发布《关于治理工业"三废",开展综合利用的几项规定》,标志着我国以治理"三废"和综合利用为特色的污染防治进入新的阶段。这一时期,随着人们对环境问题认识程度的不断加深,我国从国外引入了"环境保护"这一概念。20 世纪 50、60 年代提出的"三废"治理和综合利用概念,就逐步被"环境保护"概念所替代。从此,"综合利用"就成为"环境保护"的一个概念,主要指固体废物的管理工作。

20 世纪 80 年代,我国固体废物污染防治工作主要以综合利用为主,把固体废物纳入资源管理范围,制定固体废物资源化方针和鼓励综合利用废物的政策。1985 年国务院批转国家经委《关于开展资源综合利用若干问题的暂行规定》,在这部法规性文件中明确规定:资源综合利用是我国一项重大的技术经济政策,对合理利用资源,保护自然环境具有重要的意义。1987 年国家经济贸易委员会同财政部、商业部和国家物资局发布了《关于进一步开发利用再生资源若干问题的通知》，提出对再生资源行业实行鼓励发展的产业政策以及经济优惠政策。1989 年国家计委发布《1989—2000 年全国资源综合利用发展纲要（试行）》，提出到 20 世纪末，资源综合利用的总任务是：大力研究推广资源综合利用的先进技术和管理经验，建设批资源综合利用的试点地区和示范工程，提高资源综合利用项目的经济效益，使我国资源综合利用得到较大的发展。

从 20 世纪 80 年代中期开始，国务院环境保护部门从固体废物污染防治的角度起草固体废物处理的法案。经历近十年的征求意见和修改，1995 年 10 月全国人大常委会通过了《固体废物污染环境防治法》。这部法律系统地规定了防治固体废物处理的基本原则、监管体制、制度措施、法律责任等内容，为固体废物污染环境防治工作、控制固体废物污染转移以及危险废物的特别管理提供了法律依据和保障。

至此，我国有关固体废物管理的规范系统就形成了两套体系，即固体废物污染防治法律法规体系与资源综合利用政策体系。

为了应对我国经济高速增长带来的资源环境制约问题，以及响应国际社会循环经济的立法趋势，促进经济社会的可持续发展，2002 年我国制定了《中华人民共和国清洁生产促进法》，2008 年 8 月我国颁布了《中华人民共和国循环经济促进法》，该法的目的是促进循环经济的发展，提高资源利用率，保护和改善环境，实现可持续发展。2009 年 2 月国务院颁布了《废弃电器电子产品回收处理管理条例》。该法规的立法宗旨为促进资源综合利用和循环经济发展。由此，我国的固体废物管理从单纯的污染防治开始转变为积极的循环利用，固体废物管理法制逐步进入一个新的发展阶段。

2004 年我国对《固体废物污染环境防治法》进行了修订。新修订的法律强调：国家采取有利于固体废物综合利用活动的经济、技术政策和措施，对固体废物实行充分回收和合理利用，促进清洁生产和循环经济发展。该法于 2013 年、2015 年、2016 年又先后三次被修正，针对的都是 2004 年版本。2013 年，针对生活垃圾处置设施和场所的关闭、闲置、拆除问题，变更核准的主管部门，由原来的"所在地县级以上地方人民政府环境卫生行政主管部门和环境保护行政主管部门"的一级核准，更改为市、县两级核准。2015 年，针对固体废物进口问题，将"自动许可进口"修改为"非限制进口"，同时删除了关于办理对应类别固体废物进口许可手续的条款。2016 年修改了两个条款，一是将关闭、闲置或者拆除生活垃圾处置设施、场所的核准部门，由原卫生和原环境保护两部门共同管理，变更为由原卫生部门商请原环境保护部门同意后核准；二是取消了危险废物省内转移的相关审批核准手续。

至 2020 年，《固体废物污染环境防治法》距颁布实施已有 25 年，距 2004 年的首次修订也有 16 年。经济社会的发展情况和固体废物的管理内容都发生了巨大的变化，亟须结合当前形势对《固体废物污染环境防治法》进行再次修订。2017 年，全国人民代表大会常务委员会在对全国开展《固体废物污染环境防治法》执法检查后发现，虽然各地在贯彻实施该法的过程中取得了一些成效，但是在固体废物污染防治形势、法律法规制度体系、污染责任落实、危险废物全过程管理、工业固体废物治理等方面，依然存在欠缺。此次《固体废物污染环境防治法》的修订是从生态文明建设和经济社会可持续发展的全局出发，健全生态环境保护法律制度，完善固体废物管理法规体系，落实环境污染防治责任，统筹推进各类固体废物综合治理，强化危险废物全过程精细化管理，旨在用最严格的制度和最严密的法治保护生态环境。

党的十八大以来,以习近平同志为核心的党中央高度重视固体废物环境污染防治工作。习近平总书记多次就防治固体废物污染环境作出重要指示,并亲自组织开展生活垃圾分类和禁止外国垃圾入境工作。《中共中央、国务院关于全面加强生态环境保护坚决打好污染防治攻坚战的意见》中明确提出,应该加快修订固体废物污染预防和控制法律法规。固体废物污染环境防治是治理污染的重要部分,与人民群众的生命安全和身体健康紧密相关。

三、固体废物污染防治的法律规定

如上所述,固体废物管理法制已经取得了长足的发展尤其是《循环经济促进法》的制定,开辟了环境法制新的篇章。由于本书体例与篇幅的限制,以下只就我国现行《固体废物污染环境防治法》进行论述。

（一）固体废物污染防治的基本规定

1. 固体废物管理体制

我国在环境保护管理方面实行统一管理与部门分工负责管理相结合的行政管理体制,因此《固体废物污染环境防治法》规定:国务院环境保护部门对全国固体废物污染环境的防治工作实施统一监督管理。国务院有关部门在各自的职责范围内负责固体废物污染环境防治的监督管理工作。县级以上地方人民政府环境保护部门对本行政区域内固体废物污染环境的防治工作实施统一监督管理。县级以上地方人民政府有关部门在各自的职责内负责固体废物污染环境防治的监督管理工作。

环境保护部门对固体废物污染环境的防治工作实施统一监督管理。其主要职责包括:① 制定国家固体废物污染环境防治技术标准;② 建立固体废物污染环境监测制度;③ 审批产生固体废物的项目以及建设贮存、利用、处置固体废物项目的环境影响评价;④ 验收、监督和审批固体废物污染防治设施的"三同时"制度及其关闭、拆除;⑤ 对与固体废物污染环境防治有关的单位进行现场检查。

国务院建设行政主管部门和县级以上地方人民政府环境卫生行政主管部门负责生活垃圾清扫、收集贮存、运输和处置的监督管理工作。

2. "三化"原则

"三化"是指固体废物的减量化、资源化和无害化。《固体废物污染环境防治法》规定:国家对固体废物污染环境的防治,实行减少固体废物的产生量和危害性、充分合理利用固体废物和无害化处置固体废物的原则,促进清洁生产和循环经济发展,该条款规定了对固体废物实行减量化、资源化和无害化原则,简称为"三化"原则。

减量化是指最大限度地合理开发利用资源,尽可能地减少资源消耗,降低固体废物的产生量和排放量。资源化是指对已经产生的固体废物进行回收、加工、循环利用等。无害化是指对已经产生又无法或暂时不能再利用的固体废物进行无害或低危害的安全处理、处置,以防止、减少固体废物的污染危害。

这是防治固体废物污染环境的首要原则,强调了最大限度地合理利用资源,最大限度地减少污染物排放,集中体现了固体废物管理的指导思想和基本战略。

在国家层面,① 要采取有利于固体废物综合利用活动的经济、技术政策和措施,对固体废物实行充分回收和合理利用;② 鼓励、支持采取有利于保护环境的集中处置固体废物的措施,促进固体废物污染环境防治产业发展;③ 组织编制城乡建设、土地利用、区域开发、产业发展等规划,应当统筹考虑减少固体废物的产生量和危害性、促进固体废物的综合利用和无害化处置;④ 鼓励单位和个人购买、使用再生产品和可重复利用产品;⑤ 加强防治固体废物污染环境的宣传教育,倡导有利于环境保护的生产方式和生活方式。

在企事业单位、居民层面,对其产生的固体废物依法承担污染防治责任。

3. 全过程管理原则

全过程管理是指对固体废物从产生收集、贮存运输、利用直到最终处置的全部过程及各个环节,都实行控制管理和开展污染防治。实施这一原则,是基于固体废物从其产生到最终处置的全过程中的各个环节都有产生污染危害的可能性,因而有必要对整个过程及其每一环节都施以控制和监督。

(1)源头控制环节

第一,对产品和包装物的设计、制造,应当遵守国家有关清洁生产的规定;国务院标准化行政主管部门组织制定有关标准,防止过度包装造成环境污染。

第二,国家鼓励科研、生产单位研究、生产易回收利用、易处置或者在环境中易可降解的薄膜覆盖物和商品包装物。

(2)固体废物产生环节

产生固体废物的单位和个人,应当采取措施,防止或者减少固体废物对环境的污染。

(3)固体废物排放环节

第一,收集、贮存、运输、利用、处置固体废物的单位和个人,必须采取防扬散、防流失、防渗漏或者其他防止污染环境的措施,不得擅自倾倒、堆放、丢弃、遗撒固体废物。

第二,禁止任何单位或者个人向江河、湖泊、运河、渠道、水库及其最高水位线以下的滩地和岸坡等法律、法规规定禁止倾倒、堆放废弃物的地点倾倒、堆放固体废物。

(4)固体废物回收环节

第一,生产、销售、进口依法被列入强制回收目录的产品和包装物的企业,必须按照国家有关规定对该产品和包装物进行回收。

第二,使用农用薄膜的单位和个人,应当采取回收利用等措施,防止或者减少农用薄膜对环境的污染。

第三,从事畜禽规模养殖应当按照国家有关规定收集贮存、利用或者处置养殖过程中产生的畜禽粪便,防止污染环境。

(5)固体废物处理环节

第一,对收集贮存、运输处置固体废物的设施、设备和场所,应当加强管理和维护,保证其正常运行和使用。

第二,禁止在自然保护区、风景名胜区、饮用水水源保护区、基本农田保护区和其他需要特别保护的区域内建设工业固体废物集中贮存.处置的设施、场所和生活垃圾填埋场。

第三,禁止在人口集中地区机场周围、交通干线附近以及当地人民政府划定的区域露天焚烧秸秆。

第四,对拆解、利用、处置废弃电器产品和废弃机动车船,应当遵守有关法律、法规的规定,采取措施,防止污染环境。

(6)固体废物转移环节

第一,转移固体废物出省自治区直辖市行政区域贮存,处置的,应当向政府环境保护部门提出申请。移出地的省、自治区、直辖市人民政府环境保护部门应当商经接受地的省、自治区、直辖市人民政府环境保护部门同意后,方可批准转移。

第二,禁止中华人民共和国境外的固体废物进境倾倒、堆放处置。

第三,禁止进口不能用作原料或者不能以无害化方式利用的固体废物;对可以用作原料的固体废物实行限制进口和自动许可进口分类管理进口的固体废物必须符合国家环境保护标准并经质量监督检验检疫部门检验合格。

对将中华人民共和国境外的固体废物进境倾倒、堆放、处置的,进口属于禁止进口的固体废物或者未经许可擅自进口属于限制进口的固体废物用作原料的,由海关责令退运该固体废物,可以并处 10 万元以上 100 万元以下的罚款;构成犯罪的,依法追究刑事责任。进口者不明的,由承运人承担退运该固体废物的责任,或者承担该固体废物的处置费用。

对已经非法入境的固体废物,由省级以上环境保护部门依法向海关提出处理意见,海关应当依照《固体废物污染环境防治法》的规定作出处罚决定;已经造成环境污染的,由省级以上环境保护部门责令进口者消除污染。

（二）固体废物污染防治的分类管理规定

固体废物具有来源广泛、成分复杂的特征,因此《固体废物污染环境防治法》明确规定主管部门针对不同的固体废物制定不同的对策或措施,并确立了对固体废物实施分类管理的原则,将固体废物分为工业固体废物、生活垃圾以及危险废物三类。其中对工业固体废物、生活垃圾采取一般管理措施,对危险废物采取特别管理措施。

1. 工业固体废物

工业固体废物,是指在工业生产活动中产生的固体废物。在我国,对工业固体废物污染环境的监督管理工作主要由环境保护部门负责实施。

（1）政府部门的职责

国家鼓励,支持综合利用资源,并采取有利于固体废物综合利用活动的经济技术政策和措施。《固体废物污染环境防治法》明确规定了有关政府部门在工业固体废物管理方面的政策措施。

第一,对工业固体废物对环境的污染作出界定,制定防治工业固体废物污染生产工艺和环境的技术政策,组织推广先进的防治工业固体废物污染环境的生产工艺和设备。

第二,组织研究公布限期淘汰产生严重污染环境的工业点固体废物的落后生产工艺、落后设备的名录。

第三,地方政府制定工业固体废物污染环境防治工作规划,推广能够减少生产工艺和设备,推动工业固体废物污染企业固体废物产生量和危害性的先进生产境防治工作。

（2）企事业单位的义务

国家对固体废物污染环境防治实行污染者依法负责的原则,这一原则要求企事业单位承担污染防治责任。

第一,建立、健全污染环境防治责任制度,采取防治工业固体废物污染环境的措施。

第二,合理选择和利用原材料、能源源和其他资源,采用先进的生产工艺和设备减少工业固体废物产生量,降低工业固体废物的危害性。

第三,生产、销售、进口或者使用淘汰的设备,或者采用淘汰的生产工艺的,由县级以上人民政府经济综合宏观调控部门责令改正情节严重的由县级以上人民政府经济综合宏观调控部门提出意见,报请同级人民政府按照国务院规定的权限决定停业或者关闭。

第四,向环境保护部门提供工业固体废物的种类产生量、流向、贮存、处置等有关资料。

第五,根据经济、技术条件对其产生的工业固体废物加以利用;对暂时不利用或者不能利用的,必须按照国务院环境保护部门的规定建设贮存设施、场所,安全分类存放,或者采取无害化处置措施。

第六,矿山企业应当采取科学的开采方法和选矿工艺,减少尾矿、矸石、废石等矿业固体废物的产生量和贮存量。尾矿、矸石、废石等矿业固体废物贮存设施停止使用后,矿山企业应当按照国家有关环境保护规定进行封场,防止造成环境污染和生态破坏。违反封场规定的,由县级以上环境保护部门责令限期改正,可处 5 万元以上 20 万元以下的罚款。

（3）企事业单位终止、变更后污染防治责任的承担

第一,产生工业固体废物的单位需要终止的,应当事先对工业固体废物的贮存、处置的设施场所采取污染防治措施,并对未处置的工业固体废物作出妥善处置。

第二,产生工业固体废物的单位发生变更的,变更后的单位应当按照国家有关环境保护的规定对未处置的工业固体废物及其贮存、处置的设施、场所进行安全处置或者采取措施保证该设施场所安全运行。在变更前,当事人对污染防治责任另有约定的,从其约定;但不得免除当事人的污染防治义务。

第三,对在《固体废物污染环境防治法》施行前已经终止的单位未处置的工业固体废物及其贮存、处置的设施、场所进行安全处置的费用,由有关人民政府承担;但是该单位享有的土地使用权依法转让的,应当由土地使用权受让人承担处置费用。当事人另有约定的,从其约定,但不得免除当事人的污染防治义务。

2. 生活垃圾

生活垃圾,是指在日常生活中或者为日常生活提供服务的活动中产生的固体废物以及法律、行政法规规定视为生活垃圾的固体废物。

《固体废物污染环境防治法》分别规定了地方政府环卫部门、垃圾处理企业以及居民等在生活垃圾排放、收集、运输、处置等环节的责任。

（1）地方政府统筹安排建设城乡生活垃圾收集、运输、处置设施,逐步建立和完善生活垃圾污染环境防治的社会服务体系。城市人民政府有关部门应当统筹规划,合理安排收购网点,促进生活垃圾的回收利用工作。

（2）环卫部门组织对城市生活垃圾进行清扫、收集、运输和处置,可以通过招标等方式选择具备条件的单位从事生活垃圾的清扫、收集、运输和处置。

（3）垃圾处理企业清扫、收集、运输、处置城市生活垃圾,防止污染环境。对城市生活垃圾应当及时清运,逐步做到分类收集和运输,并积极开展合理利用和实施无害化处置。

（4）回收利用者从生活垃圾中回收的物质必须按照国家规定的用途或者标准使用,不得用于生产可能危害人体健康的产品。

（5）垃圾产生者对城市生活垃圾应当按照环境卫生行政主管部门的规定,在指定的地点放置,不得随意倾倒、抛撒或者堆放。违反规定的,环卫部门责令停止违法行为,限期改正,处以罚款。

（6）工程施工单位及时清运、利用或者处置工程施工过程中产生的固体废物。从事公共交通运输的经营单位清扫、收集运输过程中产生的生活垃圾。违反规定的,环卫部门责

令停止违法行为,限期改正,处以罚款。从事城市新区开发、旧区改建和住宅小区开发建设的单位,以及公共设施、场所的经营管理单位配套建设生活垃圾收集设施。

3．危险废物

危险废物,是指列入国家危险废物名录或者根据国家规定的危险废物鉴别标准和鉴别方法认定的具有危险特性的固体废物。所谓危险特性,主要是指毒性、易燃性、腐蚀性、反应性、传染疾病性、放射性等。

我国对具有严重危险性质的危险废物实行严格控制和重点管理,《固体废物污染环境防治法》对危险废物的污染防治提出了较一般废物更为严格的标准和更高的技术要求。因此,关于危险废物污染环境的防治,除适用一般规定外,还需要执行下列特别规定:

（1）国家危险废物名录制

国务院环境保护部门应当会同国务院有关部门制定国家危险废物名录,规定统一的危险废物鉴别标准、鉴别方法和识别标志,对危险废物的容器和包装物

（2）危险废物识别标志制

可以及收集贮存运输、处置危险废物的设施场所,必须设置危险废物识别标志。集中处置设施、场所的建设规划,国务院环境保护部门会同国

（3）危险废物集中处置

国务院环境保护部门会同国务院经济综合宏观调控部门组织编制危险废物处置设施、场所的建设规划,报国务院批准后实施。县级以上地方人民政府应当依据危险废物集中处置设施、场所的建设规划,组织建设危险废物集中处置设施、场所。重点危险废物集中处置设施、场所役的退费用应当预提,列入投资概算或者经营成本。

（4）危险废物产生者的义务

第一,制定管理计划与申报义务。制定危险废物管理计划,并向所在地县级以上地方人民政府环境保护部门申报危险废物的种类、产生量、流向、贮存、处置等有关资料。危险废物管理计划包括减少危险废物产生量和危害性的措施以及危险废物贮存利用、处置措施;并报所在地县级以上地方人民政府环境保护部门备案。申报事项或者危险废物管理计划内容有重大改变的,应当及时申报。

第二,处置义务。产生危险废物的单位,必须按照国家有关规定处置危险废物,不得擅自倾倒堆放。对不履行处置义务的,由所在地县级以上地方人民政府环境保护部门责令限期改正;逾期不处置或者处置不符合国家有关规定的,由所在地县级以上地方人民政府环境保护部门指定单位按照国家有关规定代为处置,处置费用由产生危险废物的单位承担。违反规定,不处置其产生的危险废物又不承担依法应当承担的处置费用的,由县级以上环境保护部门责令限期改正,处代为处置费用 1 倍以上 3 倍以下的罚款。

第三,缴纳危险废物排污费义务。以填埋方式处置危险废物不符合国务院环境保护部门规定的,应当缴纳危险废物排污费。危险废物排污费用于污染环境的防治,不得挪作他用。对不按照国家规定缴纳危险废物排污费的,限期缴纳,逾期不缴纳的,处应缴纳危险废物排污费金额 1 倍以上 3 倍以下的罚款。

（5）危险废物经营者的义务

第一,从事收集、贮存、处置危险废物经营活动的单位,必须向县级以上人民政府环境保护部门申请领取经营许可证;从事利用危险废物经营活动的单位,必须向国务院环境保

护部门或者省级环境保护部门申请领取经营许可证。禁止无经营许可证或者不按照经营许可证规定从事危险废物收集、贮存、利用、处置的经营活动。对无经营许可证或者不按照经营许可证规定从事收集贮存、利用、处置危险废物经营活动的，由县级以上环境保护部门责令停止违法行为，没收违法所得，可以并处违法所得 3 倍以下的罚款。

第二，收集、贮存危险废物必须按照危险废物特性分类进行。禁止混合收集、贮存运输、处置性质不相容而未经安全性处置的危险废物。

贮存危险废物必须采取符合国家环境保护标准的防护措施，并不得超过 1 年；确需延长期限的，必须报经原批准经营许可证的环境保护部门批准。禁止将危险废物混入非危险废物中贮存。

（6）危险废物转移者的义务

第一，转移危险废物的，必须按照国家有关规定填写危险废物转移联单，并向危险废物移出地设区的市级以上地方人民政府环境保护部门提出申请。移出地设区的市级以上环境保护部门应当商经接受地设区的市级以上环境保护部门同意后，方可批准转移该危险废物。未经批准的，不得转移。转移危险废物途经移出地、接收地以外行政区域的，危险废物移出地设区的市级以上环境保护部门应当及时通知沿途经过的设区的市级以上地方人民政府环境保护部门。

第二，运输危险废物，必须采取防止污染环境的措施，并遵守国家有关危险货物运输管理的规定。禁止将危险废物与旅客在同一运输工具上载运。

（7）其他规定

第一，收集、贮存、运输、处置危险废物的场所、设施、设备和容器、包装物及其他物品转作他用时，必须经过消除污染的处理，方可使用。

第二，产生、收集、贮存、运输、利用、处置危险废物的单位，应当制定意外事故的防范措施和应急预案，并向所在地县级以上环境保护部门备案。

第三，因发生事故或者其他突发性事件，造成危险废物严重污染环境的单位，必须立即采取措施消除或者减轻对环境的污染危害，及时通报可能受到污染危害的单位和居民，并向所在地县级以上环境保护部门和有关部门报告，接受调查处理。在发生或者有证据证明可能发生危险废物严重污染环境、威胁居民生命财产安全时，县级以上环境保护部门或者其他固体废物污染环境防治工作的监督管理部门必须立即向本级人民政府和上一级人民政府有关行政主管部门报告由人民政府采取防止或者减轻危害的有效措施。有关人民政府可以根据需要责令停止导致或者可能导致环境污染事故的作业。

四、煤矿固废污染典型案例分析

2021 年 12 月，河南省委第三生态环境保护督察组督察洛阳市发现，新安煤矿排矸场自燃、超期超负荷使用、"以租代征"占用土地越界排矸等问题突出。

（一）基本情况

洛阳市新安煤矿位于新安县石寺镇石寺村。该矿于 1978 年 12 月开工建设，1988 年 12 月建成投产，井田面积 50.2531 平方公里，核定产能 180 万 t/a，目前矿井保有储量约 2.1 亿 t，可采储量约 1.2 亿 t，剩余服务年限 50 年以上。

该矿产生的固体废物主要是煤矸石，年排放量约 23.45 万 t，来源于矿井开拓掘进和原煤洗选过程,属于一般工业固体废物。该矿的排矸场位于矿区工业广场东北侧沟谷内,原设计总容量 211 万 m³,占地面积 4.5 万 m²,服务年限 15 年(1988 年—2003 年)。该矿因排矸场环境问题被群众多次举报,至今有关问题依然存在,影响周边群众生产生活。

（二）主要问题

1. 矸石山自燃问题突出

国家发展和改革委员会制定的《煤矸石综合利用管理办法》(2014 年修订版)规定,采取有效综合利用措施消纳煤矸石、消除矸石山;按照矿山生态环境保护与恢复治理技术规范等要求进行煤矸石堆场的生态保护与修复,采取有效措施防治煤矸石自燃对大气及周边环境的污染。但新安煤矿排矸场长期超负荷堆积的煤矸石度过自然潜伏期后转入自热期,导致内部易发生自燃。周边群众多次举报煤矿矸石山自燃扰民问题。督察组暗访摸排中发现多个点位有自燃现象。

2. 排矸场超期超负荷使用

截至 2021 年,新安煤矿排矸场已堆存煤矸石约 467 万 m³,为原设计总容量的 2.2 倍;占地面积约 10.47 万 m²,为原设计的 3.3 倍;设计服务年限 2003 年到期,至 2021 年已超期使用 18 年。2010 年,该项目《竣工环保验收调查报告》已提出"矸石山不能再堆放煤矸石,且永久矸石山的堆存不符合现行环保部门的要求,应考虑煤矸石的综合利用措施,尽快将现有的煤矸石消耗掉"。但该企业对此重视不够,违反《煤矸石综合利用管理办法》(2014 年修订版)第十条规定,没有采取有效措施消减矸石山,致使排矸场连续 18 年超期超负荷使用。督察进驻时,该公司仍然使用排矸场排放矸石。

3. 排矸场淋溶水与雨水形成大面积废水渗坑

暗访发现,新安煤矿未按照《一般工业固体废物贮存和填埋污染控制标准》(GB 18599—2020)和《煤炭工业污染物排放标准》(GB 20426—2006)要求对排矸场采取相应防护措施,矸石山的淋溶水与雨水无组织外排,形成废水渗坑,废水呈强酸性。

新安县政府及相关部门对该矸石山超期超负荷使用问题生态环境保护属地管理责任落实不到位。新安煤矿生态环境保护主体责任意识不强,绿色发展理念树得不牢,对排矸场存在的生态环境问题重视不够,治理措施不力,致使有关问题长期存在。

第五节　环境噪声污染防治的法律规定

一、环境噪声污染及危害

环境噪声是指在工业生产、建筑施工、交通运输和社会生活中所产生的干扰周围生活环境的声音。这是从噪声的来源上对其进行定义,不同于环境科学上的定义。这一规定明确地将自然界产生的噪声排除在法律规定之外,同时也明确了人类活动中哪些行为属于噪声的产生源。

环境噪声污染则是指所产生的环境噪声超过国家规定的环境噪声排放标准,并干扰他人正常生活、工作和学习的现象。与"环境噪声"的概念相比较,在环境噪声排放标准规定的数值以内排放的噪声可称为"环境噪声";超过环境噪声排放标准规定的数值排放噪声并产生了干扰现象的,则称为"环境噪声污染"。

从环境噪声本身的性质上来看,它是种令人感觉不愉快的声音,属于所有接受者所不需要的或使人们的心理或生理技能产生不愉快的声音,具有无形性、多发性、局限性、暂时性、危害性及不易评估性等特点。

二、环境噪声污染防治立法概况

早在 20 世纪 50 年代我国制定的《工厂安全卫生规程》中就对工厂内各种噪声源规定了防治措施。1973 年,国务院发布《关于保护和改善环境的若干规定(试行草案)》专门对工业和交通噪声的控制作出了规定。1979 年《环境保护法(试行)》对噪声污染防治进行了相关规定。

1986 年国务院制定了《民用机场管理暂行规定》,对防治民用飞机产生的噪声作出了控制性规定。1989 年,国务院公布了专门的《环境噪声污染防治条例》,为全面开展防治环境噪声污染的行政管理提供了行政法规的依据。1996 年,我国在全面总结环境噪声污染防治工作经验的基础上,制定施行了《环境噪声污染防治法》。

《中华人民共和国环境噪声污染防治法》是为防治环境噪声污染,保护和改善生活环境,保障人体健康,促进经济和社会发展,制定本法。1996 年 10 月 29 日第八届全国人民代表大会常务委员会第二十二次会议通过 ,自 1997 年 3 月 1 日起施行。

2009 年 4 月 17 日,我国开始实施修订后的《环境噪声与振动标准目录》,这一目录包括声环境质量标准、环境噪声排放标准和相关监测规范、方法标准。其中,《声环境质量标准》(GB 3096—2008)、《工业企业厂界噪声排放标准》(GB 12348—2008)、《社会生活环境噪声污染排放标准》(GB 22337—2008)均为 2008 年 8 月 19 日发布、2008 年 10 月 1 日实施的新标准。自实施之日起,《城市区域环境噪声标准》《城市区域环境噪声测量方法》等一系列共 10 个标准被废止。至此,我国的环境噪声标准形成了一套较为完整的体系。

2018 年 12 月 29 日,第十三届全国人民代表大会常务委员会第七次会议通过对《中华人民共和国环境噪声污染防治法》作出修改。2022 年 6 月 5 日起,《中华人民共和国噪声污染防治法》施行,《中华人民共和国环境噪声污染防治法》同时废止。

三、环境噪声污染防治的法律规定

(一)环境噪声污染防治的基本规定

1. 噪声污染防治的管理体制

首先,国务院环境保护行政主管部门对全国环境噪声污染防治实施统一监督管理。负责下列主要工作:第一,分别不同的功能区,制定国家声环境质量标准;第二,根据国家声环境质量标准和国家经济技术条件,制定国家环境噪声排放标准;第三,建立环境噪声监测制度,制定监测规范,并会同有关部门组织监测网络等。

其次,县级以上地方人民政府环境保护行政主管部门对本行政区域内的环境噪声污染防治实施统一监督管理。负责下列主要工作:第一,审批建设项目环境影响报告书;第二,对建设项目中环境噪声污染防治设施进行验收;第三,企事业单位拆除或者闲置环境噪声污染防治设施申报的审批;第四,对排放环境噪声的单位进行现场检查;第五,接受工业企业使用产生环境噪声污染的固定设备的申报;第六,接受城市市区范围内施工单位使用机械设备产生环境噪声的申报;第七,接受城市市区噪声敏感建筑物集中区域内商业企业使用固定设备造成环境噪声污染的申报;第八,依法对违法行为给予行政处罚等。

各级公安、交通、铁路、民航等主管部门和港务监督机构,根据各自的职责,对交通运输和社会生活噪声污染防治实施监督管理。如城市人民政府公安机关可以根据本地城市市区区域声环境保护的需要,划定禁止机动车辆行驶和禁止其使用声响装置的路段和时间,向社会公告,并进行监督管理,对违反者予以处罚等。

2. 总体规划及地方声环境功能区规划制度

在总体上,国务院和地方各级人民政府应当将环境噪声污染防治工作纳入环境保护规划,并采取有利于声环境保护的经济、技术政策和措施。

地方各级政府在制定城乡建设规划时,应当充分考虑建设项目和区域开发、改造所产生的噪声对周围生活环境的影响,统筹规划,合理安排功能区和建设布局,防止或者减轻环境噪声污染;城市规划部门在确定建设布局时,应当依据国家声环境质量标准和民用建筑隔声设计规范,合理划定建筑物与交通干线的防噪声距离,并提出相应的规划设计要求。

2008 年修订的《声环境质量标准》对功能区的划定进行了新的规定,详细规定见下文环境质量标准相关内容。同时,环境保护部发布的《2009—2010 年全国污染防治工作要点》明确提出,到 2010 年年底前要按照《声环境质量标准》完成全国城市环境噪声功能区划。

3. 环境标准制度

(1) 声环境质量标准制度

国务院环境保护行政主管部门分别不同的功能区制定国家声环境质量标准。县级以上地方人民政府根据国家声环境质量标准,划定本行政区域内各类声环境质量标准的适用区域,并进行管理。声环境质量标准是衡量区域环境是否受到环境噪声污染的客观判断标准,也是制定环境噪声排放标准的主要依据。同时,声环境质量标准还是城市规划部门划定建筑物与交通干线防噪声距离的法定标准之一。

根据 2009 年 4 月 17 日实施的《环境噪声与振动标准目录》,声环境质量标准由三个标准构成:《声环境质量标准》《机场周围飞机噪声环境标准》《城市区域环境振动标准》。目前我国执行的是 2008 年 10 月 1 日实施的《声环境质量标准》,该标准规定了五类声环境功能区的环境噪声限值及测量方法,适用于声环境质量评价与管理。这一标准是对《城市区域环境噪声标准》《城市区域环境噪声测量方法》的修订,自该标准实施之日起,原来的两项标准废止。该标准系 1982 年首次发布,1993 年第一次修订,2008 年第二次修订。

与原标准相比,修订后的新标准扩大了适用区域,将乡村地区纳入标准适用范围;将环境质量标准与测量方法标准合并为一项标准;明确了交通干线的定义,对交通干线两侧 4 类区环境噪声限值作了调整,将其细分为 4a 和 4b 两类,并相应调整了噪声等效声级;提出了声环境功能区监测和噪声敏感建筑物监测的要求。

(2) 噪声排放标准制度

国务院环境保护行政主管部门根据条件,制定国家环境噪声排放标准。目前我国的环境噪声排放标准共有 9 类,其中《工业企业厂界环境噪声排放标准》(GB 12348—2008)、《社会生活环境噪声排放标准》(GB 22337—2008)是 2008 年 10 月 1 日实施的新标准,取代原有的《工业企业厂界噪声标准》(GB 12348—1990)、《工业企业厂界噪声测量方法》(GB 12349—1990)。具体内容将结合工业噪声污染、建筑施工噪声污染、交通运输噪声污染以及社会生活噪声污染防治的法律规定在下文中分别阐述。

4. 对偶发性强烈噪声的特别规定

为防止城市范围内从事生产活动排放偶发性强烈噪声扰民,法律规定在城市范围内从事生产活动确需排放偶发性强烈噪声的,必须事先向当地公安机关提出申请,经批准后方可进行。当地公安机关应当向社会公告。

此外,《噪声污染防治法》还规定了建设项目环境影响评价制度、"三同时"制度、限期治理制度、排污收费制度,以及落后设备淘汰制度、环境监测制度、现场检查制度等。

(二)噪声污染防治的分类管理规定

1. 工业噪声污染

工业噪声,是指在工业生产活动中使用固定的设备时产生的干扰周围生活环境的声音。在城市范围内向周围生活环境排放工业噪声的,应当符合国家规定的工业企业厂界噪声排放标准。2008 年 8 月 19 日,环境保护部与国家质量监督检验检疫总局联合发布了新的《工业企业厂界环境噪声排放标准》,并于同年 10 月 1 日起实施,自实施之日废止原有的《工业企业厂界噪声标准》《工业企业厂界噪声测量方法》。这是自 1990 年制定实施以来的第一次修订,这次修订将《工业企业厂界噪声标准》和《工业企业厂界噪声测量方法》合二为一,名称改为《工业企业厂界环境噪声排放标准》,并修改了标准的适用范围、背景值修正表,补充了 0 类区噪声限值测量条件、测点位置、测点布设和测量记录,增加了部分术语和定义、室内噪声限值、背景噪声测量、测量结果和测量结果评价的内容。

在工业生产中因使用固定的设备造成环境噪声污染的工业企业,必须按照国务院环境保护行政主管部门的规定,向所在地的县级以上地方人民政府环境保护行政主管部门申报拥有的造成环境噪声污染的设备的种类、数量以及在正常作业条件下所发出的噪声值和防治环境噪声污染的设施情况,并提供防治噪声污染的技术资料。

对可能产生环境噪声污染的工业设备,由国务院有关主管部门根据声环境保护的要求和国家的经济、技术条件,逐步在依法指定的产品的国家标准、行业标准中规定噪声限值。

2. 建筑施工噪声污染

建筑施工噪声,是指在建筑施工过程中产生的干扰周围生活环境的声音。在城市市区范围内向周围生活环境排放建筑施工噪声的,应当符合国家规定的建筑施工场界排放标准。目前我国实施的标准是 1991 年《建筑施工场界环境噪声排放标准》(GB 12523—2011)。

在城市市区噪声敏感建筑物集中区域内,禁止夜间进行产生环境噪声污染的建筑施工作业。但抢修、抢险作业和因生产工艺上要求或者特殊需要必须连续作业的除外。因特殊需要必须连续作业的,必须有县级以上人民政府或者有关主管部门的证明;对于夜间作业的,还必须公告附近居民。对违反者可予以责令改正和并处罚款。

3. 交通运输噪声污染

交通运输噪声,是指机动车辆(特指汽车和摩托托车)铁路机车机动船舶、能干扰周围生活环境的声音。

(1)机动车制造、销售或进口的噪声防治规定

禁止制造销售或者进口超过规定的噪声限值的汽车。对于在城市场范围内行驶的机动车辆所使用的消声器和喇叭,也规定必须符合国家规定的要求。

(2)声响装置规定

机动车辆在城市市区范围内行驶,机动船舶在城市市区的内河航道航行,铁路机车驶经或者进入城市市区、疗养区时,必须按照规定使用声响装置;特种机动车辆在执行非紧急任务时禁止使用警报器;此外,城市公安机关可以根据本地城市市区区域声环境保护的需要,划定禁止机动车辆行驶和禁止其使用声响装置的路段和时间,并向社会公告。

(3)道路建设噪声控制规定

建设经过已有噪声敏感建筑物集中区域的高速公路、城市高架或轻轨道路,有可能造成环境噪声污染的,应当设置声屏障或者采取其他有效的控制环境噪声污染的措施;在已有的城市交通干线的两侧建设噪声敏感建筑物的,建设单位应当按照国家规定间隔一定距离,并采取减轻、避免交通噪声影响的措施。

(4)交通枢纽地区噪声控制

在车站铁路编组站港口、码头、航空港等地指挥作业时使用广播刺叭的,应当控制音量,减轻噪声对周围生活环境的影响。穿越城市居民区、文教区的铁路,因铁路机车运行造成环境噪声污染的当地城市人民政府应当组织铁路部门和其他有关部门,制定减轻环境噪声污染的规划,铁路部门和其他有关部门应当按照规划的要求采取有效措施.减轻环境噪声污染。

(5)航空器噪声控制

除起飞、降落或者依法规定的情形以外,民用航空器不得飞越城市市区上空。城市人民政府应当在航空器起飞、降落的净空周围划定限制建设噪声敏感建筑物的区域,在该区域内建设噪声敏感建筑物的,建设单位应当采取减轻,避免航空器运行时产生的噪声影响的措施。民航部门应当采取有效措施,减轻环境噪声污染。

4.社会生活噪声污染

社会生活噪声,是指人为活动所产生的除工业噪声建筑施工噪声和交通运输噪声之外的干扰周围生活环境的声音。2008年8月19日,环境保护部发布了《社会生活环境噪声排放标准》,这是我国首次发布该类标准,该标准对社会生活噪声污染源达标排放进行了义务性的规定,对营业性文化娱乐场所和商业经营活动中可能产生环境噪声污染的设备、设施规定了边界噪声排放限值和测量方法。在环境噪声排放限值方面,规定了边界噪声排放限值结构传播固定设备室内噪声排放限值两类。

(1)商业经营、营业性文化娱乐场噪声控制

在城市市区噪声敏感建筑物集中区域内,因商业经营活动中使用固定设备造成环境噪声污染的商业企业,必须按照国务院环境保护行政主管部门的规定,向所在地的县级以上地方人民政府环境保护行政主管部门申报拥有的造成环境噪声污染的设备的状况和防治环境噪声污染的设施的情况。

新建营业性文化娱乐场所的边界噪声,必须符合国家规定的环境噪声排放标准;不符合国家规定的环境噪声排放标准的,文化行政主管部门不得核发文化经营许可证,工商行政管理部门不得核发营业执照。并且,对于正在经营中的文化娱乐场所也同样要求执行该规定。

(2)饮食服务业噪声控制

我国《环境噪声污染防治法》规定,禁止在城市市区噪声敏感建筑物集中区域使用高音广播喇叭,并禁止在商业经营活动中以使用高音广播喇叭或者采用其他发出高噪声的方法来招揽顾客。在商业经营活动中使用空调器、冷却塔等可能产生环境噪声污染的设备、设施的,其经营管理者应当采取措施,使其边界噪声不超过国家规定的环境噪声排放标准。

在城市市区街道、广场、公园等公共场所组织娱乐集会等活动,使用音响器材可能产生干扰周围生活环境的过大音量的,必须遵守当地公安机关的规定。

（3）住宅楼噪声控制

住宅楼进行室内装修者应当限制作业时间,以避免对周围居民造成环境噪声污染,用家用电器乐器或者进行其他家庭室内娱乐活动时,应当控制音量声污染或者采取其他有效措施。避免对周围居民造成环境噪声污染。

四、煤矿噪声污染典型案例分析

【武隆一煤矿附近的 85 名居民状告煤矿噪声污染案】

重庆武隆区法院昨日透露,这些居民每人最终得到了精神赔偿金。法官透露,自从2007 年开始,武隆区宏能煤炭有限责任公司在工地安装了一台大型抽风机,运转时发出的噪声特别大,严重影响当地居民的生活,尤其是在晚上。附近居民苦不堪言,为此向有关部门投诉。此事引起武隆县环保局的重视。该局设了 9 个检测点,分别对这台机器的噪音进行监测。监测结果显示,其中有 8 个监测点的噪声在夜间超标。环保部门为此要求煤矿进行整改。

当地居民对以前忍受的噪声污染,要求煤矿赔偿,双方一直未能达成赔偿协议。当地85 个居民一怒之下,在 2009 年 8 月 12 日,将煤矿起诉到武隆县法院。主审法官召集双方调解,最终达成协议:煤矿按 1300 元/人的标准,赔偿精神损失费。案子是判了,可煤矿却不兑现承诺。2009 年 12 月 17 日,居民向法院申请强制执行。经过执行法官的说服,该公司负责人同意按照调解书赔偿。今年 3 月 5 日,85 位居民得到了应得的赔偿。

第七章　法律责任

第一节　法律责任概述

一、法律责任

（一）法律责任的概念

责任起源于道德规范，是自律或他律基础，属于伦理规范的重要概念。"责任"适用范围极其广泛，且最大程度影响人的行为。我国现有法学理论中，责任一词有三个方面的内涵，分别是"义务""过错和谴责""处罚和后果"。"法律责任"是责任的一种，现有法学理论将法律责任的概念概括为以下四种：

其一，法律责任即法律义务。此种观点认为法律责任是指法律规定的行为主体应当实施的行为，法律责任与法律义务同义。《布莱克法律词典》将法律责任界定"因某种行为而产生的受惩罚的义务及对引起的损害予以赔偿或用别的方法予以补偿的义务。"这种责任往往是指因地位和职务所要求的法定义务，相当于"地位责任"。"法律责任是由于侵犯法定权利或违反法定义务而引起的，由专门国家机关认定并归结于法律关系有责主体的、带有直接强制性的义务，亦即由于违反第一性法定义务而招致的第二性义务"。

其二，法律责任即违反法律之后果。此种观点认为法律责任是法律所规定的违法后果，其更体现出一种法的规定性。同时，法律责任的承担不以违反义务为前提，而直接以法律规定为条件。罗尔斯认为"说一个人受到惩罚，是指依据他所违反的法律规则而依法剥夺他作为一个公民应该享有的正常权利。他对法律的违反已经由法院的正当程序而确定，对他权利的剥夺由国家的法律权威机关来实施，他所违反的法律规则对什么行为构成违法、对该违法行为处以什么刑罚都做出了明确规定，法院严格地解释法规，而法律规则先于违法行为而存在"。

其三，从社会关系的角度界定法律责任概念。认为法律责任可划分为法律责任关系和法律责任形式。"法律责任首先表现为一种因违反法律上的义务而形成的责任关系，即主体 A 对主体 B 的责任关系；其次表现为一种责任方式，如民事责任、行政责任等责任方式。"从社会关系的角度去认识法律责任增加了法律关系的社会性，将违反义务的行为作为形成法律责任的必要前提，对法律义务和法律责任进行了区分。另外，社会关系的变化也要求法律责任的方式随之改变，以便更好地调整社会关系。从这一方面看，将法律责任的第一层含义界定为责任关系，是具有合理性的。但将法律责任定义为社会关系的存在，有其自身的不足。因社会关系内涵太广，任一法律规范都是社会关系的体现，所以不能用社会关系来区分法律责任与其他法律概念。

其四，法律责任是承担不利后果的"应当性"。即是行为人违反义务后承担不利法律后果的"应当性"。这种应当性是指"因行为人违反法律义务的行为和意愿是导致他人损害的原因所引起的、社会公认的、行为人承担不利后果（受到惩罚或赔偿损害）的应当性。"

法律责任是判定行为是否合理的一种事后标准。其是存在于人们意识中的一种观念，此种观念是由生活在一定区域内的人们所达成的共识。法律责任是一种抽象存在，并不包含具体的制裁手段或惩罚措施，仅仅是一种"有责性"。通常我们所认为的法律责任实际上是指法律责任承担方式或法律责任表现形式，这种法律责任形式又可以成为制裁手段或惩罚措施，这些是法律责任理论的内容，但并不是构成法律责任概念的要素。所以我们在定义法律责任概念性时，只包含有责性，不包含具体制裁手段或惩罚措施。

（二）法律责任的性质

法律责任的性质不完全等同于法律责任的概念，对法律责任持不同概念，对法律责任性质就会有不同看法。目前为止，有关法律责任性质主要有道义责任论、规范责任论、义务论、权利救济论、社会责任论等观点。

1. 道义责任论

该观点将责任与过错相联系，以主观过错作为衡量承担法律责任的主要标准。认为承担法律责任的实质是行为人违法行为具有道义上的可受责难性。"责"本身即含有"责备""谴责"的含义。道义责任说在人类历史上出现较早，古巴比伦王国《汉谟拉比法典》规定："如某人打开自己的沟渠以备灌溉，但因疏忽大意致使其邻居的田地被水淹没，则他应按照他的邻居的标准量出谷物。"在现代法律责任制度中，道义责任说仍被重视。如高铭暄教授认为"刑事责任方式就是对违反刑事法律义务的行为（犯罪）所引起的刑事法律后果（刑罚）的一种应有的承担。"德国刑法学者约翰内斯·韦塞尔斯认为"责任意味着就其所体现出来的行为在法律角度上值得谴思想而言的可谴责性。"道义责任说以行为人意思自由为依据，强调人应为自己的过错承担责任。反之，无过错即无责任，只要尽到注意义务，即可免责。该说满足了资产阶级发展时期需要个人发挥聪明才智以尽其所能促进经济发展之需要，故此，该说被古典哲理法学派所推崇。如康德认为："人作为一种自由的道德力量，他能够在善与恶之间做出选择，滥用自由的行为表明了行为人选择了恶，违反了道德命令。因而具有道德上的缺陷或具有道德上的应受责难性。"

2. 规范责任论

该观点认为法律责任为法律规范对行为所进行的否定性评价。其实质是若行为违反国家强制性规定，则应依据国家强制性规定承担相应不利后果。该说强调法律规范之权威，即规则至上。如实证主义法学家凯尔森认为"法律责任的概念是与法律义务相关联的概念。一个人在法律上对一定行为负责，或者他对此承担法律责任，意思就是，如果做相反的行为，他应受制裁。"哈特亦认为"当法律规则要求人们做出一定的行为或抑制一定的行为时，违法者因其行为应受到惩罚，或强迫对受害人赔偿。"我国法学界将法律责任定义为"后果说"亦源于规范责任。卓泽渊教授认为"法律责任是指由于违法行为或不属于违法行为的特定法律事实的出现而使责任主体应对国家、社会或他人承担的法律后果。"沈宗灵教授亦认为"在多数场合，法律责任的含义指的是行为人作某种事或不做某种事所应承担的后果。"规范责任说强调以法律规范为判定责任承担的标准，排除行为人行为时之道德考量，企图使法律责任承担标准客观化。

3. 义务论

该观点认为法律责任是行为人所应承担的特殊义务。"法律责任是由于侵犯法定权利或违反法定义务而引起的,由专门国家机关认定并归结于法律关系有责主体的、带有直接强制性的义务,亦即由于违反第一性法定义务而招致的第二性义务。"该说以特殊义务强调责任承担的应当性,突出责任当为性。

4. 权利救济论

该观点认为法律责任是权利受损后的救济机制。法律责任的存在是为保障行为人权利的行使。法律责任"是国家强制违法者作出一定行为或禁止其作出一定行为,从而补救受到侵害的合法权益,恢复被破坏的法律关系(社会关系)和法律秩序(社会秩序)的手段。"行为人承担法律责任的实质在于促进社会权益的保障。若无权益受损,即不用承担责任。权利救济说仅体现法律责任的目的,未能对法律责任本身定性,无法概括法律责任之内涵与特征。

5. 社会责任论

社会责任论是伴随着社会法的发展而产生的一种责任理论。这种理论认为违法行为的发生是由客观条件决定的,确定和追究法律责任是为了维护社会秩序,应该根据行为人行为环境和行为社会危害性来确定和追究法律责任。这种责任理论主要是社会进入垄断资本主义阶段,社会风险急剧增加、传统的法律责任理论不足以应对社会发展新形势之需要的情况下而出现的。这种观点认为承担法律责任的主要判断标准即是行为的"社会危害性",因此,该论具有"客观归责"的特点。其伴随着社会责任论,无过错责任、严格责任等逐渐完善。

基于上述法律责任概念和性质的理解,法律责任的本质是一种"应当性"。即法律责任是指因行为人的违反法律义务的行为和意愿而导致他人损害的原因所引起的、社会公认的、行为人承担不利后果(受到惩罚或者赔偿损害)的应当性。狭义上一个完整的法律责任概念应包含三方面内容:违反法律义务、造成损害后果、承担不利后果的应当性。其中,违反法律义务是承担不利后果的必要条件,违反法律义务必然会产生承担不利后果的应当性,违反法律义务将法律责任区别于普通责任;而造成损害后果并不是承担不利后果的必要条件,如刑事犯罪中的危险犯,行为人的行为只要有可能产生危险后果,法律并不要求该危险后果实际产生,就可以判定犯罪行为者应当承担不利后果;承担不利后果的应当性是其他社会群体对行为者行为的一种模糊的反应,这种不利后果是虚设的,其他社会群体只是对行为者的行为作出一个泛泛的评价,这种关于承担不利后果的评价纯粹是主观评价。广义法律责任理论除包含上述三个条件外,还包括具体不利后果的设定。具体不利后果设定是一种应当性判断,这种应当性主要基于损害后果。简言之,不同损害后果应当设定不同不利后果。

(三)法律责任的内容

法律责任包含两个应当性。第一个应当是一种主观判断,它连接着违反法律义务和承担不利后果,反映的是第三方的态度和认识,表达的是站在第三方立场上的模糊判断;第二个应当连接着损害和具体不利后果,主要通过一系列原则来体现,内容比较明晰和丰富;这两个应当统一在法律责任理论中。具体包括四个方面的内容:

1. 违反法律义务

违反法律义务要求行为人首先施行了一定的行为,这种行为包含着侵权行为。具体而言,将违反法律义务作为承担不利后果的必要条件的前提是:行为人对共同约定过的义务表示过同意。我们可以从两个方面来分析这一前提:

其一,行为人的行为必须违反预设义务或约定义务。"法律义务是为了防范对某些利益的侵害、由代表着社会和国家的预约性意见的法律规则在预设的条件得到实现的情况下,向实践中的法律主体提出的关于某种行为的作(或不作)的要求。"法律规则是社会群体所达成的共识,而这种共识的形成是由生活在该社会中的所有人的看法、希望所达成的协议。法律义务实际源于三人社会的协同评判和共识,人们在作出上述有关"义务"的评判之时,其本身就作出了"不违反该义务"的承诺,以及"违反该义务则要承担法律责任"的承诺。因此,这种法律责任实际上来自于三人社会的自我评判和承诺而不至于沦为"统治者对被统治者单方面规定的义务和责任"。

其二,由于行为人具有自由意志,其在作出过承担义务的承诺后,又在自由意志的指引下选择了违反义务的行为,所以其行为才是可指责的。"他预先同意法律义务,是他的自由意志预先为自己设定的一个善的准则,也是与他同在社会群体成员们共同同意的善的准则。他选择这一善,也就意味着他反对相反的行为,并将违反义务的行为视为恶。"行为人的事先选择是在其自由意志的支配下而进行的,那么其施行违反法律义务的行为也是在自由意志的支配下所进行的自主选择,所以,其他社会群体成员有充足的理由认为有自主意志的人应当为其选择行为的后果承担不利后果。其他社会群体成员的这种认识和评价,上升为国家法律后,便成为国家立法时设定法律责任的依据。

2. 造成损害后果

造成损害后果并不是判定承担不利后果的必要条件,但是若行为者行为造成明显损害后果,则其他社会群体则更容易形成判定承担不利后果的应当性。因为行为造成的损害后果,则更为直观地显现了行为者违反法律义务行为的恶的表现。所以,虽然造成损害后果不是判定法律责任成立与否的必然条件,但造成损害后果更易于社会其他群体的判定,特别是在设定具体不利后果时,造成损害后果是重要的判定标准。造成损害后果是行为人的行为表现为损他性的判定标准,而禁止损他是人类社会产生之初的基本要求。"人类文明中那些最早出现,也最严格、最基本、最后由法律形式固定下来的道德命令大都是禁令,如勿谋杀、勿奸淫、勿盗窃等,它们都旨在保护人类免受那些最严重的痛苦困扰而不是保证快乐。"这些虽然是道德律令,但其反映出禁止损他性行为是人类基本规则。法律规则作为保障人类运行秩序的主要规则,禁止损他行为是其规则主要目的。而造成损害后果则是损他的最终表现,故基于法律规则的禁止损他目的决定了如果某一行为造成损害后果,则其他社会群体成员对该行为则作出否定性评价,并要求行为者应当为其行为负责。虽然造成损害后果并不是判定"有责性"的必要条件,但在具体不利后果的设定上,也即是在对具体行为进行法律课责时,有一种应当性将损害后果与具体不利后果相连接,在二者之间形成判定标准。所以,造成损害后果一方面可使社会群体其他成员易于判定"有责性";另一方面其是社会其他群体判定如何进行"法律苟责"。

3. 承担不利后果的应当性

法律责任的含义类似于"有责性",但"有责性"不包含具体的惩罚或制裁措施。因此,社会群体其他成员在判定"有责性"时,是在判定是否应当承担不利后果这一阶段完成的。可以说,社会群体其他成员判定是否应当承担不利后果,主要是判断该行为是否"有责"。而"有责性"的判断是法律责任成立的最后阶段。首先,法律责任是指一种承担不利后果的应当性。这种应当性还不是现实性,即不是实际上已经受到惩罚。这种应当性与设定不利后果的应当性是不同的,此种层面上的应当性是指社会其他群体对违反法律义务行为的一种直接回应,是一种对违反法律义务行为的模糊判定,对于承担何种不利后果,社会群体其他人并无确切的判断。其次,这种"应当性"并非凭空而来,其关键在于三人社会的协同评判及共识。再次,三人社会之所以会对某种法律责任达成共识,其原因在于行为人行为和意愿违反了法律规定义务,并且该行为和意愿是他人利益受到损害的原因。因此,与其说义务是"法律规定的义务",倒不如说该义务是"以法律形式表现出来的三人社会共识而达成的义务"。"当一个社会法律秩序正常运转时,是因为国家的法律客观上契合于人们心中的道德律,以致社会大多数人根据心中的道德律自觉地认可、遵守国家制定的法律规则。所以,在这种情况下,人们不是出于畏惧、而是出于自愿、出于义务感而服从。"最后,作为一种法律责任,它不仅表现为三人社会的共识,也表现为"国家"对此社会共识的认可,即法律责任体现了国家强制性。

4. 设定不利后果

设定不利后果是广义法律责任理论的重要组成部分。设定不利后果也即是制裁手段的选择,而制裁手段的选择主要依据选择的基本原则。本文认为,设定不利后果的原则有以下两个原则:其一,平等对待原则。设定不利后果的根本目的在于防范行为者的行为侵害他人利益,所以若行为者的行为侵犯了他人利益,则由国家给予行为者同等的不利后果。在协议立法中,每一个在考虑设定不利后果时,主要意图在于防范他人违反约定的义务,防止他人通过违反约定义务的方式获得不正当利益。由于每个立法者又都是潜在的违反约定义务者,所以在设定不利后果时,又不可能设定过重的不利后果。所以,在明确设定不利后果的主要目的在于防范他人将来违反约定义务而侵害自己、又兼顾到将来自己一旦违反约定义务也要承受现设的不利后果的情况下,每一个协议立法人在协商设定不利后果时的最佳选择就是根据平等对待的原则进行设定。另外,行为者为避免自身遭受到同等不利后果的对待,故会尽量避免作出违反法律义务、造成他人利益受损的行为。平等对待原则要求设定行为后果不能过重或过轻。如果设定不利后果不受平等的限制或约束,这种不利后果就失去正义性、公正性。如前所述,在假定的契约立法的情况下,预设的不利后果无论是过重或过轻,参与立法的社会群体成员都不会同意。因此,在设定不利后果时,对违反法律义务者进行平等对待是一个不可违抗的设定原则,是一个基于社会群体成员的理性协议和选择的基础上的正义性原则。其二,功利主义原则。"功利主义原则主张要着眼于社会总体利益的保护、使不利后果给社会所带来的利(快乐)的总和将大于给社会带来的害(痛苦)的总和的原则来设定不利后果。"而在依据功利主义进行不利后果设定时,必须有明确的社会价值取向。很多时候,某一价值是否高于另一价值并不明晰,在价值判断标准并不明确的情况下,人们应当依据基本的道德原则进行判定。比如本书将要论述的环境价值和经济价值,如果社会选择了经济价值优于环境价值,那么在不利后果的设定上,则有利于保护追求经济价值的行为;如果社会选择了环境价值优于经济价值,则在不利后果的设定上,则其他社会群体会对损害环境的行为更易于作出否定性评价。

综上所述,法律责任设定主要依据有一是"人具有自由意志。";二是"人对共同约定义务表示同意。"同时法律责任设定要满足正义原则,法律责任设定原则源自法律责任的理论依据,具体法律责任设定要符合无义务则无责任原则;无能力则无责任原则;过错责任原则;普遍责任原则;个人责任原则。因此,法律责任将行为-义务-责任-责任方式-责任目的等几个关键词贯穿起来,以法律责任为中介,将"行为"与"责任方式"相连接。对某种违反义务的行为,之所以可以这种责任方式、而不可以那种责任方式,这主要是由设定法律责任的目的决定的。总的来看,法律责任设定之目的主要是三个——填补损害、惩罚行为、预防违法。比如,对民事侵害,则以填补损害为主要目的;对刑事违法,则以惩罚犯罪为直接目的。当然,任何一种法律责任设定的目的,总体上来看,均是为了保证法律所追求的基本价值目标——正义之实现。

二、环境法律责任

(一)环境权与环境法律义务

1. 作为纲领性权利的环境权

纲领性权利指只是宣示了国家在法律上的政治性与道德性义务,即只向国家课赋了命其今后应当通过立法和行政活动、为国民能够维持健康且文化性的最低限度生活而采取适当措施的义务。作为纲领性权利,国民个人不能依据该权利提出自己的利益要求。环境权的背景是环境问题日益严重,威胁到人类的生命、健康和财产,致使人类喊出"环境权",向政府和社会主张保护环境,提高环境质量。之所以使用权利,是人们对自身利益的重视,历史上,权利产生与人们对自身利益的确认和要求相关,并伴随着革命或运动,最终以法律所规定义务来保障公民权益。故环境权更多代表民众的一种主张和要求,"20 世纪 90 年代以后国际性环境文件都没有提到环境权,并不代表国际社会不再重视环境保护,而是国际社会上逐渐认识到仅宣传环境权并不能实质性地促进环境保护,并且国际社会已认识到环境保护之重要性,不再需要环境权唤起人类之环境保护意识。

2. 作为抽象性权利的环境权

抽象性权利又被称为积极纲领性规定。抽象性权利不具有强制性,也没有审判规范性,因而在该权利遭到侵害之时,或者在国家不履行义务之时,国民个人并不能以规定该抽象权利的条款为法律依据,直接追究国家不作为的违宪性。环境权是我们面对严重环境问题之直接和感性反映,我们原以为我们主张了对于环境的权利,他人就会主动承担相应义务,环境损害就会自动减少。事实上,环境权提出至今,虽然有利于促进世界各地环境运动及环境保护的发展,但经实践检验证明,它并未解决我们的环境问题。环境权所对应的义务不明晰,仅有权利规定,未在法律上明确其具体义务,则该权利无法获得保障。陈慈阳先生认为"基本权最主要作用乃在防卫国家不法之侵害。其次,其第二层作用乃在积极要求国家为服务或给付之行为。在此意义下,国家应以积极作为方式来满足基本权,亦即所谓给付功能或称为'收益权功能'。而此服务或给付行为含有两大类型,其一为满足人民基本生活需求,其二为促进人民精神及文化生活上之满足,于国家保护环境意义上乃为,国家应积极形成'符合人性尊严之环境'"。

3. 作为具体性权利的环境权

具体性权利是在对前两种解释论展开全面而深刻的批判中构建起来的。它以敏锐的法理分析,彻底地否定了"纲领性规定论",又从根本理念上修正了"抽象性权利论",国民依据具体性权利享有向国家请求的权利,可以请求国家在立法与其他国政上采取必要的相应的措施,以能充分保障国民的健康且文化性的最低限度生活。具体性权利相对于纲领性权利来说,其不再是政治性的、道德性的义务,即立法机关不为保障国民的最低限度生活进行相关立法,或者行政机关不采取必要的生活保障措施之时,国民可以该具体性权利为依据,追究国家不作为的法律责任。环境权的具体表现首先是即使企事业单位的行为没有造成个人的具体损害事实,只要其存在侵害或者可能危害"良好的环境"的行为,作为一项原则,国民有权提起停止侵害之诉,而且法院也应当承认公民的权利是应当受保护的;其次是大气、水、阳光、自然景观等这些东西是人类社会须臾不可缺的资源,是国民共同拥有的财富,对于它的侵害必须征得全体共有者的同意,因此,若该地区公共环境资源遭到侵害,则这一地域的居民均可依据环境权提起侵害之诉。

4. 司法上的环境权

对于环境权的国内化,立法方面,大多国家的环境立法都采纳了环境权的基本精神,环境权理论影响到各国的环境立法。在司法实践上,很多国家都尝试将环境权转化为具体的司法上可诉性权利,但都以失败告终。究其原因,首先是良好环境的不确定性,其次是环境利益与经济利益的冲突。可诉的环境权影响一国的经济发展政策,若公民可依据环境权提起诉讼,则势必要求法院控制当前的经济增长模式及当前的资源利用方式,这导致法院难以进行判决。环境权论者明确主张,应该把良好环境的保护,当成进行衡量具有第一位选择价值的原则。那些呼吁赋予环境权以救济权的学者认为,环境权的确立可以保障每个公民对受损环境行为提起诉讼,哪怕该损害事实并不实际存在。"环境权的具体表现首先是即使企事业单位的行为没有造成个人的具体损害事实,只要其存在侵害或者可能危害"良好的环境"的行为,作为一项原则,国民有权提起停止侵害之诉,而且法院也应当承认公民的权利是应当受保护的;大气、水、阳光、自然景观等这些东西是人类社会须臾不可缺的资源,是国民共同拥有的财富,对于它的侵害必须征得全体共有者的同意,因此,若该地区公共环境资源遭到侵害,则这一地域的居民均可依据环境权提起侵害之诉。"然在司法实践中,即便造成的损害事实,甚至是由受害者提起的诉讼,其所依据的环境权理论并未获得支持。环境权的核心内容在审判实践中得到承认的判例极少,在民事权利的学说上也不是一种主流观点,理由是原告依据环境权所提出的个人利益要将其解释为民法权利上的环境利益比较困难。概括说来,司法实践在侵权诉讼的判决上不以环境权为依据的理由是,第一,环境权的内容和范围不确定;第二,并没有明确法律条文规定环境权;第三,在侵权诉讼中,公民可以依据人格权受到侵害提起诉讼,没有必要再创设环境权。

5. 环境法律责任应以违反义务为基础

环境权是面对严重环境问题之直接和感性反映,理论上主张了对于环境的权利,他人就会主动承担相应义务,环境损害就会自动减少。事实上环境权提出至今,虽然其有利于促进世界各地环境运动及环境保护的发展,但经实践检验证明,它并未解决我们的环境问题。由于环境本身的特点,环境法律责任理论应是以义务为基础的理论体系,特别是设定环境法律制裁手段时,也应以法律义务为基础。依据本文的法律责任理论,我们可知所违反的义务也是一种应当性,这种应当性与承担不利后果的应当性是有差异的。我国《中华人民共和国民法通则》第124条规定:"违反国家保护环境防止污染的规定,污染环境造成他人损害的,应当依法承担民事责任。"该法条规定确立了违法性是环境责任构成的要件之一,只有违反了国家保护环境防止污染的规定,行为者才承担环境法律民事责任后果。

（二）环境侵权的特殊性

2011年7月1日实施的《中华人民共和国侵权责任法》以专章形式设立了"环境污染责任"对环境污染责任确立了污染者补偿原则。对环境法律责任具体规定为:对于排污符合标准的情况下,给他人造成损害的,排污者应当承担相应的赔偿责任。此规定明确指出只要存在危害后果,即应当承担赔偿责任,不以行为是否违法或超标为判断责任成立的依据。所以依据该法,违反法律义务并不是构成环境法律责任的必要条件。由于环境本身的特殊性,不能以违反法律义务作为判断是否承担环境法律责任的必要条件。而环境侵权的特殊性具体体现在以下方面。

（1）环境侵权行为主体的不明确性及多方参与性

环境侵权行为主体的不明确性是指,在某些环境侵权行为中,侵权人并不是显而易见的,甚至在某些环境侵权行为中我们会无法找出相应的侵权人。这主要是因为,某些环境侵权结果,是历史中长期积累而成的,我们发现其损害结果时,已距当初的损害行为甚远。而对于一般的民事侵权行为来说,侵权行为一经发生,其损害结果也随即出现。由于某些环境侵权行为和损害结果之间间隔了很长一段时间,以至于受害人在追究相应责任人的时候,往往会陷入无人可追究的尴尬境地。特别是环境侵权行为与损害结果的因果关系不明显时,更难以找寻曾经的侵权者。在环境侵权中,除侵权行为主体不明确外,环境侵权主体的另一特征是在一个环境侵权过程中存在多个侵权主体,我们将之称为行为主体的多方参与性。具体来说,行为主体的多方参与性,是指某些环境损害结果,并非某一单独侵权人凭一己之行为所促成的,而是多个侵权人在无共同侵权故意的情形下所发生的环境侵权。环境侵权事件存在多个主体的原因是环境侵权行为因果联系的非完全对应性,环境侵权事件往往是"一果多因"。尤其在环境公害之中,"一果多因"尤为明显,更有甚者,在某些环境侵权行为中,该环境损害结果是由两个及以上的侵权人,在各自行为均不违法的情况下所造成的。比如,两家企业均向同一条河流排放了符合国家标准的废水,而这两种废水在该河流中结合起来发生了化学反应,造成该河流被严重污染,损害了河流两岸人民的生命健康权益和财产权益。这种单个行为合法却因多个合法行为而造成危害的环境侵权行为在现实中也并不少见。对两个以上的排污者造成环境损害的情况,《中华人民共和国侵权责任法》规定:能确定责任人的,由确定的责任人承担,不能确定责任人的,排污承担责任的大小将根据排污量确定,对于由第三人造成的损害,受害人可以向排污者请求赔偿,也可以向第三人请求赔偿,排污者赔偿后,还可以向第三人追偿。虽然该条款规定了数人环境侵权行为如何承担环境责任,并规定了第三人和排污者的连带责任,这种规定固然有利于保护受害人。但也有其他问题需要解决:"受害人需要分别向各个加害人提起赔偿请求,使得受害人权益难以得到实现。对于加害人来说,其排放对于损害的贡献是多方面的,不仅是种类和排放量的问题,同时亦可能受到工厂位置、风向等因素影响;单独责任可能造成加害人之间责任分配的不公平,不利于加害人积极采取措施防止损害的扩大。对于法院来说,则造成因果关系和责任划分增多的负担,造成司法资源的浪费。因而,该条的适用应当予以限缩,作为当事人承担连带责任后的内部依据划分。"

（2）行为人主观上不一定具有过错

某些环境侵权行为，行为人主观上并不一定具有过错，甚至其行为本身不一定违法，更有甚者是为现有法律或政策所鼓励的行为。一般侵权行为归责原则以过失责任为基础，其强调如果不是因行为者的主观过失所造成的损失，则行为者不必承担责任后果。过失责任原则保障了私法自治下的个人自由活动，培养了现代社会的个人责任观念。然因环境侵权行为者在主观上不具有过失，却仍然造成了较为严重的危害后果。所以在设定环境法律责任时，应考虑多种责任归责原则，特别是无过失责任原则的使用。正如陈慈阳先生所言："支持无过失责任主义之社会经济因素：一为意外灾害之扩散性与严重性；二为填补损害之必要。前者以公害为例，公害问题的严重性不能忽视，环境损害之严重性，常常并非一世可以解决，其被害人须世代居住，其下一代有相同之问题，并非少数。后者，损害之危险如分配于受害人，因其为危险行为而获有利益，不符合公平正义及损益同归之原则，又其损害系因污染源造成危险存在为前提，故有必要填补。"虽然环境侵权行为者本身并不存在过失，但因为环境危害后果严重且依据风险分配的公平正义原则，我们在设定环境法律责任时，应考虑环境破坏的特殊性，从整体社会利益考虑，为防止环境侵权行为的扩大化，本着公平正义原则，扩大无过失责任原则在环境侵权行为责任中的适用范围。

（3）造成损害后果的合法行为

环境侵权行为主体涉及到多个企业排放的各自符合国家标准的废水结合在一起，就造成了较为严重的环境损害结果。这种情况说明，并不是只有违法行为才会导致环境损害，有些侵权行为本身并不违法，但损害结果却又是切切实实地存在着的。这也是因为在有些环境破坏行为中，环境侵权行为与环境危害结果之间并不具有直接因果关系，其往往需要以环境要素为纽带。另一合法行为造成环境危害后果的原因，是由于环境问题往往受科技发展制约所致。由于科技发展水平较低，还不能发现现在所鼓励的某一产品或技术所潜藏的对于环境的危害，在现有科学发展水平之下，很多实际上可能会导致环境破坏及侵害人类利益的行为，由于其危害性尚未被发现，导致我们只看到其现实效用，从而使该技术或产品获得广泛的使用，甚至被社会所鼓励使用。因此，环境侵权行为与一般侵权行为存在着较大差异。故我们在设定环境法律责任时，不能拘泥于传统的侵权责任理论，应考虑环境侵权的特殊性。

（4）环境损害后果的严重性、长期性、滞后性

环境侵权行为所造成的损害后果，具有以下两个明显的特征：其一，环境侵权行为所造成的损害后果往往是社会性的，所涉范围广，涉及整个环境污染地区。因此，环境破坏所造成的受害人的人数众多，且往往造成公共利益的损失。此外，对于遭受环境侵权损害后果的个人来说，其所受损害往往也是严重的。环境侵权行为可能导致个人生命、健康受到不可逆的损害，因环境危害行为所致的疾病，发病时间长，且往往是现有医学所难以根治的。如此看来，因环境侵权行为所造成的社会危害性，比一般的民事侵权行为要重得多。其二，环境侵权损害后果的危害性持续较长时间，有的损害后果甚至涉及下代人、下几代人的生命健康。这是因为，环境侵权行为的直接受损对象不是人体，它往往是以对环境的侵害为媒介，先导致环境要素的破坏，进而是该地区生态系统的破坏，最终才导致对人体健康、生命甚至后代人的生存环境的侵害。环境侵害所致后果除具有间接性外，对人体健康的侵害还具有潜伏性。很多由于环境侵害所导致的疾病并不立刻暴发，一般要在几年或几十年后

才会暴露出来。环境侵权行为所造成危害后果的持续性和长期性,也会发现在环境侵权行为所造成的损害后果上,长期性和严重性往往是相结合的。同时环境侵权行为因果关系的判断,需要很多专门的科学技术知识,非一般人所能掌握,甚至非现有科技手段所能发现。由此导致环境损害后果滞后于环境损害行为。甚至会出现损害行为者已经不存在时,才发现损害后果。这种情况下,如何合理设定环境法律责任,分担环境损害后果?

(5)违反法律义务未造成损害后果

在环境行为中,有些是既违反法律义务又造成了危害后果,这种情况下的行为者理所当然要承担环境法律责任。有些环境行为并未违反法律义务,是合法的行为,但却造成了较为严重的损害后果,这种情况下,法律仍然对行为者设定了法律责任。还有一种情况,即行为者的行为并未造成损害后果,但却违反了法律义务,这种情况下如何设定环境法律责任?我们知道,环境法最重要的功能是预防损害发生。在预防原则的指导下,法律对这种仅违反法律义务未造成损害后果的行为也设定了相应的制裁手段。这种情况有些类似刑法里的"危险犯",即虽然损害后果并未发生,但是其行为已足以对社会造成危险,所以对这类行为者同样要施以制裁。在环境破坏中,很多后果的危害性是难以预测和估算的,特别是对生态造成的损害,影响深远,恢复困难。所以,对于那些虽然未造成环境损害后果但却违反了环境法律义务的行为者,我们同样应当予以制裁。

(6)对环境本身造成的损害

有一种环境侵权行为,其并未对人体造成损害,仅仅是造成环境要素本身的损害。侵权者应对其行为导致的生态损害承担修复或赔偿责任,无论是否对人体造成直接损害。

第二节　行　政　责　任

一、行政责任概述

（一）环境行政问责的概念界定

在我国现行的法律文件中,明确定义环境行政问责的有 2014 年颁布的地方规范性文件《宿迁市环境保护行政问责办法》,其在第二条中将环境保护行政问责定义为:对于有环境保护职责的责任部门和责任人,因其在落实责任中不履职、不当履职、违法履职而导致严重后果或恶劣影响而进行责任追究。在已有的有关环境问责的理论研究中,有学者认为:政府环境问责是指特定的问责主体对各级政府及其部门以及政府官员等问责对象进行的,监督环境保护责任的履行情况,并依据相关程序对不当履职的行为进行追惩的制度,以最终实现公众环境利益为目标。而对于环境行政问责也有许多不尽相同的界定,概括来讲,首先,应由法律法规对参与环境管理活动的公权力行使主体的权责进行明确;其次,由各个相关部门制定配套可行的综合评判标准,用以考核各行权主体的权责实现程度,并辅之以相应的奖惩措施;当任何一方行权主体未能按照法律法规的规定行使环境管理权时,问责的程序则被启动。环境行政问责的特殊性在于环境问题的特殊性,环境问题因其广泛性、科学的不确定性、潜在性、持久性等特性,使得环境行政问责的制度体系区别于其他行政问责制,具体表现在以下几个方面:

1. 问责主体

因环境管理体制较为复杂,环境问题关系到每个个体的切身利益,因而环境行政问责主体应该是最为广泛的主体,不仅仅包括行政系统内部的上下级,还包括单独的监察、督察机构,另外,司法系统及社会公众力量都应包括在内。

2. 问责对象

环境问题往往会涉及到很多方面,牵涉到很多职能部门,但是,不能据此认为所有的与环境问题有关的部门都是环境行政问责的对象。因为根据上述法律文件给出的界定可以看出,只有关于环境保护职责的问责才是环境行政问责。因而,环境行政问责的对象是负有履行环境保护职责的部门或行权者。

3. 问责范围

在环境行政问责中,对行使公权力者的哪些行为要承担相应责任,包括法律方面的:滥用职权、玩忽职守、不作为等行为;政治方面的:决策失误、独断专行的行为;纪律方面的:违反政纪党纪的行为;道德方面的:生活作风骄奢淫逸、好逸恶劳的问题等。

4. 问责程序

环境行政问责作为一个动态的过程,必须遵循一定法定程序,因环境行政问责涉及对象可能不在同一部门,程序相对来说会比较复杂,立案、调查、决定、执行、救济、监督等程序缺一不可,且都要细化可行,尤其是后续的监督程序,不仅要有而且还应该更加重视。

5. 担责形式

即问责启动后被问责对象所要承担的责任的形式,根据目前我国现有的法律条文的规定,主要有:法律责任,分为刑事责任、行政责任和民事责任;政治责任,包括责令停职、免职等;纪律责任,又分党纪和政纪(我国问责制中的行政问责与党的问责不做区分,只是处罚时区分党纪和政纪);道德责任,主要是针对行为人的自我评价或认知的处罚,比如责令公开道歉、诫勉等。

环境行政责任的制定目的是打击企业违法行为,更好地规范环境行政管理主体履行保护环境的职责,是环境保护法律制裁在权利与义务统一方面所追求的目标。环境行政责任作为环境行政法律体系中重要组成部分,对治理环境污染与防止生态破坏发挥着巨大保障功效。明确环境行政管理主体和环境行政管理相对人的职责与义务,有利环境保护事业的规范有序运行。同时,对新时期环境行政责任发展有规范的指导作用,更好地弥补现有环境行政责任制度的不足,从而促使新旧制度的融合,不断发展共同构建新时期环境行政责任法律体系。目前学术界对环境行政责任定义没有权威的界定,不同学者从自己研究的领域出发,形成了众多观点和理论:

第一种观点强调环境行政管理主体未规范履行环境保护的职责和义务,因而需要承担相应违法责任追究,正如学者所言:"环境行政责任是指违反环境法和国家行政法规所规定的行政义务或法律禁止的事项而应承担的法律责任"。"环境行政责任是指环境行政法律关系的主体违反环境行政法律规范或不履行环境行政法律义务所应承担的否定性后果。它以当事人违法或不履行环境行政法律义务、主观上存在故意或过失为前提。"因此,规范环境行政主体行为上的合法性要求,有利于减少行政处罚制度的实施,促进我国环境保护事业的发展。

第二种观点强调违法性与环境损害后果之间的关系。"环境行政责任是指违反了环保法,实施破坏或者污染环境的单位或个人所应承担的行政方面的法律责任。"违法行为不仅损害了自然环境同时造成一定的破坏结果发生。

第三种观点从小的方面来讲环境责任的承担,主要表现在环境行政法律方面的追责和严惩,对相关责任人进行处分惩罚。"环境行政责任仅限行政处罚,是指特定的国家行政机关对犯有一般环境违法行为、尚不够刑事处分的单位和个人追究的法律责任。即认为环境行政责任的范围仅限于行政处罚,行政责任也叫做行政处罚。"

第四种观点从大的方面来讲,"环境行政责任还包括行政处理,是指对依法追究刑事责任以外的一般违反环境保护法规者污染破坏环境的行为,由特定的国家机关对违法行为所在单位依法追究责任。即认为除行政处罚和行政处分外,还包括国家行政机关为贯彻执行环境保护法规而依法采取的强制性行政措施。"全面宏观把握环境行政责任制度有助于环境行政责任制度对一切违法行为进行全面规范的治理。

综上所述,定义环境行政责任需明确以下内容:环境行政主体是指同一环境法律关系中的双方当事人。即包括环境行政管理主体和环境行政管理相对人。环境损害责任追究是基于环境行政主体的违法行为。环境行政法律关系中环境行政管理主体不履行保护环境职责或环境行政管理相对人违反环境保护法律规定,因而承担法律严惩与责任的追究。环境行政责任是一种不同于道德约束和政治号召的举措,而是根据行为主体实施了法律禁止的事项,据此对环境行政主体的违法行为进行责任追究。因此,环境行政责任追究是一切环境行政管理主体和环境行政管理相对人因违反环境行政法律制度的规范,所应承担法律上的不利后果,包括行政处罚、行政处分、行政命令、行政强制等措施。

(二)环境行政责任的分类

依据不同的分类标准,环境行政责任可以分为两种不同的形式,两种分类没有对错之分,只是从不同角度进行归类分析。帮助规范理解和把握环境行政责任制度,更好地指导生活实践,对违法责任主体进行明确的责任追究与法律制裁。

1. 环境行政管理主体的行政责任和环境行政管理

相对人的行政责任依据履行职责的不同要求,可将环境行政责任分为两种类型。

第一,行使环境监督管理权力的各级环境行政管理主体,由于没有认真履行环境保护的监管职责,或者乱用环境保护职权,进而造成环境利益受损,应承担相应的法律责任,受到相应法律制裁。

第二,环境行政管理是指人的行为严重违反环境保护相关法律,不履行环境保护制度的规定要求,进行损害环境利益的违法活动而应承担相应的法律规制。环境行政管理相对人的责任承担方式主要有停止危害和改进技术,履行环境保护法定义务等。

2. 作为的环境行政责任和不作为的环境行政责任

根据违法行为的种类不同,可以将环境行政责任分为作为和不作为两种形式。

作为环境行政责任是指环境行政管理主体不当实施其手中的权力,对环境行政管理相对人造成权益损失,或者滥用职权对环境带来巨大的负面影响;环境行政管理相对人不合理地利用法律赋予其资源开发权利,对资源造成严重的破坏和浪费,或者为了逃避法律的制裁而进行一系列规避行为。

不作为环境行政责任是指环境行政管理主体明知应当履行环境管理责任而不履行或疏忽行使管理环境职责,从而导致环境污染和生态破坏,进而承担相应的法律制裁;环境行政管理相对人的不作为主要表现在不履行环境保护法定义务或者消极行使自己的社会职责。

3. 环境行政责任的归责原则

环境行政责任归责原则实质是对损害环境利益行为主体进行法律上的行政制裁,根据环境损害的程度和适用对象,来确定行为人对危害后果的责任承担。过错分为故意和过失二种。过错责任不能一概而论,相对于环境行政管理主体来说,只有事实违背环境行政法律规定,才应受到法律制裁,不过问其思想是否有错误认识。对环境行政管理相对人而言,其环境行政责任倾向于教育规范,所以要求环境行政管理相对人具有主观上对自身错误认识。然而,在行政事务执法中,为了保障行政法律执法功效,当环境行政管理相对人发生危害环境的事实行为,就认定其具有故意目的,环境行政管理相对人若对这种认定不服,必须进行合理的证明。由于环境立法中没有明确过错证明规定,因此,主要围绕在一些单性法中进行理解:一是环境行政管理相对人的行为违反法律规定是对侵害对象承担法律责任的前提,二是环境法律责任的无过错标准,在大多数责任追究案例中,责任承担者有损害环境事实,在认识上存在故意心态,这些是行为人承担法律制裁的条件所在,应采用行为人有危害事实来作为认定标准。但在客观环境中,违法行为的差异性使得环境法必须遵循客观事实标准和预防原则。环境责任的落实与相应依据的寻找十分困难,主观认识上的错误证明更加困难,一味强调企业对环境危害有故意行为的论证,使得环境行政责任追究,以及错误事实认定和相应责任承担方面存在许多不足之处。

4. 环境行政责任的形式

(1) 环境行政管理相对人的环境行政责任

环境行政管理相对人由于实施了违法排污和不合理生产的行为,对环境与生态造成极大污染破坏,必须承担环境法律上的制裁。具体形式有赔礼道歉、停止危害、减少损失、实行法律规定保护环境的义务。环境行政管理相对人责任承担的方式有:停止违法行为,改进技术提高生产效率,减少对环境的污染与破坏,担当起发展经济的同时更加注重保护环境的重任,履行好服务群众,奉献社会的职业理念与职责要求。环境领域内的行政法律要求不同于一般民事法律规定中的责任要求,环境问题的产生往往具有不可逆性和治理恢复困难性、影响广泛性等特点。所以,环境行政责任制度对环境行政管理相对人的制裁相对严厉,但处罚不是目的而是手段,为了更好地让违法企业改过自新,减少违法行为的发生,同时对环境行政管理相对人的思想观念转变也有指导意义,对其他企业有警示告诫作用。

(2) 环境行政管理主体的环境行政责任

环境行政管理主体在履行环境保护职责时没有行使环境监管或者不规范地行使环境法律制度,需承担法律责任上的行政处罚和行政处分。当然,行政授权组织和履行环境保护组织的职责也在环境行政责任规制的范围之内。其中,环境行政管理主体承担的处罚方式有行政责任追究和行政问责。授权组织的处罚方式有责令改正违法管理措施,补偿违法行为带来的不良后果和行政违法行为的问责机制。环境行政管理主体实现处罚的途径主要有行政追责,环境行政管理相对人向上级机关进行控诉或向人民法院提起的行政诉讼,相关职能部门应依据其违法事实,按照国家相关法律规定给予相应处分。在行政处分的种类和程序上都有严格的规定与执行标准,比如环境行政管理相对人提起的行政复议,环境管理主体对复议结果不满意的情况下,为了自己利益提起环境诉讼,由人民法院就其做出的具体行政行为是否正确合法进行最终裁判,以追求公平合理的结果。然而,环境案件的诉讼尤其是行政行为的合法性审查,不同于民事案件审理和刑事案件审理,环境行政诉讼案件的双方当事人一般是确定的;其内容是解决行政争议;审理案件的焦点在于环境执法人员做出的处罚决定是否符合法律规定。环境行政案件的作用在于及时公平正义地解决环境行政管理主体和环境行政管理相对人在具体行政行为上的分歧,促进双方合法权利的维护和实现,对环境行政管理主体的权力有监督控制的作用。这些方面都对我国现阶段环境法律责任制度的发展完善具有指导作用,而且对于法律体系的构建也有着深远的影响。

二、环境行政处罚

(一) 环境行政处罚的定义和特征

环境行政处罚是指环境保护行政机关依照环境保护法规,对犯有一般环境违法行为的个人或组织作出的具体行政制裁措施。其直接结果是确定环境行政责任,包括罚款、责令停产等多种具体形式,广泛适用于不同的环境违法行为。根据中国环境保护法律法规的规定,环境违法的行政处罚只能由依法行使环境保护监督管理权的行政机关,按法定程序作出并付诸执行。被处罚的个人或组织如果不服,有权提起行政复议或行政诉讼。

环境行政处罚具有如下主要特征:

行政处罚的主体是县级以上环境行政主管部门,其他依照法律规定行使环境监督管理权的行政部门,以及县级以上人民政府。根据我国《环境保护法》和国家生态环境部发布的《环境保护行政处罚办法》的规定,环境行政处罚由以下主体实施:① 县级以上人民政府及环境行政主管部门或者其他依照法律规定行使环境监督管理权的部门(以下简称环境行政机关)。县级以上环境行政主管部门的法治工作机构,统一管理本部门的环境行政处罚工作。② 环境行政主管部门可以在其法定职权范围内委托环境监理机构实施行政处罚。受委托的环境监理机构在委托范围内,以委托其处罚的环境行政主管部门的名义实施行政处罚。委托处罚的环境行政主管部门负责监督受委托的环境监理机构实施行政处罚的行为,并对相应处罚行为的后果承担法律责任。③ 地方各级环境行政主管部门实施罚款处罚的权限,适用如下规定:县级人民政府环境行政主管部门可处以 1 万元以下的罚款,超过 1 万元的罚款,报上级环境行政主管部门批准。省辖市级人民政府环境行政主管部门可以处 5 万元以下的罚款,超过 5 万元的罚款报上级环境行政主管部门批准。省、自治区、直辖市人民政府环境行政主管部门可处 20 万元以下罚款。

行政处罚的对象是环境行政管理的相对人即实施了违反环境法律规范行为而导致污染、破坏环境或破坏了正常环境管理秩序的单位和个人。不是行政管理相对人,不能对其实施行政处罚。

行政处罚的前提是管理相对人实施了违反环境法律规范的行为,即只有环境行政管理相对人实施了违反环境法律规范的行为,才能给予行政处罚,也只有环境法律规范规定必须或可以处罚的行为才可以处罚,法无明文规定的不处罚。

(二) 环境行政处罚的原则

环境行政处罚的原则指对于设定和实施环境行政处罚具有普遍指导意义的准则。一般而言,环境行政处罚应遵循如下原则:

1. 处罚法定原则

处罚法定原则是指环境行政处罚必须依法进行。处罚法定原则意味着：① 实施处罚的主体必须是法定的环境行政主体。行政机关种类众多，不同的行政主体有不同的职权范围，不同的行政主体只能在自己的职权范围内实施处罚。② 处罚的依据是法定的。也即实施环境行政处罚必须有法律、法规、规章的明确规定，法律、法规、规章没有规定的行为不是违法行为，不受行政处罚。当然法律、法规和规章的效力等级是不一样的，它们可以设定的处罚种类和范围、幅度也是不相同的。法律可以设定各种行政处罚，行政法规可以设定除限制人身自由以外的行政处罚；地方性法规可以设定除限制人身自由和吊销企业营业执照以外的行政处罚；部门规章可以在法律、行政法规规定的给予行政处罚的行为、种类和幅度范围内作出具体规定；地方性规章可以在法律、法规规定的给予行政处罚的行为、种类、幅度范围内作出具体规定。③ 行政处罚的程序合法。处罚法定原则不仅要求实体合法，而且要求程序合法，实施环境行政处罚必须按照法律规定的步骤、方法和顺序进行。

2. 过罚相当原则

过罚相当原则要求环境相对人实施了违反行政法规范的行为，就应受到环境行政处罚，而不能逃避行政处罚；所受处罚的轻重应与其违法行为的情节、性质、事实以及社会危害程度相一致，不能避重就轻。它也要求环境行政主体只有在相对人实施了违反行政法规范的行为时，才能给予处罚，否则就不能给予处罚；所给予的处罚应与相对人违法行为的事实、性质、情节以及社会危害程度相一致。

3. 责任自负原则

责任自负原则要求违法环境行政相对人承担实施环境违法行为的行政法律责任，不能由他人代为承担。同时也要求环境行政主体只能追究违法环境行政相对人的行政法律责任，而不罚及他人。

4. 一事不再罚原则

是指环境行政主体对环境违法行为人的同一个环境违法行为，不得给予两次以上罚款的行政处罚。

5. 法律救济原则

法律救济原则是指环境行政主体在对环境行政相对人实施行政处罚时，必须保证环境行政相对人有获得救济的权利，否则不得实施环境行政处罚。法律救济原则是保障环境行政处罚公正进行的有效手段。根据《行政处罚法》的规定，环境行政相对人对于环境行政主体给予的行政处罚，依法享有陈述权、申辩权，对行政处罚不服的，有权依法申请环境行政复议或提起环境行政诉讼。公民、法人或其他组织因环境行政主体违法给予环境行政处罚受到损害的，有权依法提出赔偿要求。

6. 教育和惩罚相结合的原则

环境行政主体在实施行政处罚时，不应以追究环境行政责任为唯一目的，而应坚持教育与处罚相结合，纠正违法行为，教育公民、法人或者其他组织自觉守法。

（三）环境行政处罚的法律依据

环境行政处罚作为一种侵益性的行政行为，其实施会直接导致对行政相对人财产、人身权益的剥夺或侵犯，因此，实施环境行政处罚必须有明确的法律依据。环境行政处罚的法律依据可以分为两类：

1．环境实体法依据

环境实体法指的是具体规定环境管理相对人实体权利和义务的法律规范的总称。只有当环境管理相对人违反了其应必须履行的法定义务时，环境行政处罚主体才能对其实施行政处罚。这些实体法有：《环境保护法》《大气污染防治法》《水污染防治法》《固体废物污染环境防治法》《环境噪声污染防治法》《海洋环境保护法》《土地法》《矿产资源法》《水法》《森林法》《草原法》《野生动物保护法》《野生植物保护条例》《渔业法》《自然保护区条例》等。

2．环境行政处罚的程序法依据

环境行政处罚程序法指的是具体规定环境行政处罚实施主体进行行政处罚的程序、步骤、具体要求等的法律规范的总称。环境行政处罚主体必须根据程序法规定的程序和要求对行政相对人进行行政处罚，否则行政处罚无效。这些程序法有《中华人民共和国行政处罚法》、《中华人民共和国环境保护行政处罚办法》等。

（四）环境行政处罚的种类

环境行政处罚主要包括申诫处罚、财产处罚和行为处罚三种：

1．申诫处罚

这是指环境行政主体对违法的环境行政相对人予以训诫、谴责，使其停止违法行为并避免重犯的行政处罚。申诫处罚的罚则有警告、通报批评等。警告和通报批评的共同点在于都是对违法者通过书面形式予以谴责和告诫，但是它们也有区别：通报批评造成的影响比警告大，它通过报刊或政府文件在一定范围内公开、公布，警告则只是直接下达给被处罚人；警告可以单处也可以并处，而通报批评往往单独使用。

2．财产处罚

这是指环境行政主体剥夺违反环境行政法规范的相对人的某种物质利益的行政处罚。财产处罚的罚则很多，环境行政主体运用的罚则主要是罚款。罚款是运用最为广泛的一种财产罚。法律、法规和规章都可以规定罚款这一罚则、受罚款处罚的违法行为和实施罚款处罚的行政主体。但是，规章只能规定小数额的罚款处罚；在效力等级较高的行政法规范对财产罚已经作出了规定时，除有授权外，效力等级较低的行政法规范只能就此作出执行性规定，而不能加以扩大、缩小或改变为其他处罚。

3．行为处罚

行为处罚是指环境行政主体限制和剥夺违法相对人某种行为能力或资格的处罚措施。它是我国现行的主要环境行政处罚形式，主要包括以下内容：

（1）责令重新安装或使用。环境行政主体可责令未经同意而擅自拆除或者闲置污染防治设施，排放污染物超过规定标准的环境行政相对人安装和使用污染防治设施。

（2）责令停止生产或使用。它是指环境行政主体对污染防治设施没有建成或者没有达到国家规定要求就投入生产或使用的建设项目，责令其停止生产或使用的一种行为处罚的方式。实施这种行政处罚的特定主体为批准该建设项目的环境影响报告书的环境保护行政主管部门，如果环境行政相对人有建设项目，但是没有进行污染防治设施建设，或者虽然进行了建设但没有达到国家规定的要求便投入生产或使用，环境行政主体就可以责令其停止生产或使用，不管这类违法行为是否造成了环境污染和危害。

（3）责令停业或关闭。它是指作出限期治理决定的人民政府，对逾期未完成限期治理任务的环境行政相对人，责令其不得继续生产或经营的一种环境行政处罚方式。责令停业或关闭是一种最为严重的环境行政处罚方式,被处罚的环境行政相对人的从业资格将不复存在,不能再从事原先的生产经营项目。根据我国《环境保护法》规定,作出责令停业、关闭的主体是作出限期治理决定的人民政府;中央直接管辖的企业、事业单位若责令其停业、关闭,须报国务院批准;其实施的对象是经人民政府决定限期治理而逾期未完成治理任务的环境行政相对人。

（4）责令限期治理。如根据《海洋环境保护法》规定,海洋环境保护行政主管部门对在我国海域航行时污染损害海洋环境的船舶,有权强制其在一定期限内完成治理任务。行政相对人对海洋环境保护行政主管部门的限期治理决定不服,可以在收到处罚通知书之日起15日内申请复议或者直接向人民法院提起环境行政诉讼。

（5）责令支付消除污染费用和责令赔偿国家损失。这两种处罚方式是适用于海洋环境保护领域的特殊处罚方式,它们被具体规定在《海洋环境保护法》中。海洋环境保护行政主管部门对造成海洋污染损害而使环境质量下降的单位,可以强制其支付恢复环境质量的费用。如果受害者无力从事恢复环境质量的工作,可以支付费用给他人从事此项恢复工作。海洋环境保护行政主管部门对污染海洋环境并造成损失的船舶可以强制其赔偿国家损失。

（五）环境行政处罚适用的概念及条件

环境行政处罚适用是对行政法律规范规定的行政处罚的具体运用,也即是环境行政主体在认定行政相对人行为违法的基础上,依法决定对行政相对人是否给予行政处罚和如何给予行政处罚,它是将行政法律规范规定的行政处罚的原则、形式、具体方法等运用到各种具体违法案件的活动中。

环境行政处罚适用应具备下列条件:

其一,环境行政处罚适用的前提条件,是作为环境管理相对人的公民、法人或其他组织的环境行政违法行为的客观存在。

其二,环境行政处罚的主体条件,即处罚必须由享有法定的行政处罚权的适合主体实施。

其三,环境行政处罚适用的对象条件,是存在违反环境行政法律规范的相对人,且该违法相对人须具备相应的法定责任能力。

其四,环境行政处罚适用的时效条件,是对违法相对人实施行政处罚,还需其违法行为未超过追究时效,超过法定追责时效的,不得对违法者适用行政处罚。《行政处罚法》规定:违法行为在2年内未被发现的,不再给予行政处罚。法律另有规定的除外。据此,我国行政处罚责任的一般追究时效为2年,其他法律可以规定特别追责时效。例如《治安管理处罚条例》规定的时效为6个月。根据法律规定,时效从违法行为发生之日起计算;违法行为有连续或继续状态的,从行为终了之日起计算。

（六）环境行政处罚的适用方法

环境行政处罚的适用方法是将行政处罚运用于各种环境行政违法案件和违法者的各种方式或方法,也即是环境行政处罚的裁量方法。环境行政主体在适用行政处罚过程中,应区别各种不同情况,采用不同的处罚方法。

1. 不予处罚与免予处罚

不予处罚是指因有法律、法规所规定的事由存在,行政主体对某些形式上虽然违法但

实质上不应承担违法责任的相对人,不适用行政处罚。一般地说,不予处罚的情节主要有:

① 行为人不具有法定责任能力的。不具有法定责任能力的人包括不满14周岁的未成年人和不能辨认或者不能控制自己行为的精神病人;

② 行为人由于生理缺陷的原因而致违法的,不予处罚。例如《治安管理处罚条例》规定:又聋又哑的人或者盲人,由于生理缺陷的原因而违反治安管理的,不予处罚。

③ 行为属正当防卫或紧急避险的;

④ 因不可抗力或意外事故而致违法的;

⑤ 违法行为已超过追诉时效的;

⑥ 违法行为轻微并及时纠正,没有造成危害结果的。

免予处罚是指行政主体依照法律、法规的规定,考虑有法定的特殊情况存在,对本应处罚的违法相对人免除其处罚。免予处罚的法定情节主要有:

① 行为人的违法行为是因行政公务人员的过错造成的;

② 因国家法律、法规和政策影响及其他因素造成的。

2. "应当"处罚与"可以"处罚

"应当"处罚,是指必然发生对违法者适用行政处罚或从轻、从重等的结果。在"应当"处罚情形中,具体包括三个方面:一是应当对违法者适用行政处罚;二是应当从轻、减轻或免予处罚;三是应当从重处罚。

"可以"处罚,是指对违法者或产生行政处罚适用的结果。也即,可以予以行政处罚,也可以不予行政处罚,或者可以从轻、从重处罚,也可以不予从轻、从重处罚。但行政主体在行使这种自由裁量权时必须要建立在正当考虑的基础之上,根据违法行为的性质、各种情节等综合作出裁量,否则即是滥用自由裁量权。从现行法律、法规的规范来看,"可以"处罚具体表现在下列三个方面:一是在处罚与不处罚间予以选择;二是在处罚幅度内予以选择,即在是否从轻或从重上予以选择;三是在处罚方式上进行选择。

3. 从轻、减轻处罚与从重处罚

从轻处罚是指行政主体在法定的处罚方式和处罚幅度内,对行政违法行为人选择适用较轻的方式和幅度较低的处罚。减轻处罚是指行政主体对违法相对人在法定的处罚幅度最低限以下适用行政处罚。

从轻、减轻处罚的适用情形主要有:

① 已满14周岁不满18周岁的人有违法行为的;

② 行为人主动消除或者减轻违法行为危害后果的;

③ 受他人胁迫有违法行为的;

④ 配合行政机关查处违法行为有立功表现的;

⑤ 其他依法从轻或者减轻行政处罚的。

从重处罚是指行政主体在法定的处罚方式和幅度内,对违法相对人在数种处罚方式中适用较严厉的处罚方式,或者在某一处罚方式允许的幅度内适用接近于上限或上限的处罚。违法者有下列情形之一的,可以适用从重处罚:

① 行为造成较严重后果的;

② 胁迫、诱骗他人或者教唆不满18岁的人违法的;

③ 对检举人、证人打击报复的;

④ 行为人多次违法不改的。

4. 单处与并处

单处是指行政主体对违法相对人仅适用一种处罚方式。它是处罚适用的最简单的形式,单处可以是对法定的任何一种行政处罚方式的单独适用。

并处是指行政主体对相对方的某一违法行为依法同时适用两种或两种以上的行政处罚形式。并处必须在具备法定的条件下才能采用,不仅要有法律、法规明确规定,而且还须具备法定情节,否则不能采用并处。根据有关环境法律的规定,环境行政处罚中的并处包括:"可以"并处与"应当"并处两种情形。规定"可以"并处的,可参见《环境保护法》《环境噪声污染防治法》等相关规定。规定"应当"并处的,可参见《环境保护法》《野生动物保护法》等相关规定。

（七）环境行政处罚的程序

环境行政处罚的程序指环境行政主体对破坏或者污染环境的违法相对人实施行政处罚的步骤、过程和方式的总称。根据《行政处罚法》等相关法律的规定,环境行政处罚的程序包括处罚决定程序和处罚执行程序,其中决定程序又可分为简易程序、一般程序和听证程序。

1. 环境行政处罚的决定程序

（1）决定程序共同适用的原则

《行政处罚法》规定了决定程序的共同原则。这些原则在简易程序、一般程序和听证程序中都必须遵循,具体包括:

① 只有查明事实后,才能给予处罚。

② 行政主体有告知义务。即行政主体在作出处罚决定之前,应当告知当事人作出处罚决定的事实、理由及依据,并告知当事人依法享有的权利。

③ 当事人享有陈述权和申辩权。行政主体必须充分听取当事人的意见,并不得因当事人申辩而加重处罚。

（2）简易程序

简易程序又称当场处罚程序,是指在具备法定条件的情况下,由环境行政执法人员当场作出行政处罚的决定,并且当场决定执行的步骤、方式、时限、形式等的过程。简易程序的设置是提高行政效率的一个重要手段。根据《行政处罚法》的规定,在环境行政处罚中适用简易程序必须同时具备以下三个条件:

① 违法事实确凿。它具有两层含义:一是有证据证明环境行政违法事实存在;二是证明违法事实的证据应当充分。

② 有法定依据。在事实确凿的情况下,该违法行为必须是法律明确规定应予处罚的行为;适用简易程序还必须符合法律规定的其他条件,如罚款限额等。

③ 罚款数额较小或者是警告处罚。小额罚款限额为对公民处以 50 元以下罚款,对法人或其他组织处以 1 000 元以下的罚款。

环境行政执法人员在适用简易程序时,必须遵循下列步骤:

① 表明身份。即执法人员应出示环境监理执法证,佩戴环境监理证章,表明合法的执法主体身份。

② 说明理由。环境行政执法人员应当向当事人说明处罚理由及法律依据。

③ 给予当事人陈述和申辩的机会。当事人可以口头申辩,环境执法人员要予以正确、

全面地口头答辩。

④ 制作行政处罚决定书。环境行政执法人员当场作出行政处罚决定的,应当填写编有号码的行政处罚决定书。处罚决定书应当说明当事人的违法行为、行政处罚的依据、处罚的种类或罚款数额、违法行为发生的时间和地点、环境行政机关的名称以及执法人员签名或盖章。

⑤ 送达。环境行政执法人员按照法定格式要求填写完毕处罚决定书后,应当场交付当事人。

⑥ 备案。由有关环境行政执法人员上交处罚决定书的存根或副本,或者在所属机关就处罚基本事项进行登记。登记的主要内容应包括:被处罚人的姓名、单位、违法行为、行政处罚种类或罚款数额、处罚的时间和地点以及执法人员的姓名等。

(3) 一般程序

一般程序,又称普通程序,它是环境执法主体作出处罚决定所应经过的正常的基本程序。这种程序手续相对严格、完整,适用最为广泛。其主要步骤如下:

① 立案。立案是指环境行政主体对于公民、法人或者其他组织的控告检举材料和自己发现的违法行为,认为需要给予环境行政违法人行政处罚,并决定进行调查处理的活动。立案应当填写专门形式的《立案报告表》,立案后应指派承办人员负责案件的调查工作。

② 调查取证。调查取证是案件承办人员对于案件事实进行调查核实、收集证据的过程。

根据《行政处罚法》的规定,环境行政主体在调查或者依法进行检查时,执法人员不得少于两人,并应向当事人或有关人员出示证件。环境执法人员与当事人有直接利害关系的,应当回避。环境执法人员应全面、客观、公正地调查、收集有关证据,并可以采取抽样取证的方法;在证据可能灭失或者以后难以取得的情况下,经行政机关负责人批准,可以先行登记保存,并在 7 日内及时作出处理决定。

③ 审查调查结果。调查终结后,案件承办人员应提出有关事实结论和处理结论的书面意见,由环境行政主体负责人审查批准。对情节复杂或者有重大违法行为的,需要给予较重的行政处罚,环境行政部门的负责人应当集体讨论决定。在决定作出之前应依法向当事人履行告知义务,并听取当事人的陈述和申辩。

④ 制作行政处罚决定书。对于决定给予行政处罚的,环境行政部门必须制作符合法律规定的《行政处罚决定书》,该决定书应说明下列事项:当事人的姓名或者名称、地址;违反法律、法规或者规章的事实和证据;行政处罚的种类和依据;行政处罚的履行方式和期限;不服行政处罚决定,申请行政复议或者提起行政诉讼的期限;作出行政处罚决定的环境保护监督管理部门的名称和作出决定的日期。最后,处罚决定书必须盖有作出处罚决定的行政机关的印章。

⑤ 处罚决定书的送达。行政处罚决定书制作后,应当在宣告后当场交付当事人;当事人不在场的,环境执法部门应当在 7 日内依照民事诉讼法的有关规定,根据案件具体情况以直接送达、留置送达、转交送达、委托送达、邮寄送达或公告送达等方式送达当事人。

(4) 听证程序

听证程序是一般程序中的特别程序,它是行政处罚中最严格的程序之一。《行政处罚法》设立听证程序的目的,是为了加强行政处罚活动的民主化、公开化,以保证行政处罚的公正性、合理性,以此保护公民、法人和其他组织的合法权益。

根据《行政处罚法》规定,听证程序主要适用于下列几种行政处罚:

① 责令停产停业的处罚;

② 吊销许可证或执照的处罚;

③ 较大数额罚款的处罚,例如依《环境保护行政处罚办法》规定,应当适用听证程序的较大数额罚款,是指对个人处以 5 000 元以上罚款,对法人或者其他组织处以 50 000 元以上的罚款。

根据《行政处罚法》六十四条的规定,环境行政处罚中的听证应依照以下程序进行:

① 当事人要求听证的,应当在行政机关告知后五日内提出;

② 行政机关应当在听证的七日前,通知当事人举行听证的时间、地点;

③ 除涉及国家秘密、商业秘密或者个人隐私外,听证应公开举行;

④ 听证由行政机关指定的非本案调查人员主持;当事人认为主持人与本案有直接利害关系的,有权申请回避;

⑤ 当事人可以亲自参加听证,也可以委托 1 至 2 人代理;

⑥ 举行听证时,调查人员提出当事人违法的事实、证据和行政处罚建议;当事人进行申辩和质证;

⑦ 听证应当制作笔录;笔录应当交当事人审核无误后签字或者盖章。

经听证后,环境行政部门根据听证的情况及听证笔录,作出是否对当事人予以处罚及给予何种处罚的最后决定。

2. 环境行政处罚的执行程序

执行程序,是指环境行政主体对受罚人执行行政处罚决定的过程。环境行政处罚决定依法作出后,当事人应当在行政处罚决定的期限内予以履行。当事人如果对行政处罚决定不服申请行政复议或者提起行政诉讼的,在复议和诉讼期间,行政处罚决定继续执行,法律另有规定的除外。当事人逾期不履行行政处罚决定的,作出行政处罚决定的环境行政主体可以采取下列措施:

① 到期不缴纳罚款的,每日按罚款数额的 3% 加处罚款;

② 据法律规定,将查封、扣押的财物拍卖或者将冻结的存款划拨用以抵缴罚款;

③ 请人民法院强制执行。

三、行政命令

(一) 行政命令定义和特征

我国行政命令的概念存在通俗用法与行政法专门用法的区别。通俗意义上的行政命令:泛指政府的一切决定或措施,主要指抽象行政行为,即各级行政机关在职权范围内发布的具有普遍约束力的非立法性规范。它是抽象行政行为中排除行政立法后的剩余部分,如政府发布的通告、决定等。行政法意义上的行政命令:指行政主体依法要求行政相对人为或不为一定行为的意思表示,属于具体行政行为的一种形式,如责令改正、禁止令等。二者的关系类似于抽象行政行为与具体行政行为的区分,同时也涉及法律行为与事实行为的界定,因而在规范适用和救济途径上存在差异。

行政命令具有下列特征：

1. 行政命令的主体是行政主体

行政命令体现国家的意志，是国家命令之一，由行政主体作出，行政命令应与权力机关、司法机关的命令区别开来。人民法院作出的支付令、查封令等虽然也具有行政命令的其他特征，但是由于其主体是司法机关而不是行政主体，因而不属于行政命令。全国人大授予国务院或地方人大制定法律文件的授权令，尽管具有命令的形式，但因其主体是权力机关，因此也不是行政命令。同时由于其是由行政主体作出的，使其与企事业单位有严格区别。企事业单位的命令甚至根本不属于国家命令的范畴，不具有强制执行力，与行政命令差别更远。

2. 职权性

行政命令是行政主体行使职权的单方行政行为，不是应申请的行政行为，具有主动性、单方意志性。行政主体在作出行政命令前，不需要同相对人协商，也无须征得他们的同意。行政命令行为是行政主体在执法中主观能动作出的行为，充分体现了行政主体的自主性和主动性。

3. 行政命令具有指令性

行政命令的指令性意指行政主体积极主动地进行行政管理意思的对外表达，与一般行政行为注重法律的效果不同，意思表示是行政命令的基本构成要件，而默示的、以不作为传达意思表示内容的往往均不构成行政命令。① 行政命令不仅表达行政主体的意志，而且为行政相对人指示行为方式，设定行为规则，制定行为标准。② 行政命令表现为要求相对人作为或不作为一定行为，但这种规则是具体的规则，是针对特定事项、特定人的规则。

4. 强制性-合作性

行政命令指明行为人行为的标准、内容、要求、程度、期限、范围，大都具有硬性、不容协商的特征。行政命令为相对人规定了具体的作为或者不作为的义务，相对人违反命令性行为的，行政机关有权给予制裁，包括行政处分、行政处罚或者强制执行。强制性体现在两个方面：一是行政命令本身具有强制性。行政命令一经作出即被推定为合法，非经相关权力机关依照法定程序予以撤销，相对人必须执行。另一方面，相对人不履行行政命令时，行政主体将以一种强制手段作保障，导致行政处罚或者行政主体强制执行。行政命令行为往往与行政处罚或者行政强制执行行为相伴随，行政命令的效果如何，很大程度上取决于相对人的配合程度。当代行政法倡导相对人主体地位和行政合作，责令纠正兼具强制与合作两种因素，即在以强制作为保障基础的前提下，尽量期待相对人合作，从而减轻执法成本。

5. 补救性

行政命令的补救性体现在以下三个方面：一是将行政程序或行政法调整的对象恢复到违法行为侵害之前的状态；二是使受到侵害的国家利益、公共利益或者个人权利得到补救；三是纠正相对人的违法行为，制止危害后果的扩大，以便减轻处理违法后果的难度。

6. 义务性、限权性

从内容来看，行政命令具有明显的限权性。行政命令是行政主体在具体的行政管理过程中为相对人设置具体行为规则的行为。要求相对人根据行政主体的要求和指示作为或者不作为的行为内容，实质是为相对人设置具体的行为义务以限制相对人权利的行使，而不是赋予相对人某种权利。因此，可以说行政命令是对相对人权利的限制。

（二）行政命令的分类

行政命令种类繁多，依据不同标准可以作出不同分类：

以作出行政命令的具体依据为标准，行政命令可以区分依据法律明文规定作出的行政命令和依宪法、组织法赋予的职权作出的行政命令。对行政命令的权力基础进行分析，可以知道，行政命令有依据法律、法规作出的，也有在缺少法律明文规定的情况下，直接根据行政职权的要求作出的。行政命令是行政机关依法或者依职权作出，即行政机关可以根据具体的法律条文作出，也可以依据本身固有的行政管理职权作出。实践中大量的行政命令不是依据具体的法律条文作出的，而是由行政主体依据其职权作出的，是指法律没有明文规定、由行政机关依据固有职权作出。这决定了行政命令是维护公共秩序、实现行政管理目标、直接实现行政目的的有效手段。

以行政命令所规定的内容为标准，行政命令可以分为作为令、禁令和服从义务。作为令是指行政主体向相对人发出的要求其必须行为的行政命令，而禁令则是行政主体发出的，要求行为人不得作为的行为。履行不作为义务的行政命令，表现为相对人的某些行为受到限制或禁止。按照作为令和禁令的内容再详细划分，作为令包括要求相对人按照法律规定作为和按照命令者的要求作为。而要求相对人不作为的命令即禁令，包括禁止相对人作为和限制相对人作为。禁令要求相对人承担的不作为义务是指相对人承担的在某种情况下，负有不得从事某项活动或不得实施某种行为的义务。

以行为的指示方向为标准，行政命令可以区分为单向行政命令和双向行政命令。①单向的行政命令是指行政主体向相对人发出的命令，其只作为一定行为或只命令其不作为一定行为的行政命令。即单向行政命令向同一相对人发出的要么是禁令要么是履行令，其只为相对人指明朝一个方向履行义务的行政命令。双向行政命令是行政主体发出的，要求相对人既作为一定行为又不作为一定行为的行政命令行为。即双向行政命令既可以相对人不作为义务，同时又可以其作为义务的行政命令行为。双向行政命令行为具有告诫违法者，制止、纠正相对人行政违法行为同时补救行政违法造成的损害的功能。对相对人来说，双向行政行为要求其履行的义务更为繁重，执行难度更大。

以行政命令的履行时间来区分，可以分为即时履行行政命令与限期履行行政命令。即时履行行政命令是指行政主体作出行政命令后，相对人应该立刻履行的行政命令。限期履行行政命令是指行政主体在行政命令中规定相对人履行义务的期限，相对人只需在该期限内履行义务即可，无须立即履行。

（三）行政命令的性质

行政命令的本质是行政主体依职权作出的具体行政行为。一般而言，具体行政行为要符合下列构成要件：行为主体享有行政职权、具有行政主体资格行为，主体有行使行政职权的行为，产生了法律效果行为，已经作出并为相对人知晓。

具体行政行为具有下列特征：a. 对象的特定性。具体行政行为是以特定的行政相对人或特定事项为对象而作出的行政行为，即它针对的是具体的人或事；b. 效力的一次性和已然性。具体行政行为不具有普遍的、持续的效力，它针对的是特定的人或事，其效力是一次性的，即便是对于以后将要发生的同类行为或事件也不能反复适用，必须再一次重新作出新的具体行政行为，同时在时间效力上，它只对当时或过去的行为或事有效，对以后发生的事不具有约束力；c.法律效果的直接性。具体行政行为能直接产生有关权利义务的法律效果，也就是说，它能使行政相对人的权利义务发生变化增加权利，减少义务或者减少权利增加义务。与其他具体行政行为一样，行政命令符合具体行政行为构成要件。

1. 主体要素

行政命令是行政机关或法律、法规授权的其他组织对相对人作出的，是行政主体根据层级管理权和法定的职权，在行政管理的过程中，强制相对人按照自己的指示和要求履行作为行为或不作为义务的行为。同时，并不是任何行政主体都可以随意作出行政命令，行政主体必须具备宪法、法律等赋予的监督管理职权才能作出行政命令。并且，行政命令必须在法定的职权范围内才能行使。

2. 实质要素

行政主体实施行政命令是运用行政权所做的行为，是行政主体基于外部行政管理关系而实施的一种行政管理行为，不是民事行为。

3. 内容要素

行政命令内容和结果对相对人的权利或者义务产生直接影响。行政命令作出之后，相对人就必须按照相对人的指示行动，否则就会产生不利后果。

4. 对象要素

任何行政执法行为都针对一定对象，没有对象的行政执法行为是不存在的。行政命令也都具有特定、具体的行为对象，或者是人、或者是物、或者是行为。同时，行政命令要想生效，必须告知相对人。

因此，行政命令具有具体行政行为的基本特征。行政命令不从属于其他任何一种行政执法行为，而是一类独立的、其他行政执法行为不能替代的行政执法行为，是行政机关不可或缺的监督手段、管理措施。行政主体向相对人作出的行政命令，就权力性质而言，是具有支配力的公权力的一种表现形式，从功能而言，是实现行政管理目标的一种手段，从行政主体的行为论上而言，是一类行政执法行为——具体行政行为的一种。从具体行政行为的直接法律功能出发，可以将具体行政行为分为行政赋权行为、行政限权行为、行政确认行为、行政司法行为、行政救济行为等。

（四）行政命令的表现形式

行政命令的权力基础是行政命令权。行政机关为履行其职责，必须有相应的职权。职权是职责的保障。行政命令权是重要的行政职权之一。行政命令权是指行政机关向行政相对人发布命令，要求相对人作出某种行为或不作出某种行为的权力。行政命令的形式是多种多样的，如通告、通令、布告、规定、通知、决定、命令和对特定相对人发出的各种责令等。因此，行政命令种类繁多，表现形式多种多样，对特定相对人发出的各种责令和责令类行为是行政命令的主要表现形式。主要体现为责令赔偿损失、责令限期整顿、责令停止违法行为等形式。责令改正指行政主体在行政执法中依照法定职权命令违法行为人对不法状态予以纠正，是指为了预防或制止正在发生或可能发生的违法行为危险、危害的存在以及不利后果，而作出的要求违法行为人履行法定义务、停止违法行为、消除不良后果或恢复原状具有强制性的具体行政行为。因此，责令赔偿损失、责令限期整顿、责令停止违法行为，在一定意义上都可以理解为责令改正，关于责令改正的法律属性，学者们有以下观点。

1. 行政处罚说

关于行政处罚说,主要有三种观点。一种观点认为行政命令属于申诫罚。部分学者认为尽管赔偿、恢复原状、停止侵害等都属于权利救济的手段,本身不具有惩戒性,但是在这些救济措施之前加上"责令"两字,性质就转换成了行政机关的职务行为,"责令"类行为具有对当事人的"非难性"、"谴责性",从而影响到当事人的名誉。从这个意义上讲,该类行为是一种申诫罚。另外部分学者认为其属于新的行政处罚类型——救济罚。救济罚在行政处罚中的形式包括限期改进、责令赔偿损失、停止侵害、责令恢复原状等。它与能力罚中的责令作为或者限制能力不同,但前者目的为直接改变因违法行为而造成的现存状态,恢复曾被破坏了的合法状态法律关系,表现了对因原有状态改变而受到侵害的一方包括国家、社会的救济。后者的目的在于限制或者剥夺违法者某方面的能力,以此惩罚违法者。最后有些学者认为,"责令"是处罚的一种形式,但不是警告处罚,而是行为处罚。行政机关通过发布命令,要求违法相对人作为或不作为,以此限制或剥夺某种行为能力。责令的目的是惩戒违法者,终止或限制违法行为,补救某种损失等,其结果往往也是限制或剥夺了违法者某种行为能力。

2. 非行政处罚说

关于非行政处罚说,也主要有三种观点。一种观点属于一种告诫措施。如有学者认为,行政立法中除规定停产停业以外,还有限期整改、限期治理措施。这些措施并不停止相对人的生产或经营活动。与责令停产停业处罚的性质完全不同,它们不属于行政处罚,不剥夺相对人行使权利的资格,也不限制其权利资格,相对人仍可继续生产或经营,是在生产或经营的同时进行整顿、改进。所以,它不具有行政处罚的最终性,恰恰相反,它只是一种指出违法所在的告诫措施,如果限期内仍不能达到整改目标或者条件的,则可能遭受行政处罚。一种观点认为责令改正只是行政处罚的必然结果。如有学者认为所谓的救济罚措施即作为补救性的责令改正或者责令限期改正并不是一种行政处罚。实际上分为两种情况:一是追究当事人的民事责任,一是行政处罚的必然结果,故而不是行政处罚。一种观点认为是行政处罚的辅助措施。行政处罚的辅助措施,是指行政机关在实施行政处罚时,应当责令当事人改正或者限期改正违法行为。

3. 性质混同说

有学者认为,对于"责令"性规定,应当作具体分析,不可一概而论。它们既不都是行政处罚,也不能说没有行政处罚,而是具有多样化的成分。具体讲,数以百种的"责令"性规定,为行政主体设定了三种行政权力,行政命令权、行政裁决权和行政处罚权。在行政处罚权的运用上又可分为两种情形:财产罚、能力罚。① 有学者认为,责令改正在不同的法律条文中具有不同的法律属性,有时是一种行政处罚,有时是一种行政强制措施,有时还体现为行政处罚的附带结果。② 有学者将"责令性"行为分为属于行政处罚的"责令",属于行政措施的"责令",属于行政命令的"责令"等三种不同属性。③ 有学者认为,责令纠正有三种表现形式:作为告诫存在的形式,与行政处罚相联系的情形,作为行政强制措施。

4. 行政命令说

该观点认为《行政处罚法》规定的责令当事人改正或限期改正违法行为,正是作为命令的典型。

（五）行政命令主要表现形式具体分析

1. 责令赔偿损失

责令赔偿损失的法律性质，存在下述几种观点。有学者认为，责令赔偿损失是一种民事责任。责令赔偿的前提是相对人违反了行政法律法规，赔偿损失应当通过民事途径进行，不能因为责令赔偿损失规定在法律、行政法规的法律责任中，而认定它是一种行政责任，或要求民事责任采用行政的方式来解决。有学者认为，赔偿、恢复原状、停止侵害等都属于权利救济的手段，本身不具有惩戒性，不承认这一点就会混淆赔偿等救济措施与处罚手段之间的界限。但在这些民事性质的救济措施之前加上"责令"二字，就使这些行为转变成行政机关的职务行为。有学者认为责令赔偿损失应区分两种情形：一是如《中华人民共和国矿场资源法》中的规违反本法规定，擅自进入国家规划矿区、对国民经济具有重要价值的矿区范围采矿的，擅自开采国家规定实行保护性开采的特定矿种的，责令停止开采、赔偿损失、没收采出的矿产品和违法所得……"，此处的责令赔偿损失为行政命令。还有一种情形如《城市公有房屋管理规定》中规定"因公有房屋修缮责任人失职，给他人造成财产损失或者人身伤亡的，房屋所在地县级以上城市人民政府房地产行政主管部门有权责令赔偿损失……"，此处的责令赔偿损失为行政裁决。因此，责令赔偿平等主体的损失属于行政裁决，而责令赔偿国家的损失则属于行政命令。还有学者认为责令赔偿国家损失的是行政处罚中的财产罚。理由有三：一是责令赔偿国家损失，是规范性法律文件设定的行政财产罚的一种；二是责令赔偿国家损失的实质与财产罚相同，即行政主体合法地剥夺行政违法者的合法财产，三是责令赔偿损失的社会功能着眼于制止和预防违法行为的发生，而不是像民、商法中的赔偿损失着眼于补偿被侵害者的民事主体的损失或者恢复被侵权的民事主体的合法权益。而责令赔偿民事主体损失则属于行政裁决。因为责令赔偿民事主体损失属于行政司法行为，若检查相对人拒不赔偿民事主体损失，将由行政主体申请强制执行，而不会像行政命令那样只会受到行政处罚。之所以出现这些分歧，是立法表述不当的结果，"责令赔偿损失"有一种以行政法律权力解决民事法律关系问题之嫌，带有明显的以权代法的痕迹，极易因为理解不同而产生各种歧义。

2. 关于责令限期整顿

首先，责令限期整顿与责令停业整顿不同。责令限期整顿不具有惩戒性、制裁性，相对人可以一边生产经营一边整顿，不影响相对人行使合法权益，也不限制其行为能力。一般情况下，对于违法情节比较轻微的，可以责令限期整改。责令限期整顿的后果有两种可能：一种情况是符合整顿要求的，照常生产、经营一种情况是被责令停业整顿。责令停业整顿具有否定性、惩戒性、制裁性，在责令停业整顿期间，相对人丧失了生产、经营的权利，是对其经营行为以及由此可能产生的收益的一种剥夺，只有当相对人整顿合格后，才能恢复生产或经营，体现了"处罚"的性质。责令停业整顿则一般适用于违法情节比较严重的情形。责令停业整顿的后果也有两种可能：一是恢复生产或经营；二是被吊销营业执照或被责令停产、停业。其次，责令停止销售、责令停止使用等与责令停产、停业不同。责令停产、停业是对违法行为人经营活动的全面禁止，是一种较为严厉的行政处罚。责令停止生产、销售和使用只是责令违法行为人停止所从事的违法行为部分，并非全面禁止其经营活动。因此，可把责令停止生产、销售和使用视为责令改正，即行政命令来适用，而不是作为行政处罚。

3. 关于责令停止违法行为

有学者认为,责令停止违法行为不是行政处罚,而是一种行政强制措施,因而不需要按照行政处罚的程序,不必经过立案、调查、决定处理意见、处罚告知、制作行政处罚决定书等环节。有学者认为,责令停止违法行为是行政机关为了及时制止违法行为的发生和存续,而立即采取措施责令相对人停止相关生产经营活动,其目的是确保下一步的行政执法行为和可能进行的行政处罚行为的顺利开展。因此,责令停止违法行为是中间行为,而不是最终行政行为,在性质上属于行政强制措施。笔者认为,责令停止违法行为也应属于行政命令。如果相对人从事了一定违法行为,但情节较轻,没有造成危害后果,只要相对人停止违法行为即可,不必对其处以行政处罚,只要相对人停止了违法行为,该行政行为即告结束。在这一意义上,责令停止违法行为属于行政命令。

4. 关于责令改正

关于责令改正的法律属性,我们可以做如下分析。责令改正是一种行政命令,其符合行政命令的基本构成要件,责令改正是行政主体命令相对人改正违反行政管理秩序的具体行政行为,目的是使相对人的行为恢复合法状态,只要相对人自觉履行责令改正命令,其目的就可达到,不需要行政机关采取相应的行为或措施。如果相对人不履行责令改正内容,行政主体可以采取进一步的措施,如实施行政处罚,迫使相对人履行义务或者达到与履行义务相同的状态。责令改正的本意是要求行为人纠错,任何违法行为不管是否需要予以处罚,都要其及时改正违法行为。改正违法行为包括停止违法行为,消除违法行为所造成的危害后果,恢复合法状态,赔偿违法造成的损害。在一般情况下,行政机关应当要求行为人在规定的期限内改正违法行为。从这一意义上看,责令改正可以包括责令赔偿损失、责令限期整顿、责令停止违法行为等大部分责令类行政行为。

综合上述分析,认定一个责令性行为是否属于行政命令,应当具体情况具体分析,从实质意义上来理解,而不能仅从形式上理解。其是否属于行政命令,不取决于其名称、形式,而是取决于其是否为相对人设定了义务及所设定义务的性质。

(六)行政命令的意义

1. 行政命令有利于促进社会安定,维护良好的社会秩序

在现代法治国家中,基于福利国家和社会国家的治理理念,政府对社会经济生活的干预范围持续扩展,管理职能不断强化。在此背景下,行政命令作为行政权的重要实现方式,凭借其义务赋课性的核心特征,在行政管理实践中展现出独特价值:其一,效能维度。行政命令使行政主体能够快速响应社会治理需求,及时处置各类行政管理事务,有效适应社会发展的动态变化,成为现代国家不可或缺的行政管理工具。其二,治理优势。相较于其他强制性管理手段,行政命令具有特殊的治理效能:① 心理接受度更高,能有效降低相对人的抵触情绪;② 社会稳定性更强,有助于减少管理过程中的对抗因素;③ 关系协调性更好,能够促进政民关系的良性互动,为社会秩序的有序建构提供支持。

2. 行政命令有利于倡导行政合作精神

行政活动是一个双方的行为过程,需要双方的积极性才能最有效率地达到预期行政目的。现代行政强调行政相对人的主体地位,倡导行政合作,责令纠正为相对人提供了利益判断和行为选择余地,实际上提供了相对人参与行政过程的一个重要渠道,实现了行政民主参与和合作。在许多情况下,行政命令"是通过相对人的本意是要求违法行为

人有错必纠,其关键在于教育管理相对人承担其本应承担的义务,制止轻微违法行为的继续和防止重大违法行为的发生"。行政命令的实效很大程度上取决于相对人的合作、配合态度。

3. 行政命令有利于促进人性化管理

与行政处罚、行政强制等相比,行政命令的强制性弱一些,相对人的对抗情绪可能弱一些,更有利于实现人性化管理。在责令限期拆除违法建筑这一类行为中,行政命令的作用可以体现得淋漓尽致。在作出责令相对人拆除违法建筑命令后,如果相对人主动履行,行政主体就不必亲自实施拆除行为。同时,如果行政主体作出的责令拆除命令不合法,相对人认为侵害了自己的合法权益,在此阶段可寻求救济手段,避免相对人合法权益受到不可弥补的损失。

4. 行政命令可以提高行政效率

实施行政制裁、行政强制时,行政主体和行政相对人都要耗费较多的精力、时间、金钱来应对对抗,最终导致行政效率低下。而行政命令通过采取责令纠正等措施,启发、引导、规劝、告诫、责令违法行为人主动地、自觉地去纠正违法行为,就可能大大减少行政资源消耗,从而做到以较少的行政成本获得较大的社会效率,充分体现行政管理效能原则。在行政执法中,行政主体要求相对人履行义务,如果相对人能够自觉、主动地履行,就可以免去行政机关耗费人力、物力亲自实施一定行为,可以有效节省有限的行政资源,提高行政效率。

5. 行政命令可以起到教育相对人及他人的作用

行政命令引导违法行为人划清合法与违法的界限,知晓违法的危害后果,达到自觉履行纠正违法行为的目的。行政主体作出责令改正的过程,实质上就自然演化为实施教育的过程。一方面,相对人可以从行政命令中吸取教训,从思想上提高对违法行为严重性的认识,另一方面通过认真分析产生违法行为的原因并加以改正,可以避免类似情况的再次发生,从而维护社会的和谐稳定。例如,江苏省根据《中华人民共和国商标法》和《企业名称登记管理规定》,责令与驰名商标相混淆、误导消费者、损害对方合法权益的企业变更名称。通过该行政命令,企业可以清楚地认识到自己的错误行为,重新命名时可以避免类似错误的发生或者不敢、不愿故意犯该类错误。同时,将这一危害行为制止在这一阶段,可以避免今后在实际损害发生后再采取措施而带来的麻烦。而其他人看到相对人的该类行为被责令改正,为了避免麻烦,也会避免这类情况的发生。

四、行政强制

(一) 行政强制含义与主要内容

行政强制是指行政机关为了实现行政目的,依据法定职权和程序做出的对相对人的人身、财产和行为采取的强制性措施。行政机关为了预防或制止正在发生或可能发生的违法行为、危险状态以及不利后果,或者为了保全证据、确保案件查处工作的顺利进行而对相对人的人身、财产予以强行强制的一种具体行政行为。从1999年3月开始起草,《中华人民共和国行政强制法(草案)》(以下简称《草案》)历经10年,到2009年8月24日终于第三次提请审议,这是一部继《中华人民共和国行政处罚法》《中华人民共和国行政许可法》后,又一部旨在约束行政权力的法律。经过五次审议,《中华人民共和国行政强制品》全国人大常委会于 2011 年 6 月 30 日表决通过,进一步规范了行政强制的设定和实施。

行政强制主要内容如下:

(1) 执法主体必须是正式执法人员,全国人大法律委员会经同国务院法制办研究,建议增加两项内容。《草案》规定,行政强制措施权不得委托,行政强制措施应当由行政机关具备资格的正式执法人员实施,其他人员不得实施。

(2) 政机关不得夜间执行,不得对相对人实施强制性停水停电。

(3) 政机关不得在夜间或者节假日实施行政强制执行。违反本法规定,在夜间或者节假日实施强制执行的,由上级行政机关或者有关部门责令改正,对直接负责的主管人员和其他直接责任人员依法给予处分。

(4) 政机关不得对居民生活采取停止供水、供电、供热、供燃气等方式迫使当事人履行行政决定。

(5) 不得查扣公民个人及其家属的生活必需品。

(6)《草案》的内容照顾到了人的基本生存需要问题,在规定行政强制有查封、扣押权力的同时,也规定不得查封、扣押公民个人及其家属的生活必需品。

(7) 施行政强制措施不得影响企业正常经营。

(8) 政机关依法查询企业的财务账簿、交易记录、业务往来等事项,不得影响企业的正常生产经营活动,并应当保守所知悉的企业商业秘密。

(9) 查封、扣押限于涉案的场所、设施或者财物,不得查封、扣押与违法行为无关的场所、设施或者财物。

(10) 强制执行不排斥"执行和解"。行政强制执行可达成执行协议,也就是说,行政强制执行不排斥"执行和解"。《草案》规定,实施行政强制执行,行政机关可以在不损害公共利益和他人利益的情况下,与当事人达成执行和解。

(11) 强制行为在被当事人提起行政诉讼的情况下,一般应暂停强制行为。但为了公共利益和集体利益的需要,可以强制执行,被执行人可以对此提出行政复议,复议期间不暂停执行。

(二)行政强制的设定

1. 设定权

行政强制措施的设定包括以下内容:

(1) 政强制措施由法律设定;

(2) 未制定法律,且属于国务院行政管理职权事项的,行政法规可以设定除"限制公民人身自由、冻结存款汇款"和应当由法律规定的行政强制措施以外的其他行政强制措施;

(3) 未制定法律、行政法规,且属于地方性事务的,地方性法规可以设定"查封场所、设施或者财物以及扣押财物"的行政强制措施;

(4) 法律、法规,以外的其他规范性文件(如规章)不得设定行政强制措施;

(5) 法律对行政强制措施的对象、条件、种类作了规定的,行政法规、地方性法规不得作出扩大规定。

2. 设定程序及评价

(1) 对法律草案、法规草案,拟设定行政强制的,起草单位应当采取听证会、论证会等形式听取意见,并向制定机关说明设定该行政强制的必要性、可能产生的影响以及听取和采纳意见的情况。

（2）评价

设定机关："应当"定期对其设定的行政强制措施进行评价，并对不适当的行政强制措施及时予以修改或者废止。

实施机关："可以"对已设定的行政强制的实施情况及存在的必要性适时进行评价，并将意见报告该行政强制的设定机关。

公民、法人或者其他组织："可以"向"行政强制的设定机关和实施机关"就行政强制的设定和实施提出意见和建议。

（三）行政强制的基本原则

1. 行政强制合法性原则（行政强制法定原则）

行政强制的"设定和实施"应当依照法定的"权限、范围、条件和程序"。

2. 行政强制适当原则（合理性原则）

行政强制的设定和实施应当适当、合理，应当符合比例原则。

（1）"设定"行政强制应当适当

法律、法规的立法机关设定行政强制时，应当保持谨慎的态度，在维护公共秩序和保护公民权利之间掌握平衡。

（2）"实施"行政强制应当适当

① 能不实施就不实施

违法行为情节轻微或者没有明显社会危害的，"可以不"采取行政强制措施；

对没有明显社会危害，当事人确无能力履行，中止执行满 3 年未恢复执行的，行政机关"不再"执行。

② 查封、扣押、冻结的财物价值应当适当

查封、扣押的限于涉案的场所、设施或者财物，不得查封、扣押与违法行为无关的场所、设施或者财物；

不得查封、扣押公民个人及其所扶养家属的生活必需品；

冻结存款、汇款的数额应当与违法行为涉及的金额相当。

③ 选择适当的强制手段

当事人不依法履行行政决定时，应当优先使用非强制手段；

行政机关应当优先使用间接强制手段（代履行、执行罚），在代履行和执行罚无法实现行政目的时，才适用直接强制执行；

多种强制手段都可以实现行政目的，应当选择对当事人损害最小的方式，即符合"比例原则"的要求。

3. 教育与强制相结合原则

（1）经教育能达到行政管理目的的，不再实施强制。

（2）先行催告

① 在制作行政强制决定前要催告，实施行政强制时要说理；在催告或者实施前，只要当事人愿意自动履行的，应当立即停止强制执行；

② 政机关申请人民法院强制执行前，应当催告当事人履行义务。

（3）在催告过程中，一旦发现当事人有故意逃避履行行为的，应当立即执行。

4. 禁止利用行政强制权谋取利益原则

① 不得使用被查封、扣押的财产；

② 不得收取保管费；

③ 收支两条线；

④ 合理确定代履行费用。

5. 保障当事人程序权利和法律救济权利原则

（1）陈述权、申辩权

作出对当事人不利的决定前，应当听取当事人的意见。

（2）申请行政复议、提起行政诉讼和申请行政赔偿的权利

① 当事人对基础行政决定没有异议，只认为行政强制执行违法的，应当单独就行政强制执行提出行政复议或诉讼；

② 当事人对基础行政决定不服的，可以对基础行政决定和行政强制行为提出行政复议或诉讼；

③ 针对"在法定期限内既不申请复议又不提起诉讼才可强制执行"的情况，由于基础行政决定的救济期限已过，当事人只能就行政强制执行行为寻求救济；

④ 针对"当事人对基础行政决定不服，提起诉讼后，法院维持了行政决定或者驳回了当事人诉讼请求"的情况，如果进入强制执行阶段，当事人又对强制执行决定提起行政诉讼的，法院应当集中审查强制执行行为本身的合法性。

（3）申请司法赔偿的权利

① 行政机关申请人民法院强制执行后，如果法院裁定并执行，且没有变更基础行政决定，因基础行政决定违法导致法院的司法强制执行行为违法，且损害当事人合法权益的，应当由"申请执行的行政机关"承担主要赔偿责任。

② 公民、法人或者其他组织因人民法院在强制执行中有违法行为或者扩大强制执行范围受到损害的，也有权依法要求其给予赔偿。

（四）行政强制行为的救济

1. 救济法理

行政强制制度是现代政府职能的扩大和依法行政理念相结合的产物，是保证行政机关顺利履行法定职责，依法行使行政权的有力保障，是维护公共秩序和公民权益方面的有力手段。从定义来说，行政强制是指行政机关为维护社会秩序，预防危害社会事件的发生，制止与消除危害社会事件的扩大和继续存在，或者为执行业已生效的而采取的强制性的具体行政行为，按照这一观点，行政强制制度便是和行政强执行两项制度的合称。

应当指出的是，虽然行政强制措施和行政强制执行都带有公权力性质，都是针对行政相对人作出，都有一定的强制性，但二者是不同的。大多数学者认为，行政强制措施与行政强制执行最根本的区别在于：前者是特定的、出于维持社会管理秩序的需要，预防或制止危害社会事件的发生，针对行政相对人的人身、行为、财产或其他权益所作出的限权性的强制行为；后者是指因行政相对人逾期不履行行政处理决定，有关国家机关对其采取强制手段，迫使其履行该义务的具体行政行为。所以，行政强制措施发生在行政行为处理中，它直接决定行政相对人的权利义务，有可能使行政相对人负担一定的义务，按照法律权利义务相适应的原则，理应为行政相对人提供相应的救济手段，因此是可复议、可诉的；而行政强制

执行发生在行政处理后,是行政行为的一种保障手段,在强制执行之前,行政相对人的权利义务已经确定,只是没有得到适当的履行,行政强制执行使这种履行得以实现,其本身并不改变行政相对人的权利义务,因此说,行政强制执行是不可复议,不可诉的。

虽然从理论上说,行政强制执行是不可复议的,但现实生活中,针对行政强制执行复议的案例不在少数,那么,应该怎样看待这种现象呢? 其实,讨论行政强制执行是否可诉、可复议,实际上就是探讨行政强制执行的救济问题。在国外,行政强制执行的救济,主要是两个方面,一是司法机关强制执行前的合法性审查(事前),二是对执行行为中严重违法行为的诉讼(事后)。就我国来说,行政强制执行的程序有两个途径:一是有强制执行权的行政机关自己强制执行,二是申请法院强制执行。下面,我们就这两个方面分别进行探讨。

行政机关自己强制执行的救济,目前法律对其并没有明确的规定,但是,赋予行政机关强制执行权的法律却有不少。由于我们没有行政强制法,所以在人身、财产和行为的强制执行方面并没有统一的规定。笔者认为,行政相对人不能单纯就行政强制执行行为复议,也不能就强制执行的不当行为和违法行为提起复议。这主要是因为行政强制执行的附着性,它是附着在具体行政行为所确定的权利义务之上的,它并不是法律行为,而是事实行为。被执行人只能就行政行为所确定的权利义务提起复议,而不是行政强制执行行为本身。但是,行政强制执行中并不是不存在救济方式。第一,可以通过异议程序进行救济。异议程序的救济由被执行人或被执行财产的利害关系人向执行机关或执行机关的上级机关提起;第二,可以通过申诉进行救济。对于行政强制执行中的渎职行为,被执行人可以向执行人员(一般为公务员)的管理机关如人事、监察等机关提起申诉;第三,可以通过国家赔偿进行救济。行政强制执行中的违法行为已经超出了行政强制执行附着性的范畴,具有了独立的可诉性。这时候,被执行人可以就违法执行对其的危害,提起国家赔偿的诉讼。

2. 救济途径

申请法院执行的救济,除了具有权力的行政机关可以强制执行外,其余的执行都应该由法院进行,这也体现了司法权的优先原则。在法院强制执行行政行为过程中,行政相对人获得救济的方式主要有两种。

(1) 事前方式

主要是指法院对具体行政行为的合法性审查。对法院执行前的合法审查程序,我国法律有明确的规定:"人民法院受理行政机关申请执行其具体行政行为案件后,应当在三十日内由行政审判庭组成合议庭对具体行政行为的合法性进行审查,并就是否准予强制执行作出裁定;需要采取行政强制措施的,由本院负责强制执行非诉行政行为的机构执行。对于被申请强制执行的具体行政行为明显缺乏事实依据、法律依据以及其他明显违法并损害被执行人合法权益的,人民法院应当裁定不予执行。"这一规定是非诉行政行为的事前审查方式,同时也从侧面说明了行政强制执行不可复议的性质。

(2) 国家赔偿救济

通过国家赔偿获得救济,是国外行政强制执行救济的普遍经验,我国也采取了这种做法。执行过程中,执行人员是在代表国家履行公务,所以执行的程序理应正当、依据理应合法、内容理应合理。国家赔偿法规制的就是执行人员执行过程中非法并损害被执行人利益的行为,其三十一条明确规定:人民法院在民事诉讼、行政诉讼过程中,违法采取对妨害诉讼的强制措施、保全措施或者对判决、裁定及其他生效法律文本执行错误,造成损害的,赔偿请求人要求赔偿的程序,适用本法刑事赔偿程序的规定。所以说,人民法院执行中的错误,如果符合国家赔偿法的规定,是适用国家赔偿进行救济的。

综上所述,行政强制执行不适用行政复议是一个毋庸探讨的问题,其根本就在于当事人的权利义务已经确定;同时,行政强制执行的内容本身也不具有可诉性,道理同前;但是,行政强制执行并不是没有救济方式,执行过程中的违法行为是适用国家赔偿法来救济的。

五、行政处分

（一）行政处分的概念和特征

行政处分指国家行政机关依照行政隶属关系给予有违法失职行为的国家机关公务人员的一种惩罚措施,包括警告、记过、记大过、降级、撤职、留用察看、开除等。作为行政制裁的一种形式,是国家机关、企事业单位依照有关法律和有关规章,对所工作中违法失职的公务员实行的惩处和制裁,是对国家公务员的过错行为的一种否定和惩戒,使之受到抑制和消除;对未受到惩戒的国家公务员,也有着规范和警戒作用;同时又是被处分人的行政责任的体现形式之一。行政处分属于内部行政行为,由行政主体基于行政隶属关系依法作出。它具有强烈的约束力,如管理相对人不服,行政主体可以强制执行。但因其不受司法审查,故被处分人不服行政处分,根据《行政机关公务员处分条例》第六章不服处分的申诉,受到处分的行政机关公务员对处分决定不服的,依照《中华人民共和国公务员法》和《中华人民共和国行政监察法》的有关规定,可以申请复核或者申诉。复核、申诉期间不停止处分的执行。行政机关公务员不因提出复核、申诉而被加重处分。情节严重的还有双开处罚,开除党籍,开除职务。

行政处分具有以下特征:

1.行政处分的适用主体是行政公务人员

行政公务人员是指基于一定的行政公务身份而代表行政主体行使行政职权、履行行政职责的工作人员。从目前的立法实践上看,行政公务人员的主体是国家公务员,即在各级国家行政机关中除工勤人员以外的工作人员。但也不能说行政公务人员就以国家公务员为限,还应包括除国家公务员之外的其他公务人员。

2.行政处分的实施主体是行政机关、法律法规授权组织和监察机关

根据《国家公务员暂行条例》规定,对于国家公务员行政处分,依法分别由任免机关或者监察机关决定。显然,目前法定行政处分权的实施主体有两类,一类是任免机关,一类是监察机关。但从任免机关来说,我国对于行政公务人员的任免主要采取两种途径:一是由权力机关任免政府组成人员,即政府及其所属部门的领导人员;二是由行政机关任免其他工作人员。因而,依据《国家公务员暂行条例》的规定,我国的权力机关也是行政处分权的实施主体。但是,根据相关法律规定,权力机关对于政府及其所属部门的领导人员的监督只通过罢免这一种形式,而无其他处分形式,这与《国家公务员暂行条例》有关行政处分种类的规定不相符合,且行政处分特有的内部性属性也使权力机关行政处分权的行使处于一种尴尬的境地。因而,我们认为行政处分的实施主体应避免采用任免机关这一提法,而采用行政机关和监察机关的提法。对于政府及其所属部门的领导人员的行政处分则可以由监察机关按照《行政监察法》的规定予以实施。

3. 行政处分是行政机关内部的法律制裁形式

一般认为,行政处分是行政机关基于行政职务关系或者行政监察关系对行政公务人员的行政违纪行为所给予的职务上的制裁和惩戒。首先,行政处分的内部性是其最根本属性,也是行政处分与行政处罚等其他行政法律责任的最根本的区别之处。在行政处罚中,处罚机关与被处罚人之间是所谓的外部行政法律关系,即主管机关与相对人的社会公共行政关系;在行政处分中,处分机关与处分人之间存在着行政机关体系内的隶属关系或行政监察关系,即内部行政法律关系。我国现行的相关法律中有关行政处分的规定,直接违背了行政处分的内部属性的要求,将行政处分的适用主体扩大为本行政机关以外的单位和组织中的工作人员,导致相关规定在具体适用过程中无法执行,变成一纸空文。

4. 行政处分以实施行政违纪行为为前提

行政处分是具体行政行为的一种,这种行为是以违反行政纪律为前提而产生的,没有违反行政纪律就没有适用行政处分的可能性。

其一,行政处分是针对违反行政纪律的行为的制裁。根据《国家公务员暂行条例》的规定,公务员的行政纪律,主要涉及四个方面:

① 政治纪律。公务员不得散布有损政府声誉的言论;不得组织或者参加非法组织;不得组织或者参加旨在反对政府的集会、游行、示威、罢工等活动。

② 工作纪律。公务员不得玩忽职守,贻误工作;不得对抗上级决议和命令;不得压制批评,打击报复;不得弄虚作假,欺骗领导和群众;不得泄露国家秘密和工作秘密;不得在外事活动中有损国家荣誉和利益。

③ 行政纪律。公务员不得贪污、盗窃、行贿、受贿或者利用职权为自己和他人谋取私利;不得挥霍公款,浪费国家资财;不得滥用职权,侵犯群众利益,损害政府和人民群众的关系;不得经商、办企业以及参加其他营利性的经营活动。

④ 特殊纪律。公务员不得参与或者支持色情、吸毒、迷信、赌博等活动;不得违反社会公德,造成不良社会影响等。

其二,行政违纪行为有作为与不作为两种形态。前者如参加迷信活动的行为,后者如玩忽职守,拒不履行行政职责的行为。作为和不作为都是法律行为形态,所以行为人的行政违纪行为当然包括作为行为和不作为行为。

(二)行政处分的性质

行政处分是具有制裁性质的行政法律责任。当然,这种法律责任的内容是制裁而不是补偿,是行政制裁而不是刑事或民事制裁。包含以下从几个方面:

1. 行政处分是行政法律责任

从行为角度看,行政处分是行政行为,实施行政处分行为的主体是拥有行政职权的行政主体。非行政主体的其他机关、组织所作出的处罚或制裁,都不属于行政处分,如党的机构、行业协会等实施的惩戒行为等。从法律责任看,它又是一种行政法律责任,行政处分的本质属性包含着法律责任的内容。这一属性内容可从以下几方面分析:

第一,行政处分是由行政违纪行为而引起的法律后果,是由违纪者本人所承担的法律后果。因此,行政处分这种法律责任只能对应行政违纪行为和违纪者,对于合法行为和行为者则无行政处分的后果。

第二,行政处分是一种行政法律责任,其法律性质与刑事责任、民事责任不同,是行政法上的法律责任体系。目前,我国行政处分责任体系很不完备,这方面的研究也比较滞后。而且行政法律责任也不仅限于行政处分这一形式,还包括着其他行政责任形式,如行政处罚等。

第三,行政处分作为一种法律责任,也就表明承担此法律责任的行为人必须承担新的不利法律后果,这一点与前面我所讨论的制裁性内容是一致的。

第四,行政处分的责任性质表明它的责任与行为联系是必然的,对于违法行为人依法应当或必然是相应的责任后果,而不是随意的或可有可无的。

第五,行政处分的责任性质也表明它是一种对行为人的处理结果,具有最终性或结论性,它不是临时性措施,也不是处理违纪行为人过程的中间环节。

2. 行政处分是对被处分人行为的否定性法律评价

法律是规范人们行为的规范,它为人们在社会中的种种行为设定了行为标准,要求人们应该做什么和不应该做什么。行政法同样在行政领域和一定层面为人们的行为设定规范标准,当人们的行为不遵守这些标准的时候,就会因此而承担相应的责任后果。因此,行政处分首先包括了对行政公务人员的行政违法行为所给予的否定性法律评价。行政处分中包含着这种否定性评价,就是法律对被处分人的行为不予认可。它代表着一种对行为人行为与行政秩序关系的判断、标准或价值取向,由于行政违纪行为总是对法律所保护或确立的行政秩序、行政关系造成损害,所以行政处分也就始终是对这种损害行政秩序、行政关系行为的否定。行政处分在任何时候都不代表一种"模糊"的态度,更不可能是肯定行为人行为的价值取向。一般来说,行政处分的否定性评价与社会道德、价值的评价是一致的。被惩戒的行为也是受到社会道德价值观所否定和谴责的行为。

3. 行政处分的制裁性是通过对被处分人职务上的权益和资格的不利影响来实现的

行政处分首先是对被处分人行为的否定性评价,但是如果仅仅只有这种否定性评价是不够的,通过何种形式实现这种否定性评价才是行政处分的关键环节。应松年教授在《行政行为法》一书中这样评述:"行政处罚是一种制裁行为,以损害违法者的自由、财产能力或其他利益为目的。"我们认为行政处分也正是通过制裁的形式使行政违纪者的利益受到损害,造成其职务上的利益受到限制剥夺的后果,也就是说要对违纪者造成不利的法律后果。

(三)行政处分与相关法律责任

行政处分是行政法律责任体系中的一种特定的责任形式,有其自身的属性特点和表现形式,它与纪律处分、行政处罚、刑事处罚、民事责任等既有本质的区别也有联系之处,了解它们的联系与区别,有助于我们进一步把握行政处分责任。

1. 行政处分与纪律处分

人们常常把两者看成是同一个概念,纪律处分即行政处分。同时我国的立法也并没有严格区分行政处分与纪律处分,而是将两者作为等同概念交叉使用。如 1957 年颁布的《国务院关于国家行政机关工作人员的奖惩暂行规定》被认为是行政处分的基本依据之一,但其中所用的概念不是行政处分而是纪律处分。1993 年颁布的《国家公务员暂行条例》则将纪律处分的提法改为行政处分。还有的法律法规使用了行政纪律处分这个新概念,如 1985 年 9 月 6 日全国人大常委会通过的《居民身份证条例》规定:公安机关工作人员在执行本条例时,徇私舞弊、侵害公民合法权利和利益的,应当给予行政纪律处分,情节严重构成犯罪的,应当依法追究刑事责任。我们认为,行政处分与纪律处分之间存在着明显的区别,将两者等同起来的观点是不科学的。纪律通常是指社会的各种组织(如政党、政府机关、军队、团体、企业事业单位、学校等)规定其所属人员共同遵守的行为准则。在实际生活中,纪律通常与一定的社会组织联系在一起,表现为组织约束内部工作人员行为的准则。纪律有强制性和约束力,对违反者可实施制裁,而制裁的形式往往就是纪律处分。每一种社会组织都必须有自己的纪律,舍此则无法完成组织预定的目标,甚至无法维持组织的存在。行政机关也不例外。作为行使国家行政职能的组织,行政机关不仅需要有自己的组织纪律,而且要有比一般社会组织更为严格的纪律。尽管如此,其性质上仍然是一种纪律,反映的是行政机关对其成员的要求,体现行政机关的整体意志,对违反纪律者将给予制裁,表现形式为行政机关通过一定的形式对其作出否定性评价。这种否定性评价与其他社会组织对其成员的违纪行为所作的否定性评价别无二样,同样也是纪律处分。因此,从这个意义上讲,行政处分与纪律处分的关系是从属关系,行政处分是纪律处分的一种表现形式,同时行政处分又有其自身的特点和表现形式。

2. 行政处分与行政处罚

环境行政处分和环境行政处罚虽然都是环境行政主体所作的制裁行为,但两者从根本上说是不同的行政制裁方式,其区别主要表现为:

第一,制裁的对象不同。行政处分制裁的对象是行政机关所属的工作人员,只可能是自然人;行政处罚制裁的对象是一般作为行政相对人的公民、法人或者其他组织,既可以是自然人,也可以是法人或者其他组织。

第二,行为的属性不同。行政处分机关与被处分人之间存在着行政机关体系内的隶属关系或行政监察关系,因此行政处分是内部行政行为;在行政处罚中,处罚机关与被处罚人之间是行政管理关系,即行政主管机关与相对人的社会公共行政关系,因此行政处罚是外部行政行为。

第三,行为的依据不同。环境行政处罚依据的是有关污染防治和自然资源保护方面的法律、法规,如《环境保护法》《大气污染防治法》《矿产资源法》等;环境行政处分则由有关行政机关工作人员或公务员的法律规范调整,如《国家公务员暂行条例》《行政监察条例》等。

第四,制裁的内容不同。行政处分在理论上被普遍认为是一种内部制裁,它涉及的内容是工作人员职务上的权益和资格,而行政处罚是一种外部处罚,它所涉及的内容是公民、法人或其他组织的权益和资格。

第五,制裁的主体不同。行政处分的制裁主体是与违反行政纪律的工作人员有行政隶属关系的行政机关或者专门的行政监察机关;行政处罚的制裁主体是享有行政管理职能和相应处罚权的特定的行政主体。

第六,制裁的形式不同。行政处分的形式主要有警告、记过、记大过、降级、撤职、开除等;行政处罚的形式主要有警告、罚款、没收、拘留、吊销许可证或执照、责令停产停业等。

第七,两者的程序不同。这里的程序包括两方面内容:

一是制裁的程序不同。行政处分适用的程序是由《行政监察法》及相关惩戒规定的行政处分适用程序;行政处罚适用的程序是由《行政处罚法》及相关规定的行政处罚程序。

二是救济的程序不同。对行政处分不服的,按照目前的法律规定,只能依照申诉程序逐级申诉,但最终都是在行政系统内部处理;而对行政处罚不服的,被处罚人既可以向上一级行政机关提起复议,也可以向人民法院提起行政诉讼。

第八,救济途径不同。对环境行政处罚不服的,除法律、法规另有规定外,环境行政相对人可申请复议或提起行政诉讼;对于环境行政处分不服的,被处分的公务员只能向作出处分决定的机关的上一级机关或监察部门申诉。

通过上述分析,我们可以看到,行政处罚与行政处分的区别是明显的。但这里需要说明的是,行政处罚与行政处分的竞合问题。所谓竞合是指一个行为违反两个以上法律规范的现象。那么,什么性质的行为才会产生行政处分与行政处罚的竞合呢?我们认为,行政处罚与行政处分的竞合的范围是很小的,非行政机关工作人员的行政违法行为不会产生行政处罚与行政处分竞合,行政机关工作人员单纯的违纪行为也不会产生竞合问题,只有行政机关工作人员实施的同一行为既违反行政管理秩序,同时又属于违反行政纪律的行为时才能产生竞合问题。

3. 行政处分与刑事处罚

行政处分与刑罚都是一种法律责任,都具有制裁的内容,且均不发生责任转让问题,这是两者的共同之处。在实践中,人们通常把针对行政机关工作人员的行政处分和刑事处罚看作是一种轻处罚与重处罚的关系,并且在实际工作中,在对国家公职人员的职务犯罪的处理上,监察部门与检察机关有着十分紧密的联系和配合。由此可知这两种法律责任的联系密切。但同时,这两种法律责任的区别又是明显的。

第一,制裁的法律性质不同。行政处分是一种行政制裁,是行政机关依据行政隶属关系或行政监察关系作出的一种具体行政行为,而刑罚属于刑事制裁,是由刑事判决确定的法律责任形式。

第二,制裁的主体不同。所有行政处分主体只能是行政机关,而刑罚则只能由拥有刑事审判权的法院作出。

第三,制裁的手段不同。行政处分的制裁手段主要有警告、记过、记大过、降级、撤职、开除等;而刑罚则表现为主刑和附加刑两类8种,主刑有管制、拘役、有期徒刑、无期徒刑、死刑,附加刑有罚金、剥夺政治权利、没收财产等。

第四,制裁的对象不同。行政处分的对象只能是行政机关工作人员,而且只能是自然人;刑罚的对象以自然人为主,但也不排除对单位追究刑事责任,如《中华人民共和国刑法》第一百五十条规定:单位犯本节第一百四十条至第一百四十八条规定之罪的,对单位判处罚金,并对其直接负责的主管人员和其他直接责任人员,依照各该条的规定处罚。

第五,制裁的程度不同。相比较而言,由于违反行政纪律的行为比违反刑事责任的行为的社会危害性轻微,行政处分是一种比刑事处罚制裁程度轻微的制裁责任,刑事处罚是任何一个国家、社会中最为严厉的法律责任。但就国家公职人员而言,行政处分的制裁范围要比刑事处罚宽泛得多。

关于行政处分与刑罚在适用方面的问题,目前理论上论述较少,而且法律规定也较笼统。行政处分与刑罚的适用关系既有实体问题也有程序问题。从实体问题上说,关键是行政违纪行为和犯罪行为的区别。目前,从法律规定上看,主要采取"刑事责任界限说",也就是说,行政机关工作人员的行政违纪行为尚未构成犯罪,或者虽然构成犯罪但是依法不追究刑事责任的,其行为就是单纯的违纪行为,对其只适用行政处分。但当某一行为既违反行政纪律又触犯了刑律,此时就产生了行政处分与刑罚的竞合问题。在此种情况下,应当注意以下几个问题:

一是实体上行政处分与刑罚能否同时适用的问题？我们认为，由于两者在制裁性质、种类及其功能上的差异性，就决定了两者属于不同的法律责任形式，刑罚与行政处分在本质上是针对不同性质的行为适用的，因而对既违反行政纪律又触犯了刑律的行为，可以合并适用刑罚与行政处分，二者不能相互替代。

二是行政处分与刑罚在适用程序上的关系问题。目前在实践中，大多奉行"先刑后行"的做法，在查处行政违纪行为过程中，如果发现涉嫌犯罪的，应当将有关材料移送至有管辖权的司法机关，由该司法机关依法处理。在刑事处罚之后，再依据相关规定给予行政处分。既然行政处分与刑罚在本质上是不同的，而且制裁手段和措施也有差异，在程序上应当允许两者并存的"双轨制"。绝对的"先刑后行"的做法实际上是"单轨制"思想观念的反映。这或多或少反映的是重刑轻行的落后观念，甚至可以说忽视了行政法调整对象的特殊性和行政法律责任的独立性。

4. 行政处分与民事责任

民事责任也是一种独立的法律责任，它是指公民与法人因违反民事义务或侵害他人权益而承担的一种不利法律后果。民事责任主要有两种：一是违反合同的责任，即违约责任；二是侵害他人权益承担的责任，即侵权责任。《中华人民共和国民法通则》第一百零六条规定：公民、法人违反合同或者不履行其他义务的，应当承担民事责任。公民、法人因过错侵害国家的、集体的财产，侵害他人财产、人身的，应当承担民事责任。没有过错，但法律规定应当承担民事责任的，应当承担民事责任，行政处分与民事责任的区别主要有：

第一，责任性质不同。行政处分是行政法律责任，因违反行政纪律而产生；而民事责任则是民事法律责任，因侵权或违约而产生。此外，行政处分具有制裁性质，是一种典型的制裁法律责任；而民事责任则以财产的补偿性最为明显。

第二，责任形式不同。根据《中华人民共和国民法通则》的规定，我国的民事责任具体形式有停止侵害、排除妨碍、消除危险、返还财产、恢复原状、修理重作更换、赔偿损失、消除影响、恢复名誉、赔礼道歉等。而行政处分的具体形式有警告、记过、记大过、降级、撤职、开除等。

第三，承担责任的原则不同。行政处分是对违纪人员的制裁责任，所以它以违纪行为的危害性与处分相适应的原则。而民事责任的承担则以恢复原状和等价赔偿为原则，赔偿数额与损失相当。

第四，强制的程度不同。行政处分是一种公法责任，违纪者必须承担相应的法律责任，而且行政处分只能在行政系统内部解决和处理；而民事责任是一种私法责任，虽有法律规定，但当事人可以在法律允许的范围内进行协商，受害人既可以向法院起诉要求对方承担民事责任，也可以自己向对方要求承担民事责任。此外，确定民事责任以后，权利人仍可以根据自己的意思免除或部分免除对方的民事责任。在民事责任中，法律的强制性与权利人的意思自治是相结合的，而对于行政处分，则完全是强制性规定，这里没有当事人自治的成分。

第五，承受的主体不同。行政处分的对象只能是行政机关工作人员，而且只能是自然人；民事责任的主体是具有民事权利能力和民事行为能力的自然人或法人。民事责任与行政处分责任是两个独立的法律责任体系，两者所侵害的客体也不相同，同时两种法律责任的形式与功能也存在差异，那么两种责任形式就应当可以合并适用。也就是说，两者是相容关系而不是排斥关系。另一方面,受害人的人身权利也因此受到侵害,依法也应赔偿受害人的相关损失。因此,两者的性质不同,所保护的利益不同,在适用上不能相互取代。

（四）行政处分的法律依据

（1）2005 年 4 月 27 日中华人民共和国第十届全国人民代表大会常务委员会第十五次会议通过,中华人民共和国主席令第三十五号公布,自 2006 年 1 月 1 日起施行的《中华人民共和国公务员法》。

（2）2007 年 4 月 4 日国务院第 173 次常务会议通过,中华人民共和国国务院令第 495 号公布,自 2007 年 6 月 1 日起施行的《行政机关公务员处分条例》。

（3）《公务员法》第五十六条和《行政机关公务员处分条例》第六条。

（五）行政处分的种类

根据《公务员法》规定,行政处分分为以下几种:

1. 警告

对违反行政纪律的行为主体提出告诫,使之认识应负的行政责任,以便加以警惕,使其注意并改正错误,不再犯此类错误。这种处分适用于违反行政纪律行为轻微的人员。

2. 记过

记载或者登记过错,以示惩处之意。这种处分,适用于违反行政纪律行为比较轻微的人员。

3. 记大过

记载或登记较大或较严重的过错,以示严重惩处的意思。这种处分,适用于违反行政纪律行为比较严重,给国家和人民造成一定损失的人员。

4. 降级

降低其工资等级。这种处分,适用于违反行政纪律,使国家和人民的利益受一定损失,但仍然可以继续担任现任职务的人员。

5. 撤职

撤销现任职务。这种处分适用于违反行政纪律行为严重,已不适宜担任现任职务的人员。

6. 开除

取消其公职。这种处分适用于犯有严重错误已丧失国家工作人员基本条件的人员。

公务员受行政处分,有处分期限的规定:警告,6 个月;记过,12 个月;记大过,18 个月;降级、撤职,24 个月。公务员受处分期间不得晋职、晋级;受警告以外行政处分的,并不得晋升工资档次;受开除处分的,不得被行政机关重新录用或聘用。

（六）行政处分的程序

根据《行政机关公务员处分条例》第三十九条的规定,行政处分的程序有以下 7 个步骤:

（1）经任免机关负责人同意,由任免机关有关部门对需要调查处理的事项进行初步调查;

（2）任免机关有关部门经初步调查认为该公务员涉嫌违法违纪,需要进一步查证的,报任免机关负责人批准后立案;

（3）任免机关有关部门负责对该公务员违法违纪事实做进一步调查,包括收集、查证有关证据材料,听取被调查的公务员所在单位的领导成员、有关工作人员以及所在单位监察机构的意见,向其他有关单位和人员了解情况,并形成书面调查材料,向任免机关负责人报告;

(4) 任免机关有关部门将调查认定的事实及拟给予处分的依据告知被调查的公务员本人,听取其陈述和申辩,并对其所提出的事实、理由和证据进行复核,记录在案。被调查的公务员提出的事实、理由和证据成立的,应予采信;

(5) 经任免机关领导成员集体讨论,作出对该公务员给予处分、免予处分或者撤销案件的决定;

(6) 任免机关应当将处分决定以书面形式通知受处分的公务员本人,并在一定范围内宣布;

(7) 任免机关有关部门应当将处分决定归入受处分的公务员本人档案,同时汇集有关材料形成该处分案件的工作档案。

第三节　环境民事责任

一、环境侵权民事责任的概念

(一)环境民事责任的定义和特征

我国民法学者们从不同的角度对民事责任进行了概括。如佟柔先生指出,民事责任是指民事主体因为违反其应该承担的民事义务即作为与不作为所应承担的法律上的不利益。梁慧星先生强调,民事责任之所以能够使违反民事义务的人或组织体受到法律的制裁,主要原因在于,因为民事责任的产生,便使与其对应的民事权利具有一种法律赋予的力量。这种法律上的力量和物理学力量是不同的概念,它是由国家立法权所赋予的强制力量,并有国家机器作为行使的后盾。所以在这个意义上,民事责任就成了连接公民民事权利与国家行政权力的桥梁。王利明先生则从与责任相对应的权利类型的角度来阐述,指出民事责任是民事主体违反了法律规定的义务而应承担的法律责任,特别强调侵权民事责任是公民、法人等民事主体应承担的民法意义上的责任。因此,王利明先生认为,民事责任的类型可以分为合同责任、侵权责任及不履行其他民事义务责任,环境侵权民事责任可以归入侵权行为责任,进一步说是特殊侵权行为责任。综上,环境侵权民事责任指公民或社会组织因为生产、生活或其他行为造成了对自然环境的污染以及生态环境的破坏,并且形成侵害其他公民、法人等人身权(仅限公民)、财产权、环境权等权利的危险情势或已然形成权益损害结果,按照法律规定而应承担的侵权责任。

环境侵权民事责任作为一种新型民事责任,考虑到环境侵权行为的特点,使之与一般传统民事侵权责任相比,具有一些独有的特色:

1. 责任产生的权利依据复杂

环境侵权民事责任产生的权利依据有:公民的人身权与财产权、法人和其他组织的财产权,以及公民、法人和其他组织都享有的环境权等。而一般民事责任产生的权利依据主要是人身权和财产权。这就使环境侵权民事责任在责任发生、诉讼程序、证据调查等方面显得更加复杂化。

2. 属于特殊侵权行为责任

侵权行为分为普通侵权行为与特殊侵权行为。普通侵权行为是指公民或法人等因为故意或过失而实施的,可运用民法一般原理进行分析的行为,其适用民法上的一般责任条款。而特殊侵权行为是指责任人基于与自己相关的特别原因而致他人利益损害,并且缺少民法侵权责任的一般构成要件,依照民法特别规定或民事特别法有关规定,适用过错推定原则、公平责任原则或特殊情况下的无过错责任原则一类侵权行为。考查《中华人民共和国民法通则》及环境特别法相关规定,可以得出结论:环境侵权民事责任在责任构成要件、归责原则、因果关系的认定等方面,都与普通侵权行为责任有明显区别,属于特殊侵权行为责任。

3. 主要是一种财产责任

环境侵权行为通常表现为对公民和法人等财产权益的侵害(当然,更重要的是人身伤害,但发生概率没有财产侵害高),所以需要责任人以财产来对受害人进行赔偿。在司法实践中,发生环境侵权后,即使受害人遭受的是人身权的损害,通常也以财产的形式来予以弥补,如恢复身体正常机能所付出的金钱等。同时,并不是所有的环境侵权责任都可以由财产来进行补偿,为了全面地保护环境侵权受害人的权益,法律规定的其他民事责任承担形式如停止侵害、消除危险等也可以适用。

(二)环境侵权民事责任构成要件

判断行为人是否承担法律责任条件和标准即为法律责任的构成要件。在侵权责任法中,法律责任的构成要件同样具有重要的作用,它是决定行为人承担法律责任以及承担什么法律责任的最基本标准。我国普遍认为一般的侵权民事责任存在四个构成要件,即侵权行为的违法性、存在损害事实、侵权行为与损害事实之间具有因果关系和侵权行为人主观上存在过错。但是环境侵权民事责任作为特殊的民事责任,构成要件主要有:环境侵权行为、危害事实、环境侵权行为与危害事实之间存在因果关系这三个方面。

1. 环境侵权行为

我国《中华人民共和国侵权责任法》有相关规定指出:行为人因污染对环境造成损害的,行为人要依法承担侵权责任。此规定只将环境污染规定到了环境侵权的立法之中,但生态破坏行为并没有以环境侵权行为在立法中加以明确。国家对污染物在质和量上都进行了严格的规定,如果违反规定则对环境产生危害。然而不论是一般的环境侵权行为还是违法的环境侵权行为,只要在实质上被判定为侵权行为,就要根据环境侵权的归责原则,不管侵权行为人的行为是否符合国家有关防治污染的规则、标准,只要在客观上造成了损害事实,就属于环境侵权行为并承担相应的民事责任。

2. 危害事实

环境侵权民事责任中的危害行为主要包括环境污染以及生态破坏行为。环境污染,是人类在生产生活中过度向环境中排放污染物质并超过环境新陈代谢能力所造成的污染后果,如空气质量下降、江河湖泊污染等。生态破坏,指人类不适当利用环境,致使生态系统自身的承载能力和恢复能力遭到破坏,使一定范围的生态系统遭受损害的事实。例如动植物物种减少甚至濒临灭绝、森林的过度砍伐等。基于以上危害行为会造成四种环境侵权损害结果,首先是对受害人造成的人身损害,公民最基本的健康权、生命权等受到环境侵害或威胁,如造成残疾,甚至失去生命等严重后果;其次是受害人的财产损害,主要是既得利益的损失和财产利益的损失。还有精神损害,是指侵害人通过侵权行为使受害人产生恐惧、怨恨、绝望等不良情绪。精神损害赔偿在英、美、法等国家的法律中均已经得到了认可,而我国虽然也规定了精神损害赔偿的内容,但因其成立的条件较为苛刻,使得受害人很难得到损害赔偿。最后一点就是环境损害,环境的损害又包括可逆和不可逆的,应尽量减少不可逆的环境损害行为。

3. 因果关系

污染环境的行为与损害结果之间的因果关系,是指环境侵权行为引出危害事实的关系。一般的侵权民事责任要求的因果关系是指违法行为与损害结果之间存在的因果关系,但行为的违法性不是环境侵权民事责任的构成要件,因此环境侵害行为与损害结果之间的因果关系就是承担环境侵权民事责任的必要条件。在环境损害赔偿中,由于在实践中环境侵权的复杂性和不确定性导致传统的因果关系的认定十分困难,通常采用因果关系的推定原则。环境侵权中环境损害的发生过程具有不确定性,在环境侵权行为中,通常是污染物以环境为媒介或者是通过破坏生态环境导致受害人受到侵犯,一种危害结果的产生极有可能由多种危害行为造成或者某种危害行为可能会造成多种危害结果的发生,所以,相比于一般侵权行为,认定环境侵权因果关系,需要具备相关的专业科学知识和仪器设备,而目前环保部门和司法部门在人力、财力和科学技术方面仍存在很大局限。因此因果关系推定原则在我国一些学者得到了肯定,并且最高人民法院也颁布了《关于适用〈中华人民共和国民事诉讼法〉若干问题的意见》。其中第十四条明确规定了举证责任转移问题,即在由环境侵权引起的损害赔偿案件中,如果被告否认原告提出的侵权事实,将举证责任交由被告,被告不能证明侵权事实与其无关的,则侵权事实成立。

二、环境侵权民事责任归责原则

国际环境立法大体经历了一个从过错责任原则到过错推定原则再到无过错责任原则的过程,当前,世界发达国家立法一般都确立了环境侵权归责原则的无过错责任原则。我国2009年颁布的《中华人民共和国侵权责任法》规定了环境污染案件适用无过错责任原则,这体现了我国经济社会发展的实际情况,对环境侵权民事责任制度的构建具有基础性的作用。通过考察历史和对具体制度的理论分析,可以看出,在环境侵权民事责任领域,确立无过错责任原则的合理性因素。环境侵权民事责任归责原则是指发生了环境事件,双方当事人诉诸司法机关依靠国家强制力解决纠纷时,司法部门在如何确定双方当事人及有关人员责任时所应采取的法律上的原则。归责原则在民事纠纷解决的过程中具有先导性和基础性,它决定着其他司法程序的步骤和具体操作模式。通过考察历史可以发现,环境侵权民事责任归责原则随着时代的发展而发展,它无时无刻不随着社会价值观念、法律权利分配的调整而调整。主要归责原则如下:

(一)过错责任原则

过错责任的基本含义是民事纠纷进入司法程序后,由司法部门经过法定要求进行判断,如果认为被告对于侵权结果的发生具有故意或过失的心理态度,则被告就要对其行为负民事责任。在适用过错责任的情况下,原告负有证明被告具有过错的举证责任,如其不能举证或所举证据证明力不足,则不能胜诉。过错责任起源于古代欧洲,公元前五世纪的古罗马就曾规定:如果故意烧毁他人赖以生活的重要财物,处以极刑;如果过失为之,则需赔偿损害;如果没有财产进行偿还,则予以轻度的处罚。古罗马具有侵权法性质的《阿奎利亚法》规定:行为人的过错是问责的根据,考查是否有过错须依据客观标准,如损害是由意外事件或受害人的过失造成,则免除侵权行为人的责任。这部法律奠定了过错责任的根基。在此基础上,法学家经过研究和法律实践,形成过错责任理论体系。首次将过错责任原则确定为民事侵权责任的重要原则,初始于法国。十九世纪的法国民法规定:在侵权事故发生后,在司法过程中只有认定行为者存在过失时,其才负侵权责任。过错责任原则在近代司法中占有重要地位,对于资本主义民事法律的发展产生了推动作用。在近代时期,特别是自由竞争资本主义时期,过错责任原则对于鼓励生产者自由竞争、活跃商品交易起到了重要作用。在过错责任原则下,人们的行为只要不在法律规定的过失范围内,就可以充分自由而为,甚至有损害发生时,如果行为人不存在过失,也可因而免责。随着对剩余价值欲望的膨胀,人类对大自然无节制的利用终于导致了自然环境的严重恶化,而过错责任原则已不能解决新出现的各种越来越复杂的环境问题,开始在司法适用中遇到困难。主要问题在于,过错是否由人主观产生的,外人对其难以进行确切的考查,财力和技术实力弱小的环境侵权受害人要证明企业对损害存在过失具有巨大的举证困难。这种境遇对受害人来说既不利又不合情理,法律的天平出现了倾斜。

（二）过错推定原则

为了克服主观过错主义在环境侵权领域存在的天生不足,过错推定原则开始出现并发展,经历了过失客观化以及违法视为过失等过渡阶段。过失客观化,是指以在同一情况下,以一般人在生活中处理事务时所应负的平均义务作为判断行为人是否存在过错的标准。它实际上为行为人的行为在法律上设定了一个客观的行为标准,无论行为人的内心真实的主观状态如何,只要其行为符合行为标准,就判断为无过失,不承担侵权责任;相反,如行为不符合行为标准,则判断为有过失,就要承担民事责任。过失客观化理论在环境侵权领域应用的结果是减轻了受害人的举证责任,受害人只需证明行为人没有尽到一般普通人的注意义务即可。同时,环境侵权方大多是企业,而企业不同于普通人,它没有像人一样的主观意志,只能通过其社会活动判断其行为是否违规,所以过失客观化理论应用于企业行为更加合理。过失客观化理论虽具有一定的合理性,但不能解决所有的环境侵权问题。在现实中,有些行为符合过失客观化制定的行为标准,但也给受害人造成了现实损失,这对受害人来说有失公平,于是便产生了违法视为过失理论。所谓违法视为过失,是指以违法性作为过失存在的依据,行为违法即存在过失。这里的"违法"应作广义的解释,违反制定法、社会公序良俗、公共一般道德标准都在范畴之内。违法视为过失理论在环境侵权领域的运用即"忍受限度论",当损害超过大多数人平均的心理忍受限度时,不管侵权行为人主观状态如何,即认为其行为具有违法性,则判定其对损害存在过失并承担责任。近现代环境侵权常涉及专业的科学知识,而普通受害者不具备这样的知识水平,有些情况下采用客观过错或违法视为过失理论,受害人仍不能证明侵权行为人有过失,过错推定理论便应运而生。过错推定论的核心内容是证明责任分配的改变,受害人只需证明自己的损害系由被告的行为所致,被告如不能证明自己不存在过失,则要承担侵权责任。相对于过错责任原则,过错推定原则在环境侵权领域具有优越性,它加重了处于强势地位的侵权人的证明责任,进一步加强了对处于弱势地位的受害人的权益保护。同时,过错推定论仍然存在不足,它没有彻底摆脱"过错责任"的影响,对行为合法且主观无过错的行为无法问责。

（三）无过错责任原则

无过错责任原则的基本含义是，在司法认定的过程中确认行为人对损害结果没有过错，但出于平衡双方当事人利益的考虑，由法律明文规定，行为人仍然要承担侵权责任。比如，法律规定的容易致害的从事高度危险活动的企业，不能以没有过错作为免责事由。无过错责任原则最早应用于工业领域，后来由于环境问题日益严重，其被引用到环境侵权领域。它主要有四层内涵：一是把过错排除在环境侵权责任的司法认定过程之外，使责任认定的难度减少。二是使因果关系认定的地位得到了极大的提升。只要存在侵权者活动与损害事实之间的因果关系并且不存在免责事由，则侵权责任成立。三是如果行为人在主观上具有故意或过失，就可以采用过错责任原则解决侵权问题，类似于一般侵权责任的解决方式。如果行为人无过错，但为保护受害人权益，实现法律公正，根据相关法律规定，则要进入无过错责任原则设定的轨道解决问题。四是无过错责任原则与损害赔偿社会化的诸种形式有密切联系。无过错责任原则提供理论基础，问题解决途径提供实践支撑。无过错责任原则对于保护受害者权益，抑制环境污染和生态破坏事件具有重要作用，被许多国家确立为处理环境案件的重要归责原则。我国的一些环境法律也确立了无过错责任原则，如具有民法基本法性质的《中华人民共和国民法通则》对未来民事特别法确立无过错责任原则留下了伏笔，其相关条文规定，行为人侵害各类民事利益时，在没有过错的情形下，如果相关法律规定也要承担责任的，则依此法律的规定。《中华人民共和国侵权责任法》实际上规定了环境侵权之中的无过错责任原则，主要内容是，行为人因其活动造成环境污染并致人损害，应当承担侵权责任；因为环境事件发生纠纷进行司法程序后，污染人应当承担相关证明责任，以证明其存在抗辩事由或其活动与受害人的损害结果之间没有联系。

三、环境民事责任的形式

环境民事责任的形式指环境侵权民事责任的承担方式，是指侵权者被以法定程序判定应负侵权责任后，以何种方式承担因自身侵权行为所引起的法律上的责任。在法律实践当中，只有对环境侵权行为确定合理的责任承担方式，才能使环境侵权受害人权益得到确实的救济。由于国情和法律文化不同，各国关于环境侵权责任承担方式的法律规定也不相同。

（一）我国关于环境侵权民事责任承担方式的法律规定

《中华人民共和国民法通则》规定的民事责任承担方式有：停止侵害；排除妨碍；消除危险；返还财产；恢复原状；修理、重作、更换；赔偿损失；支付违约金；消除影响、恢复名誉；赔礼道歉。但这些方式并不都适合于环境侵权领域，比如支付违约金就明显不适用于环境侵权纠纷。我国针对大气、水源、噪声等污染的特别法主要突出了两种责任承担方式：排除危害与赔偿损失。2010年施行的我国《侵权责任法》规定的承担侵权责任的方式主要有：停止侵害；排除妨碍；消除危险；返还财产；恢复原状；赔偿损失；赔礼道歉；消除影响、恢复名誉等。其中除第四项与第八项外，都可适用于环境侵权民事责任。

（二）我国司法实践中经常适用的环境侵权民事责任承担方式

考察我国环境侵权民事责任的司法实践，实际经常适用的责任承担方式主要有以下五种：

1. 停止侵害

环境侵权行为如果正在进行,受害人可以要求行为人停止侵权行为或通过司法程序请求法院或有权机关责令侵权者停止其行为。环境侵权行为一般都有持续性的特点,在受害人意识到自己受到侵害时及时制止侵权行为,可以有效保护自己的合法权益。

2. 排除妨碍

环境侵权者的活动致使受害者在行使自己合法权益时遇到阻碍,受害人有权要求行为人进行排除。法律给了人们行动的自由,但此种自由的行使以不阻碍他人自由的行使为前提。适用排除妨碍须注意:一是此种妨碍不以违法为成立要件,合法但对他人权益形成妨碍的行为,受害人也有权要求制止。二是妨碍必须是真实存在的。妨碍行为是实际具有的并且可以感知的,不是人们的主观臆想。

3. 消除危险

消除危险主要指环境侵权行为如果对某些权益形成了确实的威胁,相对人可以要求制造危险者进行消除。这里的危险需要进行客观性评价,即实际存在而并非主观想象。

4. 恢复原状

恢复原状是指将被环境侵权损害的受害人财产或权利在一定程度上恢复到正常的状态。恢复原状需要具备两个前提:一是权益有恢复的可能性。大多数财产权益可以恢复,人身权益一般无法恢复。二是从一般价值观念考量确有恢复的必要。如果恢复原状的代价太高甚至超过了受害权益的价值,法庭一般不会采用此种责任承担方式。

5. 赔偿损失

赔偿损失是指环境侵权者在对他人的权利造成损害后,用自己的财产对损害加以弥补的责任承担形式。和一般侵权责任一样,赔偿损失是环境案件中应用最多的承担方式。我国采取财产损害全部赔偿原则;人身伤害赔偿主要包括由于受害人人身权受损而遭受的财产损失;根据最高人民法院的司法解释,精神损害可以要求赔偿损失。环境权益的损失是否可以要求给予损害赔偿,是当前各国学者研究的重要问题。确立环境权益的赔偿损失原则具有重要意义:

第一,可以全面地保护公众的合法权益特别是环境权,使法律的权利救济功能得以充分发挥。

第二,可以增加侵权成本,进一步通过制度抵制环境侵权的发生。

第三,增强普通群众的环境保护意识,促进地球生态和谐。

第四节 环境刑事责任

一、环境刑事责任的概念

(一)环境刑事责任的定义和特征

环境刑事责任是指作为行为主体的自然人、法人或者其他组织因实施了污染、破坏环境的客观行为直接或间接导致环境法益受到侵害,为此所应承担的由司法机关根据环境法以及环境刑法的相关规定做出否定评价的法律责任。作为法律责任组成体系的一个部分,将环境刑事责任与民事责任、行政责任、其他领域的刑事责任予以实质和形式的区分,是厘清环境刑事责任特征的关键。

环境刑事责任与一般刑事责任的区别:

两者针对的犯罪行为不同,即行为对象不同,环境刑事责任处罚的行为对象是危害环境或者有可能危害环境的行为,以及实施该行为会造成一定程度上的环境损害后果;一般刑事责任针对的客体是除环境法益之外的其他受法律保护的法益。

两者的责任内容不同,环境刑事责任除了基于法律的规定对行为主体实施的与环境有关的不良行为予以法律上的否定性评价,同样是环境权的依法享有和行使的核心;一般刑事责任以是以否定除环境犯罪以外的行为并要求行为主体承担不利后果为基本内容。

环境刑事责任与环境民事责任的区别:

环境民事责任是以补偿性为主要内容的,也就是说民事责任的目的是由做出危害环境或者因危害环境受益一方向受损一方做出的补偿性赔偿;环境刑事责任的赔偿属于惩罚性赔偿。

民事责任处罚的对象是行为主体的财产,行为主体受到的民事处罚一般以物质损失为主,而刑事责任更多的是针对行为主体的人身自由甚至是生命做出处罚。

环境刑事责任与环境行政责任的区别:

《环境保护法》规定环境资源行政责任主体具体包括:国家各级环境保护部门,不同领域的主管部门和监督部门。例如:针对矿业、农业、工业等不同行业涉及环境因素均设立了主管部门。从法律规定可以看出,环境刑事责任与环境行政责任的主要区别是被追究责任的行为主体多为企事业单位及其领导人员、直接责任人员;但是环境刑事责任的行为主体是除了国家之外的自然人、法人以及其他组织,缺乏环境行政责任处罚相对人的明确指向性。

综上,环境刑事责任具有如下特征:

1. 保护对象的特殊性

环境刑事责任针对的仅限于违反相关环境法和环境刑法的规定,对环境法益造成损害的行为主体,与传统刑法法益的不同点在于其保护的对象是环境刑法法益,并非传统的刑法其他法益。

2. 强制力

社会关系一经法律确定就具有了特殊属性,它的实施有国家作为强大的后盾给予支持。作为法律明文规定保护的社会关系——环境,与其他非法律保护的社会关具有实质性的不同,即环境刑事责任既具有法律责任的公共性,也具有一般社会规范所不具有的权威性。

3. 惩罚性

与环境行政责任的行政惩戒性相比,环境刑事责任的惩罚性更为严厉,旨在对损害环境法益的行为作出刑法上的否定性评价。

4. 补偿性

环境刑事责任的补偿性不同于民法中规定的补偿责任,因为民事诉讼旨在解决民间纠纷,就是指民事主体之间的矛盾和争议,据此所做的裁判目的是用物质补偿受损一方的利益;但环境刑事责任的补偿对象不仅包括直接利益损失方,还有因环境犯罪造成的连锁反应的利益损失方,补偿的范围更广泛。

（二）环境刑事责任的成立要件

环境刑事责任处罚的对象是污染、破坏环境并违反法律强制性规定的违法行为,即环境犯罪行为,是环境法与刑法两个部门法交叉规定的新的社会范畴,其具体构成要件同样包括环境犯罪主体、环境犯罪主观方面、环境犯罪客体、环境犯罪客观方面四个要件。由其引起的法律责任即环境刑事责任的构成要件同样包括以上四个方面。

1. 行为主体要素

《中华人民共和国刑法》中对作为犯罪主体的年龄有明确的规定,年满16周岁是依据综合因素多方考虑进而得出的年龄界限,即年满16周岁就具备了承担刑事责任的条件。但如果行为涉及法律规定的8类犯罪时,刑事责任年龄的范围为年满14周岁。自然人作为犯罪主体承担环境刑事责任,同时法律也将法人、事业单位等符合法律规定的组织列为承担环境刑事责任的主体。将单位纳入犯罪主体的范畴标志着我国在犯罪主体领域的研究有了进一步的突破。自然人作为行为主体实施社会行为、参与社会生活是毋庸置疑的,在理论界同样得到了证实,因为自然人具备了区别其他生物主体的特征,即能够自主地表达自我的需求,能够主动地通过行为反映心理活动,将内心活动形式化、具象化。因此,自然人就具备了承担环境刑事责任的前提——行为能力。《中华人民共和国刑法》中不仅规定了一般自然人实施的犯罪行为,例如规定了污染环境罪和非法捕捞水产品罪等,还规定了具有特殊身份的自然人的行为义务,例如《中华人民共和国刑法》规定:林业主管部门的工作人员违反森林法的规定,超过批准的年采伐限额发放林木采伐许可证或者违反规定滥发林木采伐许可证,情节严重,致使森林遭受严重破坏的,处三年以下有期徒刑或者拘役。构成上述犯罪的前提是行为主体依法具有管理森林环境的义务,即身份犯。随着社会发展脚步的加快,为了获得更大的利益,各类主体对自然资源的需求将会更大。仅仅将自然人作为环境刑事责任承担的主要主体,已经不能与社会发展的脚步相一致,各类法人、社会团体等组织机构对环境造成的不利后果同样不容小觑。

2. 主观要素

精神没有缺陷的正常人在做出一定行为时,均会对自己所做行为的具体内容和实施方式有具体的认识,也就是说知道自己做了什么,会有什么后果。上述在刑法中的表述即主观方面,是违反法律规定而实施违法行为的行为主体对自己实施该行为时的心理活动,而环境刑事责任的主观方面就是指环境刑法规定的主体在实施污染、破坏环境的行为时内心所持的态度。由此可知,心理态度的程度不同导致承担的责任也不同,无法证明行为主体实施犯罪时内心活动是基于何种态度发生的,就不能将后果归责于行为主体,因为无罪过,无责任。我国规定刑事责任的主观方面仅包括故意和过失,不可抗力和意外事件不能作为承担刑事责任的主观方面依据。根据《中华人民共和国刑法》第十四条的规定,故意分为直接故意和间接故意,过失分为过于自信的过失和疏忽大意的过失。

（1）直接故意

是指在实施行为时对行为后果有清晰的认识,并且报以让结果一定发生、希望发生的心理态度实施危害行为。例如,破坏性采矿罪的成立要件是行为主体明知非法采矿的行为会减少矿产资源并会破坏与矿产资源相关联的生态环境,但是仍然积极实施破坏性的开发矿产资源的行为。行为主体在实施某种特定的行为时清楚地知道自己的行为会对环境造成不利影响,但是所持的心理态度就是希望这种结果发生。积极实施行为就是这样的思想活动主导的,而且期待结果发生的内心活动贯穿于整个行为的实施过程,造成危害环境的后果是内心活动的具体表现形式,直接反映出行为主体对实施行为的心理因素。

（2）间接故意

依据故意的"程度"不同能够划分出与直接故意略有差异的间接故意。"程度"的根本就是行为发生时行为主体所进行的心理活动的内容,并不是积极希望结果的发生,而是持有一种放任的心理,即发生与否行为主体都可以接受,对结果发生的心理期望值低于直接故意的心理期望值。自然人犯罪中由于对经济的过分追求而牺牲环境的案例比比皆是,自然人的主观方面就体现出实施环境违法行为时所持的期望或者放任损害结果发生的态度,例如非法运输林木的行为主体实施的并非是直接对环境造成破坏的行为,但是不按照法律的规定,违反遵守法律的义务运输林木,对环境的不利影响持有一种放任的心理,即发生与否都不影响行为主体实施其行为。

（3）过于自信的过失

行为主体实施行为时能够认识到可能产生的结果,但是抱着侥幸心理,过于自信地认为自己有能力使结果朝着好的方向进展,但仍然导致了环境损害的事实。这种罪过心理与故意的不同点为行为主体并没有追求结果的发生,相反他并不希望结果发生,只是过于自信认为即使实施行为也可以避免损害结果的发生。

（4）疏忽大意的过失

若行为主体在实施行为时有证据证明确实没有认识到其可能产生的后果,此时的行为主体主观上并没有任何对结果发生持有的态度,因为行为主体没有主动地认识活动。区别于过于自信的过失的主观心理活动,行为主体因自身因素的限制导致没有对结果的发生产生认识,即为疏忽大意的过失。但是由于造成的结果是运用生活经验能够预知的,基于行为主体自身的疏忽大意导致环境受到破坏、环境法益受到损害,那么行为主体的这种心理仍然属于过失的一种。

3. 客体要素

承担环境刑事责任的前提一定是发生了法律禁止实施的行为导致的损害事实,并且该行为是根据法律规定应当处罚的行为,因此实施该行为的主体就应当承担环境刑事责任。由此可知,确定责任的目的是将行为主体对环境的作为和不作为的后果归于具体的对象,而责任发生的前提是有实际的损害环境行为存在,即保护行为主体破坏的环境法益存在。客体是确定某种针对环境做出的行为是否能够成立环境犯罪必不可少的要件,侵犯不同的环境法益,定罪和量刑必定截然不同,例如《中华人民共和国刑法》第三百四十条规定的非法捕捞水产品罪是违反水产资源法规所承担的罪名,而第三百四十二条规定的非法占用农用地罪是违反土地管理法规,两者承担责任依据的法规不同,因为两者所侵犯的环境利益不同。否认责任构成中客体的必要性就意味着实践中不能表明立法原意,即设立该罪名想要保护的内容是什么,失去了将某类行为入罪的法律依据。我国刑法理论界认为环境犯罪侵害的客体是国家环境管理秩序,这也是《中华人民共和国刑法》把破坏环境资源保护罪纳入"妨害社会管理秩序罪"一章的原因。目前根据我国理论界的看法以及《中华人民共和国刑法》的规定,可以看出环境刑事责任的客体应当界定为环境权。环境权是人类面对环境危害时具有的一种权利,是人们对生活环境和生态环境的正常存在状态的要求,其实质是赋予人们享有正常生产和生活的良好环境的法律所保护的权利。环境权的概念是在 20 世纪 60 年代提出的,荷兰、法国等许多国家在宪法中将环境权予以明确,同时美国的许多州也有关于环境的司法案件,这些都为我国将来明确环境权提供了实践依据。因此,我国环境犯罪理论想要有质的改变并与国际接轨,将环境权纳入环境刑事责任客体显得尤为重要。

4. 客观方面

客体是行为作用的实体对象,是承担环境刑事责任的必备要素。而客观方面是犯罪行为依据法律规定划分要件的主要内容,虽不同于客体对象的明显存在,同样是实际发生和真实存在的,其事实特征可以归纳为危害行为、危害结果、行为和结果之间的因果关系。

(1) 危害行为

承担环境刑事责任所实施的环境犯罪行为在实践中既包括积极的作为行为也包括消极的不作为行为。积极的作为行为是自然人或者非自然人直接、主动、有目的地向自然输入大量能够引起生态环境质变的物质或能量,或者输出能够维持生态环境正常运转的物质或能量,行为目的就是改变环境的现有状态使环境恶化。消极的不作为是自然人或非自然人在利用自然资源、开发自然环境的过程中,以及实施其他行为时与自然资源、生态环境发生的非主观性的交集,由此向环境输出的非本我的物质导致环境受到破坏,或者资源被过度利用,因此产生的恢复环境原貌的义务。

(2) 危害结果

危害结果是指由危害行为引起的符合刑法规定并具有刑法意义的对环境的损害结果,包括定罪结果和量刑结果。环境犯罪的危害结果可以是现实的损害也可以是非现实化的损害,既可以是已经造成明显的实际结果也可以是具有可能导致同类结果发生的现实危险性,根据导致的损害程度区分行为主体应当承担何种刑事责任。

(3) 因果关系

任何行为一经做出就会在特定的范围内与特定事物发生物质转换,造成相应的结果。将责任归咎于行为主体的理由是引起结果发生的行为是该行为主体发出的。但需要强调的是,要明确行为主体实施的行为是否与结果之间存在引起与被引起的关系,如果答案是否定的那么就不能给行为主体定罪,例如不能将污染水资源的结果归咎于行为主体实施盗伐林木的行为,虽然两种行为都属于法律做出否定性评价的行为,但不能一概而论,否则就失去法律的严谨性。

当因果关系仍有不明确之处时,量刑存在困难。因果关系是证明行为与结果存在引起与被引起关系的唯一标准,但是由于取证过程存在一定时间、地域等客观要素的限制,致使多数危害后果无法归责于某一行为。近年来我国发生的破坏环境的行为只有为数不多的被认定为环境犯罪。根据中国政法大学"污染受害者法律帮助中心"统计,该中心截止到 2013 年共有不到 200 起案子能够立案开庭。综上所述,因果关系不明确导致无法入刑的案件不在少数。

因果关系的证明困难也使量刑适用存在问题。量刑是处罚犯罪行为的幅度,一般可以划分为两档:第一档是量刑较轻;第二档是量刑较重。因果关系的存在是能够证明危害后果是由某一或者某些行为主体实施的行为所导致的最有力的标准,但是如果因果关系在证明行为与造成结果的轻重之间存在认定困难时,就无法对行为主体的行为进行正确的量刑,有违罪刑法定原则。

二、环境刑事责任的归责原则

刑事归责原则是以过错原则为基本原则,即将主客观一致作为入罪的标准。目前在学界还提出了相对严格责任和绝对严格责任两种归责原则。界定不同的责任原则不仅要依据隐藏在其背后的政策规定、法律体系,还应当考虑各国不同的社会现状,归责原则类型化分析能够为我国今后改革司法制度以及在环境法创新应用提供理论支撑。

(一)过错责任原则

过错责任原则是指必须以行为主体主观是否有罪过即是故意还是过失,并以此作为定罪量刑的准则。

第一,将行为主体主观存在过错作为承担刑事责任的前提是过错责任原则的核心要素,即行为主体主观存在故意或者过失的罪过时才能适用该原则。

第二,行为主体的过错程度是确定量刑轻重的依据。我国现阶段针对环境犯罪依然采取该原则,也就是说必须对行为主体实施危害环境的行为时的主观意识进行评价,当证明其主观存在过错时才能依据法律规定对行为主体作出承担刑事责任的裁判。我国传统刑法理论将犯罪构成四要素作为定罪的标准,作为四要件之一的主观方面因素是必不可少的。如果对行为主体的主观无法做出定论就失去了定罪的依据,那么让其承担刑事责任是不符合法律规定的。

(二)相对严格责任原则

相对严格责任是指不以行为主体主观故意作为定罪量刑的依据,而是只要行为主体实施了具体的危害行为,在客观上造成或者可能造成损害环境的后果,依法应当承担相应的刑事责任。本原则适用时允许行为主体以"无过错"进行无罪辩护。

适用相对严格责任原则的优势:

1. 符合罪过责任

相对严格责任不要求司法机关定罪量刑时证明犯罪嫌疑人主观存在故意或者过失,但是如果犯罪嫌疑人有证据证明在实施犯罪行为时主观没有过错,那么就可以不承担刑事责任。

2. 既注重效率又兼顾公平与正义

司法公正的要求是只有在证据确实充分、认定事实没有错误时才能认定行为主体的行为构成犯罪,这也是过错责任原则的本质体现。但是在确保司法公正的同时也应当注重司法效率的提高,而过错责任原则的适用对司法效率提高起到的作用并不明显,但是相对严格责任原则却解决了这一问题。

(三)绝对严格责任原则

绝对严格责任是指不以行为主体主观具有罪过作为定罪量刑的依据,而是只要行为主体实施了具体的危害行为,在客观上造成或者可能造成损害环境的后果依法应当承担相应的刑事责任。在此原则之下不允许行为主体以"无过错"进行无罪辩护。

适用绝对严格责任的优势:

1. 有效惩治环境犯罪

环境犯罪不同于其他刑事犯罪,受到侵害后的损害结果可能存在短期内无法显现,因此某些会造成隐藏损害的行为当时无法受到惩罚,适用该原则能够有效防止规避法律责任的行为,遏制环境犯罪行为的发生,保护环境利益。

2. 提高司法效率

单位犯罪中司法机关对于单位的主观过错承担举证责任,但是实际操作中存在诸多不便,适用该原则能够排除定罪时主观取证困难的障碍,维护司法公正的同时提高了司法效率。

三、破坏环境资源保护罪

破坏环境资源保护罪指个人或单位故意违反环境保护法律,污染或破坏环境资源,造成或可能造成公私、财产重大损失或人身伤亡的严重后果,触犯刑法并应受刑事惩罚的行为。它是1997年新刑法增设的一类犯罪。其侵犯的客体是国家对环境资源保护的管理制度。构成此类犯罪的主体,为一般犯罪主体。以下是现行《刑法》中各个罪名的具体分类:

(一)污染环境罪

第三百三十八条 [污染环境罪]违反国家规定,排放、倾倒或者处置有放射性的废物、含传染病病原体的废物、有毒物质或者其他有害物质,严重污染环境的,处三年以下有期徒刑或者拘役,并处或者单处罚金;后果特别严重的,处三年以上七年以下有期徒刑,并处罚金。

(二)非法处置进口的固体废物罪

第三百三十九条 [非法处置进口的固体废物罪;擅自进口固体废物罪;走私固体废物罪]违反国家规定,将境外的固体废物进境倾倒、堆放、处置的,处五年以下有期徒刑或者拘役,并处罚金;造成重大环境污染事故,致使公私财产遭受重大损失或者严重危害人体健康的,处五年以上十年以下有期徒刑,并处罚金;后果特别严重的,处十年以上有期徒刑,并处罚金。

未经国务院有关主管部门许可,擅自进口固体废物用作原料,造成重大环境污染事故,致使公私财产遭受重大损失或者严重危害人体健康的,处五年以下有期徒刑或者拘役,并处罚金;后果特别严重的,处五年以上十年以下有期徒刑,并处罚金。

(三)擅自进口固体废物罪

以原料利用为名,进口不能用作原料的固体废物、液态废物和气态废物的,依照本法第一百五十二条第二款、第三款的规定定罪处罚(根据刑法修正案(四)修改)。

原条款:以原料利用为名,进口不能用作原料的固体废物的,依照本法第一百五十五条的规定定罪处罚。

(四)非法捕捞水产品罪

第三百四十条 [非法捕捞水产品罪]违反保护水产资源法规,在禁渔区、禁渔期或者使用禁用的工具、方法捕捞水产品,情节严重的,处三年以下有期徒刑、拘役、管制或者罚金。

(五)非法猎捕、杀害珍贵、濒危野生动物罪、非法收购、运输、出售珍贵、濒危野生动物、珍贵、濒危野生动物制品罪、非法狩猎罪

第三百四十一条 [危害珍贵、濒危野生动物罪;非法狩猎罪;非法猎捕、收购、运输、出

售陆生野生动物罪]非法猎捕、杀害国家重点保护的珍贵、濒危野生动物的,或者非法收购、运输、出售国家重点保护的珍贵、濒危野生动物及其制品的,处五年以下有期徒刑或者拘役,并处罚金;情节严重的,处五年以上十年以下有期徒刑,并处罚金;情节特别严重的,处十年以上有期徒刑,并处罚金或者没收财产。违反狩猎法规,在禁猎区、禁猎期或者使用禁用的工具、方法进行狩猎,破坏野生动物资源,情节严重的,处三年以下有期徒刑、拘役、管制或者罚金。

（六）非法占用耕地罪

第三百四十二条　[非法占用农用地罪]违反土地管理法规,非法占用耕地、林地等农用地,改变被占用土地用途,数量较大,造成耕地、林地等农用地大量毁坏的,处五年以下有期徒刑或者拘役,并处或者单处罚金(根据刑法修正案(二)修改,全国人民代表大会常务委员会关于《中华人民共和国刑法》第二百二十八条、第三百四十二条、第四百一十条的解释)

原条款:违反土地管理法规,非法占用耕地改作他用,数量较大,造成耕地大量毁坏的,处五年以下有期徒刑或者拘役,并处或者单处罚金。

（七）破坏性采矿罪

第三百四十三条　[非法采矿罪;破坏性采矿罪]违反矿产资源法的规定,未取得采矿许可证擅自采矿的,擅自进入国家规划矿区、对国民经济具有重要价值的矿区和他人矿区范围采矿的,擅自开采国家规定实行保护性开采的特定矿种,经责令停止开采后拒不停止开采,造成矿产资源破坏的,处三年以下有期徒刑、拘役或者管制,并处或者单处罚金;造成矿产资源严重破坏的,处三年以上七年以下有期徒刑,并处罚金。违反矿产资源法的规定,采取破坏性的开采方法开采矿产资源,造成矿产资源严重破坏的,处五年以下有期徒刑或者拘役,并处罚金。

（八）非法采伐、毁坏珍贵树木罪

第三百四十四条　[危害国家重点保护植物罪]违反国家规定,非法采伐、毁坏珍贵树木或者国家重点保护的其他植物的,或者非法收购、运输、加工、出售珍贵树木,或者国家重点保护的其他植物及其制品的,处三年以下有期徒刑、拘役或者管制,并处罚金;情节严重的,处三年以上七年以下有期徒刑,并处罚金(根据刑法修正案(四)修改)。

原条款:违反森林法的规定,非法采伐、毁坏珍贵树木的,处三年以下有期徒刑、拘役或者管制,并处罚金;情节严重的,处三年以上七年以下有期徒刑,并处罚金。

（九）非法收购盗伐、滥伐的林木罪

第三百四十五条　[盗伐林木罪;滥伐林木罪;非法收购、运输盗伐、滥伐的林木罪]盗伐森林或者其他林木,数量较大的,处三年以下有期徒刑、拘役或者管制,并处或者单处罚金;数量巨大的,处三年以上七年以下有期徒刑,并处罚金;数量特别巨大的,处七年以上有期徒刑,并处罚金。违反森林法的规定,滥伐森林或者其他林木,数量较大的,处三年以下有期徒刑、拘役或者管制,并处或者单处罚金;数量巨大的,处三年以上七年以下有期徒刑,并处罚金。非法收购、运输明知是盗伐、滥伐的林木,情节严重的,处三年以下有期徒刑、拘役或者管制,并处或者单处罚金;情节特别严重的,处三年以上七年以下有期徒刑,并处罚金。盗伐、滥伐国家级自然保护区内的森林或者其他林木的,从重处罚(根据刑法修正案(四)修改)。

原条款:盗伐森林或者其他林木,数量较大的,处三年以下有期徒刑、拘役或者管制,并处或者单处罚金;数量巨大的,处三年以上七年以下有期徒刑,并处罚金;数量特别巨大的,处七年以上有期徒刑,并处罚金。违反森林法的规定,滥伐森林或者其他林木,数量较大的,处三年以下有期徒刑、拘役或者管制,并处或者单处罚金;数量巨大的,处三年以上七年以下有期徒刑,并处罚金。以牟利为目的,在林区非法收购明知是盗伐、滥伐的林木,情节严重的,处三年以下有期徒刑、拘役或者管制,并处或者单处罚金;情节特别严重的,处三年以上七年以下有期徒刑,并处罚金。盗伐、滥伐国家级自然保护区内的森林或者其他林木的,从重处罚。

第三百四十六条　[单位犯破坏环境资源保护罪的处罚规定]单位犯本节第三百三十八条至第三百四十五条规定之罪的,对单位判处罚金,并对其直接负责的主管人员和其他直接责任人员,依照本节各该条的规定处罚。

四、环境监管失职罪

环境监管失职罪是指负有环境保护监督管理职责的国家机关工作人员严重不负责任、导致发生重大环境污染事故,致使公私财产遭受重大损失或者造成人身伤亡的严重后果的行为。

（一）构成要件

1. 客体要件

本罪侵犯的客体是国家环境保护机关的监督管理活动和国家对保护环境防治污染的管理制度。或者是负有环境监管职责的国家执法人员的勤政性及权力行为的正当性。

2. 客观要件

本罪在客观方面表现为严重不负责任,导致发生重大环境污染事故,致使公私财产遭受重大损失或者造成人身伤亡的严重后果的行为。

（1）必须有严重不负责任的行为

严重不负责任是指行为人有我国《环境保护法》《水污染防治法》《大气污染防治法》《海洋环境保护法》《固体废物污染防治法》等法律及其他有关法规所规定的关于环境保护部门监管工作人员不履行职责,工作极不负责的行为。实践中严重不负责任的表现多种多样,如对建设项目任务书中的环境影响报告不作认真审查,或者防治污染的设施不进行审查验收即批准投入生产、使用;对不符合环境保护条件的企业、事业单位,发现污染隐患,不采取预防措施,不依法责令其整顿,以防止污染事故发生;对造成环境严重污染的企业、事业单位应当提出限期治理意见而不提出治理意见;或者虽然提出意见,令其整顿、但不认真检查、监督是否整顿治理以及是否符合条件;应当现场检查排污单位的排污情况而不作现场检查,发现环境受到严重污染应当报告当地政府的却不报告或者虽作报告但不及时等。

（2）严重不负责任的行为必须导致重大环境污染事故的发生致使公私财产遭受重大损失或者造成人身伤亡的严重后果

所谓环境污染是指由于有关单位违反法律、法规规定,肆意、擅自向土地、水体、大气排放、倾倒或者处置有放射性的废物、含传染病病原体的废物、有毒物质或其他危险废物,致使土地、水体、大气等环境的物理、化学、生物或者放射性等方面特性的改变,致使影响环境的有效利用、危害人体健康或者破坏生态环境,造成环境恶化的现象。所谓环境污染事故,则是因为环境污染致使在利用这些环境的过程中造成人身伤亡、公私财产遭受损失后果。根据 1999 年 9 月 16 日最高人民检察院发布施行的《关于人民检察院直接受理立案侦查案件立案标准的规定》(试行)的规定,涉嫌下列情形之一的应予立案:

① 造成直接经济损失 30 万元以上的;

② 造成人员死亡 1 人以上,或者重伤 3 人以上,或者轻伤 10 人以上的;

③ 使一定区域内的居民的身心健康受到严重危害的;

④ 其他致使公私财产遭受重大损失或者造成人员伤亡严重后果的情形

(3) 严重不负责任行为与造成的重大损失结果之间,必须具有刑法上的因果关系。

这是确定刑事责任的客观基础,严重不负责任行为与造成的严重危害结果之间的因果关系错综复杂,构成本罪。应当追究刑事责任的则是指严重不负责任行为与造成的严重危害后果之间有必然因果联系的行为。

3. 主体要件

本罪主体为特殊主体,即是负有环境保护监督管理职责的国家机关工作人员,具体是指在国务院环境保护行政主管部门、县级以上地方人民政府环境保护行政主管部门从事环境保护工作的人员,以及在国家海洋行政主管部门、港务监督、渔政渔港监督、军队环境保护部门和各级公安、交通、铁路、民航管理部门中,依照有关法律的规定对环境污染防治实施监督管理的人员。此外,县级以上人民政府的土地、矿产、林业、农业、水利行政主管部门中依照有关法律的规定对资源的保护实施监督管理的人员,也可以构成本罪的主体。负有环境保护监督管理职责的国家机关,既包括对环境保护工作实施统一监督管理工作的各级环境行政主管部门,也包括环境保护的协管部门,即依照有关法律规定对环境污染防治实施监督管理的其他部门,例如:国家海洋行政主管部门负责组织海洋环境的调查、监测、监视、开展科学研究,并主管海洋石油勘探开发和防止海洋倾倒废物污染损害的环保工作;港务监督部门负责船舶排污的监督及调查处理、港区水域的监视;军队环保部门负责军用船舶排污的监督和军港水域的监视;各级交通部门的航政机关负责对船舶污染实行监督管理;各级公安、交通、铁道、渔业管理部门根据各自的职责对机动车、船舶污染大气实施监督管理;县级以上地方人民政府的土地、矿产、林业、农业、水利行政主管部门,分别依照《土地管理法》《矿产资源法》《森林法》《野生动物保护法》《草原法》《渔业法》《水法》的规定以及有关资源的保护实施监督管理。

4. 主观要件

本罪的主观上是过失,也不能排除放任的间接故意的存在。如明知有关单位排放污水、废气或固体废料的行为违反环境保护法,可能造成重大环境污染事故,危及公私财产或人身安全,但严重不负责任,不采取任何措施予以制止,而是采取放任的态度,以致产生严重后果。行为人主观上显然属于放任的间接故意,而非过失。

(二) 司法解释

环境监管失职罪是指负有环境保护监督管理职责的国家机关工作人员严重不负责任,不履行或不认真履行环境保护监管职责导致发生重大环境污染事故,致使公私财产遭受重大损失或者造成人身伤亡的严重后果的行为。涉嫌下列情形之一的,应予立案:

① 造成直接经济损失 30 万元以上的;

② 造成人员死亡 1 人以上,或者重伤 3 人以上,或者轻伤 10 人以上的;

③ 使一定区域内的居民的身心健康受到严重危害的；

④ 其他致使公私财产遭受重大损失或者造成人身伤亡严重后果的情形。

（三）司法认定

1. 环境监管失职罪与工作失误的区别

工作失误是行为人由于做出错误决策，导致公共财产、国家和人民利益遭受损失的行为，行为人一般缺乏犯罪所必须具备的主观要件。

2. 环境监管失职罪与一般环境监管失职行为的区别

一般环境监管失职行为是行为人具有环境监管失职行为，但并没有造成公私财产、国家和人民的利益重大损失或者人身伤亡的严重后果，或者虽然造成了损失但并没有达到《中华人民共和国刑法》所规定的重大损失的程度。

3. 环境监管失职罪与重大责任事故罪的区别

（1）主体不同

环境监管失职罪的主体只能为国家机关工作人员，及虽不是国家机关人员，但代表国家机关行使环境监管职责的国家机关中从事公务的人员；而重大责任事故罪的主体却是工厂、矿山、林场、建筑或者其他企业、事业单位的人员。

（2）犯罪行为发生的场合不同

环境监管失职犯罪只能发生在国家机关的环境监管活动过程中；而重大责任事故罪却是发生在生产作业过程中。

（3）客观表现形式不同

环境监管失职罪往往表现为行为人严重不负责任，不履行或者不认真、不正确履行法律所赋予的环境监管职责；而重大责任事故罪，则一般表现为行为人不服从管理、违反规章制度，或者强令工人违章冒险作业。

（4）侵犯的客体不同

环境监管失职罪侵犯的客体是国家机关的正常管理活动，重大责任事故罪所侵犯的客体则是社会公共安全。

（四）刑法处罚

负有环境保护监督管理职责的国家机关工作人员严重不负责任，导致发生重大环境污染事故，致使公私财产遭受重大损失或者造成人身伤亡的严重后果的，处三年以下有期徒刑或者拘役。

第八章　纠纷的处理

第一节　民事纠纷的处理

一、民事纠纷处理概述

（一）环境民事纠纷的概念

随着人类文明推进和人类活动对自然环境影响的日益加深，环境污染问题是越发凸显。在人类从环境中获取物质和能量以维持自身生存和发展的同时，也在向环境排放各种废弃物。鉴于地球载体的唯一性、整体性和有限性，同一份资源往往要同时服务于两个或两个以上不同或是截然相反的目的，纠纷在所难免，因此，通常我们把这种因环境资源利用而产生的冲突和争执称为环境纠纷。环境纠纷有广义和狭义之分，广义环境纠纷是指所有以环境争议为核心的纠纷，狭义环境纠纷通常指环境民事纠纷，具体指在平等民事主体之间，因环境开发、利用、污染、破坏和保护而产生的纠纷。环境纠纷范围宽泛，目前学界对环境纠纷的理解和概念表述不尽相同。蔡守秋教授认为，生活中一般环境纠纷其实应是环境资源纠纷，他将民事、刑事、行政纠纷都纳入该概念，并不区分纠纷种类，是一种广义的概念，即"所谓环境纠纷是指因环境资源的开发、利用、保护、改善及其管理而发生的各种矛盾和纠纷，它包括环境行政纠纷、民事纠纷和刑事纠纷，主要是指因环境污染和环境破坏而引起的纠纷。"黄希生、邓禾则将这类纠纷限定在狭义的环境民事纠纷范围内，概念中不再包括刑事和行政纠纷。学者们在研究环境纠纷的行政处理机制时，如无特指，大部分学者仍倾向于狭义的概念，即环境纠纷即环境民事纠纷。指平等民事主体之间因生产生活或其他行为，造成了环境污染和破坏，并因此可能侵害对方人身健康、财产安全等事实产生的纠纷。环境民事纠纷所争议的内容通常包括要求停止环境污染和破坏、消除危险、排除妨碍、赔偿损失等。

（二）环境民事纠纷的主要内容

环境民事纠纷的内容主要有四方面：关于人身损害的纠纷，财产损害的纠纷，精神损害的纠纷和环境权益损害的纠纷。吕忠梅教授将环境污染和破坏而造成的损害分为两类，一类是对人的损害即因环境污染造成的财产损害、人身伤害、精神损害；一类是对环境的损害，即对自然资源和环境的污染与破坏。

首先，"对人的损害"的物质损害纠纷通常指财产利益的损失。考虑是因一方对环境污染破坏所造成的，受害人因此受到经济上的损失，产生的人身损害和财产损害纠纷可以通过经济补偿来弥补。但这种补偿具有人身性，如环境侵权引起的医疗费、误工费、丧葬费等。同时环境侵权具有特殊性，导致财产损失赔偿不仅应包括对已经发生的损害赔偿，还应包括预期可得利益赔偿,例如违法排污将下游养殖场污染,致使鱼苗大量死亡,这时就不能就对鱼苗进行赔偿,还应有鱼苗成熟后的财产收益赔偿。

同时"对人的损害"的精神损害纠纷表现为:一是按照传统民法理论,人身伤害和具有特殊意义的财产损害都可以依此产生精神损害,这种精神损害赔偿也是我们最常见的和容易理解的,它往往以人身生命健康受到侵害为要件;二是因为损害了人们的环境权而产生的精神损害,不同于第一种情况,它的产生不是以人身健康受到侵害为标准,而是人们一种更高的生活追求,对美对环境的欣赏造成了破坏,是一种更高层次的追求。

最后,"对环境的损害"即环境权益损害纠纷,在这里不涉及人的利益,仅包括环境本身。环境侵权有其自身的特殊性,它不仅仅表现在对现如今环境的破坏上,更具有一定的延续性,即我们当代人破坏了后代人的环境。环境权益的损害是指因为我们生产生活中的不当或过度利用环境进而致使生活环境、大气环境质量下降,对人们追求环境优美、居住舒适造成了影响,破坏了良好的生态环境,对当下的人类和后代都是损害。较之于前两种纠纷,这是人们对生活质量的一种更高层次的追求,同时也是经济发展工业化进程加剧带来的。试想如果现阶段在生产力水平不高、工业化进程缓慢,人类对自然界的开发利用在一个较低的水平,就不会向环境中排放数量如此之大的污染物,那么生态环境就不会有如此严重的破坏,当然不存在损害环境权益一说。但也恰恰是因为生产力的提高,人们的生活不再仅仅局限于物质要求,而有了更多精神文化的需求,慢慢认识到人类的开发利用对环境造成的破坏,生存环境日益恶劣,在治理污染的同时,人们开始有了更高也是更原始的需求,希望环境能够恢复本来的面貌,于是出现了这种损害纠结。

（三）环境民事纠纷的类型

环境法律法规中,环境民事纠纷主要有两种类型,一是由于环境污染引起的纠纷,二是由自然资源权属确权引起的纠纷。法律规定对这两种纠纷,环境保护相关行政主管部门都有处理权。这两种纠纷都是常见的环境民事纠纷,都是环境保护法明确规定的,环保行政机关有权对这两种纠纷进行行政处理,但二者亦有区别:

第一,二者性质不同,环境污染纠纷多表现为一种侵权纠纷,而自然资源纠纷中不仅有侵权纠纷,还有合同纠纷。

第二,二者表现形式不同,环境污染纠纷是由于企事业单位或自然人在生产经营过程中违规排放导致侵害他人权益而由此产生的纠纷,这是实践中最常见的环境污染纠纷;而自然资源确权纠纷是一种权属纠纷,即当事人双方对一方所拥有的自然资源的权属确定有争议。这种权属既包括对该自然资源的使用权也包括所有权,常见的有对林地、水域的权属纠纷。

第三,二者内容也有所不同,环境污染纠纷是企事业单位或者自然人在生产生活中违法或违规排放污染物造成的对他人权利的侵害,并对这种损害进行赔偿等产生的纠纷,这明显区别于自然资源纠纷,这种纠纷起因是双方或多方对自然资源权属的确认有争议而产生的纠纷,多发于林地、矿产等资源。

基于此,学者的研究分为两类,第一类学者将行政处理机制仅仅限定在污染纠纷,不包括自然资源权属确认纠纷。但大部分学者并不认同这种分类方式,以蔡守秋教授为代表的学者将解决这两种纠纷形式都称为行政处理机制,因此无论是对环境污染破坏还是对自然资源的确权使用过程中所产生的法人、自然人之间的权利义务纠结都可以采用行政处理机制,让这一机制有更为广阔的发展空间,从而解决日益多发的环境纠纷。

另外,从不同角度,可以对环境纠纷作以下分类:

从环境破坏类型来看分为两类:一类为污染性损害环境纠纷,如工业废物污染、化学制品污染、辐射污染、噪声污染等。另一类为生态性损害环境纠纷,如滥伐森林、滥伐土地、滥杀滥捕野生动物等。

从纠纷的主体看,环境纠纷通常发生在两个或两个以上社会成员或社会主体之间,如自然人之间,自然人与企事业单位之间,或者企事业单位之间等;也可能在自然人与环境行政管理机关之间产生,如环境行政机关的不合法行为所引起的与自然人之间环境纠纷;还可能在国与国之间产生,如边界河流、湖泊污染引起的纠纷。

从行为人环境破坏是否超过法律规定限度来看,环境纠纷可能因行为人以违反环境保护法律法规的方式污染和破坏环境并由此导致他人的合法权益受损而产生,如生活中较为常见的超标排放致人损害的环境纠纷;也可能并未违反环境保护法律法规规定,但仍然造成了他人权益受损而产生,如达标排放而产生的环境纠纷。

从法律性质来看,环境纠纷可分为环境民事纠纷、环境行政纠纷和环境刑事纠纷。三者之间划分主要以不同法律部门规定为依据,环境民事纠纷指在平等民事主体之间,因环境开发、利用、污染、破坏和保护而产生的纠纷。环境行政纠纷是指行政行为相对人对具体环境行政行为不服而产生的争议,其所争议内容主要以具体环境行政行为合法性判定为重点。环境刑事纠纷指行为人环境污染和破坏行为已经触犯了刑法相关规定,从而由此产生的追究当事人刑事责任的纠纷。

(四)环境纠纷的特征

1. 环境纠纷的多样性

环境纠纷的内容和形式都是多样的。不同环境要素遭到损害而导致环境纠纷形式上呈现出多样性,主要可归为两类:一类是环境污染引发的环境纠纷。如水体污染、大气污染、土地污染、核原料泄漏、噪声污染等产生的环境纠纷。另一类是生态破坏引发的环境纠纷。如滥垦滥伐生态资源、滥采矿产资源、滥杀滥捕野生动物等导致生态失衡引发的环境纠纷等。同时,环境纠纷的内容也是多样的,既有要求确定环境污染和损害责任的,也有要求确定赔偿数额的;既有要求确认自然资源权属的,也有要求损害自然资源责任的;既有要求排除污染损害的、消除妨碍的,也有要求停止侵害,恢复环境原状的。

2. 环境纠纷影响的广域性

环境纠纷持续时间较长,涉及社会面较大,范围较广,且利益冲突较为复杂和尖锐,各方力量相互影响和介入,较易演变为影响社会稳定的群体性事件。因此环境纠纷并非简单的损害赔偿问题,需要统筹考虑,多方配合。同时环境作为公共产品具有整体的不可分割性和外溢性特征,任何污染破坏行为都可能给第三者带来负的外部性。且环境是人类生存发展的前提和根本,环境保护不是某一人或某一部门的责任,而是全人类的共同担当。正因如此,以环境公益诉讼为代表的环保运动此起彼伏,这也是环境纠纷影响广域性的具体体现之一。

3. 环境纠纷主体的模糊性和非对等性

环境纠纷的主体的不确定性源于现实生活中环境纠纷原因的多样性,现实中同一损害通常是多种损害因素的共同作用的结果,各种复杂因果关系交织其中,使得很难找到确定的加害人。同时考虑到环境污染的间接性和时间性,对环境权益的侵害非一日之寒,可能是长时间累积和滞后反应造成的积重难返,在受害人范围的确定上则存在更大不确定性。其次,环境纠纷主体双方看似在法律关系中处于平等地位,实际二者地位很难平等,环境纠纷加害方通常是有较强实力的企业,另一方多为普通群众,现实中双方信息不对称,技术、组织能力、社会影响力和经济实力存在巨大悬殊,受害者往往成为社会的弱势群体,采用传统的诉讼解决方式很难真正实现社会公平正义。

4. 环境纠纷的高度专业性

随着科技升级的不断加快,环境纠纷的技术性特点越发凸显。科技进步和环境污染之间相互影响,紧密联系。科技既是解决环境污染的利器,也是造成新的污染的主要原因之一。科技进步的副产品如电子垃圾污染、化工原料污染、核元素泄漏污染等所引发的环境纠纷,对其事实确认和求证方式都需要专业技术的强大支持。这种专业技术性有时甚至超出现有知识的认知范围,使得相关部门在环境污染损害的鉴定、当事人的举证以及责任承担方面的挑战日益严峻。

5. 环境纠纷的合法归责原则

传统民事与刑事纠纷责任承担首先要求加害人行为具有违法性,只有加害人行为违反相应法律法规规定,才能对其进行追责。但环境纠纷责任承担归责依据适用较为特殊,考虑经济发展与环境保护之间矛盾的不可调和性,一方面不能因保护环境而完全停止经济发展,另一方面不能不顾环境承载力而盲目扩大经济规模,因折中方案即为我国《环境保护法》规定的合法归责原则。

二、行政调解处理

环境纠纷行政调解是由环境行政主体主持的,促使环境民事纠纷双方当事人依据环境法律规定,在自愿原则下达成协议,解决纠纷的行政司法活动。环境行政调解是环境保护行政机关居间对民事主体之间的因为具有民事权利性质的环境权益发生的争议作出的调解行为,属于公权介入私权的行为。这种权力的产生来自于环境保护需要,是社会发展对传统法律的"公法-私法"二元划分或"公权-私权"截然对立提出挑战后,法律对社会利益多元、社会价值多元的新型结构所做出的回应。这种现象被认为是"公法私法化"的一种典型表现形式,因此,对它的性质的认识就不可能像传统的"公法"或者"私法"那么简单。为了进一步认识环境行政调解,可以从以下几个方面展开分析。

(一)环境行政调解与其他调解的联系和区别

环境行政调解与民间调解、司法调解一样,都是属于调解的范畴,都是在中立的第三方主持、参与下,基于当事人的意思自治解决争议的程序。

但是环境行政调解与民间调解和司法调解之间也存在明显区别。民间调解的调解人不具有政府背景,不行使国家公权力。司法调解的调解人虽然行使国家司法权,有国家公权力作为后盾,但是该权利仅仅限于当事人同意调解的事项,对于与该纠纷相关的环境问题没有管理权。无论是民间调解还是司法调解,都仅仅解决私法问题。而环境行政调解融合了公法和私法,调解人同时可能也是管理者,不仅有权根据当事人的同意对环境争议进行调解,而且对于该环境争议以及相关事项具有行政管理权。调解人的调解职能是其环境管理权的衍生,调解人对于环境争议本来就有一定的了解,能够在行使环境管理的过程中获得一定的证据,并且能够对致害人的污染、破坏环境的行为处以行政处罚。同一个污染、破坏环境的行为对于环境管理机关来说,具有双重意义:从国家环境管理的角度看,该行为可能构成行政违法行为,环境管理机关可以依法决定给予行政处罚;从受害人与致害人之间的关系来看,该行为影响了双方当事人的利益,环境管理机关可以根据当事人的同意进行调解。公法和私法的融合使环境行政调解与其他调解方式区别开来。

（二）环境行政调解行为的特征

环境行政调解行为具有居间性、非行政性、非必要性、非终局性等特征。

1. 居间性

环境行政调解行为属于行政机关居间对民事主体之间的民事权益争议进行调解的行为,具有居间性。环境保护行政机关主持行政调解的权力既来自法律法规的明确授权,也源于当事人的请求。缺乏法律法规的授权,行政机关的行为构成不当行为。但是仅有法律法规的授权也不足以引起环境行政调解行为,环境行政调解必须以具体当事人的明示或默示请求为前提。在行政机关提出调解时,如果当事人明确拒绝,环境保护行政机关不应坚持进行调解。从当事人的权利而言,当事人具有选择权,既可以选择请求或接受环境保护行政机关的调解,也可以不选择调解;当事人既可以请求环境保护行政机关对纠纷的一部分进行调解,也可以请求环境保护行政机关对纠纷的全部进行调解;当事人对行政调解的拒绝既可以是明示的,也可以是默示的,当事人不参加调解或者向法院提起诉讼应当视为拒绝行政调解。从环境保护行政机关而言,主持行政调解既是权力,也是义务,但是该义务的发生必须以当事人明示或默示的请求为前提。在当事人明示地请求环境保护行政机关主持行政调解之后,环境保护行政机关不得拒绝。环境行政调解的内容包括赔偿责任和赔偿金额两个部分。从赔偿责任来看,环境保护行政机关应当对环境污染的事实问题进行调查,包括环境污染行为是否发生,当事人是否遭受损失,污染行为与当事人之间的损失是否存在关联性,当事人是否采取了合理的措施避免损失的发生或扩大等事项。从事实问题与法律问题的区分来看,环境保护行政机关既需要认定事实问题,也需要认定法律问题。处于环境行政调解之下的权利是具有民事权利性质的权利。正是因为这些环境权益具有民事权利的属性,从而使调解成为可能。行政机构也必须尊重当事人的意思自治,不应当违背私法自治的法律精神。

2. 非行政性

环境行政调解行为不属于行政行为。行政行为是享有行政权能的组织或个人运用行政权对行政相对人所作的法律行为。不具有行政权能的组织或个人所作的行为,具有行政权能的组织或个人没有运用行政权所作的行为,没有针对行政相对人所作的行为,不具有法律意义的事实行为,都不是行政行为。行政行为具有单方性、强制性等法律特征。环境行政调解行为是环境管理机关辅助当事人对于当事人之间的争议解决方案达成协议的行为,环境管理机关和双方当事人共同参与调解过程,因此环境行政调解行为不具有单方性。环境管理机关主持调解的前提是当事人意愿,因此环境调解行为不具有强制性。由于环境调解行为不符合行政行为的特征,因此具有非行政性。既然环境行政调解不属于行政行为,也就不可能属于具体行政行为。

3. 非必要性

环境行政调解不是环境纠纷处理的必经程序,具有非必要性。在发生环境争议后,当事人可以请求进行行政调解,也可以直接在法院提起诉讼,行政调解不是诉讼的前置程序。

4．非终局性

经过行政调解之后制作的调解书、处理意见、调解处理决定等法律文件不具有强制力,当事人对行政调解处理决定不服的,可以向人民法院起诉,因此环境行政调解具有非终局性。

（三）环境行政调解的基本原则

环境行政调解的原则是对调解工作具有普遍指导意义的行为准则,它贯彻调解活动的始终,体现了环境行政调解的性质和特征,并决定着这一工作的基本方法,因而是实现环境行政调解职能不可缺少的规则,同时也是保证这种调解合法进行的指导思想。

1．合法原则

合法原则要求环保机关对污染纠纷的调解必须依法进行。如前所述,这种调解不仅要在法律、法规授权或者规定下进行,而且调解过程中也必须以相应的具体法律、规范来判明是非和责任。这表明,环境行政调解始终是以环境法律、法规的规定为依据的。

2．合理原则

环境污染纠纷本质上属于平等主体间的民事纠纷,这就要求并且允许环保部门在某些没有明确法律依据,或者某些复杂的污染事实一时难以查清,或者损害责任不易明辨的情形下,可以根据社会主义公平合理的原则,对污染纠纷作适当合理的调解。举例说,某化工厂下风向农田受损农民索赔请求环保局调解处理。环保局限于技术原因,对工厂排污与农民受害间的因果联系一时难以查清。在这种情况下,从受害农民的生活和恢复生产考虑,环保局也可提出方案,促成工厂给予适当赔偿。

3．自愿平等原则

所谓自愿,指调解的开始必须以双方当事人的申请为前提,调解协议必须以当事人自觉接受为基础,反对任何形式的强迫和压制。所谓平等,指调解活动中,双方当事人地位始终平等,环保机关主持调解,不能厚此薄彼,尤其在一方坚持不妥协的情况下,更要公正平等地对待。

4．充分尊重当事人起诉权利的原则

根据环境法律、法规的规定,行政调解作为行政救济手段,既非解决污染纠纷的唯一途径,也非必要途径,当事人始终有寻求司法救济的权利,环保机关必须充分尊重。这可能有四种情况:① 当事人一方申请调解处理,另一方不愿通过调解,而愿诉诸法院;② 当事人双方都不愿调解处理,环保机关依法是无权强行调解处理的;③ 虽然双方当事人申请调解,但调解过程中一方或双方不愿继续调解,而要提起诉讼;④ 调解达成协议之后,当事人一方或双方不愿执行,因而诉诸法院。以上任何一种情况下,环保部门都不得限制当事人依法提起诉讼的权利。

（四）环境行政调解的范围和种类

环境行政调解源于有关环境法律、法规的授权或者规定,这种授权或规定的种类和数量,也就决定了环境行政调解的范围。根据有关环境法律、法规的规定,可将调解范围和种类初步归纳如下:

法律或法规明确规定的调解是指环境法律或法规明确规定,某些环境纠纷由环境行政

机关进行调解的情况。如《海洋石油勘探开发环境保护管理条例》第二十五条规定,国家海洋主管部门对海洋石油勘探开发污染损害引起的赔偿纠纷,依法"可进行调解处理"。

法律或法规规定可以选择适用的调解是指法律或法规对某些环境纠纷规定既可调解,也可处理,而环保部门可以选择适用调解方式解决纠纷。如《防止船舶污染海域管理条例》第五十五条规定,港务监督对船舶污染纠纷可进行调解或者根据调查结果作出处理。显然,环保部门可以选择调解方式,而处理则是含义完全不同的另一种解决纠纷方式。

法律、法规规定为"处理",而环保部门实际以"调解"方式处理是指环境法律、法规并未明确规定调解,而环保部门在实际工作中依法进行的调解。在法律、法规中,它多以"处理"的表述形式体现出来,即法律规定某些污染纠纷由环保部门处理,而环保部门则以调解的方式来处理这些纠纷。其特征是,尽管法律用语是"处理"而非调解,但处理的方式并不排斥调解;相反,在绝大多数情况下,"处理"的立法本意就是调解。正是因为如此,无论是立法机关、司法机关还是环境行政机关,都已经实际运用和认可调解作为处理的最基本方式。

在环境立法中,这种类型相当普遍。主要包括以下几类:

(1)海洋环境管理部门可以对海洋环境污染损害赔偿纠纷,依法进行"处理"《海洋环境保护法》,1982年8月23日五届全国人大常委会通过);

(2)环保部门和交通部门的行政机关可以对水污染赔偿纠纷,依法进行"处理"(《水污染防治法》,1984年5月11日六届全国人大常委会通过);

(3)环保部门可以对大气污染赔偿纠纷,依法进行"处理"(《大气污染防治法》,1987年9月5日六届全国人大常委会通过);

(4)监督拆船污染的主管部门可以对拆船污染损害赔偿纠纷,依法进行"处理"《防止拆船污染管理条例》,1988年5月18日国务院发布);

(5)环保部门对环境噪声污染赔偿纠纷,可以依法进行"处理"(《环境噪声污染防治条例》,1989年9月26日国务院发布);

(6)一切环境污染赔偿纠纷,均可由环保部门或其他有关部门"处理"(《环境保护法》,1989年12月26日七届全国人大常委会通过)。

(五)环境行政调解的效力

1.调解协议没有法定执行力

由于环境行政机关所调解的是污染损害双方当事人间的民事纠纷,调解过程和调解达成的协议,都是双方当事人意志妥协的产物,它并不体现环保机关的意志。因此,它不同于环保机关在实施环境管理过程中,针对管理相对人所作的一般具体环境行政行为。换言之,调解协议归根结底是当事人的妥协意志,它无论如何不具有一般具体行政行为的公信力、约束力和执行力。调解协议后,主持调解的环保机关不能强制执行,也不能申请法院强制执行,它只能靠当事人自觉履行。一旦一方或者双方当事人反悔,则调解协议自动失效,污染纠纷只能通过其他途径解决。

2.当事人不服调解结果,还可提起诉讼

根据环境法律、法规,环境污染纠纷的解决有两种方式,即行政途径和司法途径,但以司法途径为最终途径。这意味着,当事人固然可请求行政调解,但不服调解时,还有权向法院起诉,请求司法救济。环保机关不应限制其起诉权。

3. 纠纷当事人只能提起民事诉讼而非行政诉讼

由于环境行政调解不同于一般具体环境行政行为,调解协议,并非环保机关的意志,它不会对当事人造成行政侵权,因此,当事人不服调解协议的,不能以主持调解的环保机关作被告提起行政诉讼。有关法规和司法解释也明确规定,对这种调解处理不服的,既不能申请行政复议,也不能提起行政诉讼。如《行政复议条例》第十条第(三)项规定,公民、法人或组织对行政机关"对民事纠纷的仲裁、调解或者处理不服的",不能申请复议。又如最高人民法院《关于贯彻执行〈中华人民共和国行政诉讼法〉若干问题的意见(试行)》第6条规定,行政机关居间对民事权益争议作调解处理,当事人对调解不服向人民法院起诉的,人民法院不作为行政案件受理。

由此可以得出结论:环境污染纠纷经环境保护行政机关调解处理后,如果当事人一方或双方不服的,只能以原纠纷为标的,提起民事赔偿诉讼。当事人一旦起诉,则环保机关主持达成的调解协议自动失效,环境污染纠纷的解决,以人民法院的生产判决、裁定或者法院调解为依据。

(六)环境行政调解的程序

根据我国环境保护基本法、环境保护单行法律法规的相关规定,参考《行政复议法》的相关条款,结合原国家环境保护总局以及其他负有环境保护职责的部委发布的包括《渔业水域污染事故调查处理程序规定》在内的部门规章,对环境行政调解程序分析如下:

1. 管辖

就受案范围而言,由于同级人民政府的各个职能部门之间存在分工,每一个职能部门一般应当接受由本部门职权范围内的污染事故所引起的污染纠纷。

就级别管辖而言,地(市)、县主管机构依法管辖其监督管理范围内的较大及一般性环境污染事故,省(自治区、直辖市)主管机构依法管辖其监督管理范围内的重大环境污染事故,国家级主管机构管辖或指定省级主管机构处理特大环境污染事故和涉外污染事故。下级主管机构对其处理范围内的环境污染事故,认为需要由上级主管机构处理的,可报请上级主管机构处理。上级主管机构管辖的环境污染事故必要时可以指定下级机构处理。

就地域管辖而言,环境保护机关管辖的环境污染事故的地域应当与其具有管辖权的行政区划相同。对管辖权有争议的环境污染事故,由争议双方协商解决,协商不成的,由共同的上一级主管机构指定机关调查处理。指定处理的环境污染事故应办理书面手续。主管机构指定的单位,须在指定权限范围内行使权力。跨行政区域的环境污染纠纷,由有关地方人民政府协商解决,或者由其共同的上级人民政府协调解决,主管机构应积极配合有关地方人民政府做好事故的处理工作。

2. 调查取证

主管机构在发现或接到污染事故报告后,应做好下列工作:

(1)填写事故报告表,内容包括报告人、事故发生时间、地点、污染损害原因及状况等。

(2)尽快组织相关环境监测站或有关人员赴现场进行调查取证。重大、特大及涉外污染事故应立即向同级人民政府及其他环境保护主管部门和上一级主管机构报告。

(3)在调查取证时,应当遵守相关规范文件规定的取证程序。

行政机关工作人员调查处理污染事故,应当收集与污染事故有关的各种证据,证据包括书证、物证、视听资料、证人证言、当事人陈述、鉴定结论、现场笔录。证据必须查证属实,才能作为认定事实的依据。

调查污染事故,必须制作现场笔录,内容包括:发生事故时间、地点、相关环境因素、气候、污染物、污染源、污染范围、损失程度等。笔录应当表述清楚,定量准确,如实记录,并有在场调查的两名以上行政机关工作人员的签名和笔录时间。

相关环境监测站出具的监测数据、鉴定结论或其他具备资格的有关单位出具的鉴定证明是主管机构处理污染事故的依据。监测数据、鉴定结果报告书由监测鉴定人员签名,并加盖单位公章。

3. 调解

在主管行政机关对污染事故调查取证时候,当事人可以向事故发生地的主管机关申请调解处理,主管行政机关受理当事人事故纠纷调解处理申请应符合下列条件:

① 必须是双方当事人同意调解处理;

② 申请人必须是与污染事故纠纷有直接利害关系的单位或个人;

③ 有明确的被申请人和具体的事实依据与请求;

④ 不超越主管行政机关的受案范围和管辖范围。

如果当事人一方申请调解的,主管行政机关有责任通知另一方接受调解,如另一方拒绝接受调解,当事人可直接向人民法院起诉。

请求主管机构调解处理的纠纷,当事人必须提交申请书,申请书应写明如下事实:

① 申请人与被申请人的姓名、性别、年龄、职业、住址、邮政编码等(单位的名称、地址、法定代表人的姓名);

② 申请事项,事实和理由;

③ 与事故纠纷有关的证据和其他资料;

④ 请求解决的争议。

申请书应当一式多份,申请人自留一份,受理机构保留一份并应在收到申请书10日内将申请书副本送达被申请人。被申请人在收到申请书副本之日起15日内提交答辩书和有关证据。被申请人不按期或不提出答辩书的,视为拒绝调解处理,主管机构应告知申请人向人民法院起诉。

主管行政机关受理污染事故赔偿纠纷后,可根据需要邀请有关部门的人员参加调解处理工作。负责和参加处理纠纷的人员与纠纷当事人有利害关系的,应当自行回避,当事人也可提出回避请求。

调解处理过程中,应召集双方座谈协商,经协商可达成调解协议。在调解过程中,当事人拒绝继续调解的,或者向人民法院起诉的,主管行政机关应当终止调解,并做出相关记录。

调解协议书经当事人双方和主管行政机关三方签字盖章后生效。当事人拒不履行调解协议的,主管行政机关应督促履行,同时当事人可向人民法院起诉。当事人对主管机构调解污染事故赔偿纠纷处理决定不服的,可以向人民法院起诉。

(七)环境行政调解存在的问题

由于环境权益的特殊性,环境立法采取了公法与私法的双重保护机制,法律在赋予公民个人以环境权利的同时,也赋予了环境行政管理机关以相当广泛的权力,其中最为重要的是环境行政机关对于公民个人环境权益的处理决定权。根据我国《行政诉讼法》以及最高人民法院关于实施《行政诉讼法》的司法解释,人民法院对于行政机关所作出的具体行政行为的合法性进行司法审查。过去很多法院将环境保护局对污染致人损害的处理决定作为一种具体行政行为对待。法院认为虽然环境保护局是对环境民事纠纷的处理,但由于其公权力的介入已使该行为不再具有单纯的民事权利性质。但是全国人大常委会法制工作委员会 1992 年 1 月 31 日针对原国家环境保护局有关请示给予的答复:"因环境污染损害引起的赔偿责任和赔偿金额的纠纷属于民事纠纷,环境保护行政主管部门依据《环境保护法》第 41 条第 2 款规定,根据当事人的请求,对因环境污染损害引起的赔偿责任和赔偿金额的纠纷所做的处理,当事人不服的,可以向人民法院提起诉讼,但这是民事纠纷双方当事人之间的民事诉讼,不能以做出处理决定的环境保护行政主管部门为被告提起行政诉讼。"一些法院依据该答复,认为环境行政调解不属于人民法院行政诉讼的受诉范围。在目前环境纠纷处理中,这是较为普遍的做法,在将处理环境民事纠纷的权力赋予环境保护机关的同时,也限制当事人的诉权。之所以将决定环境民事责任以及环境损害赔偿额的权力授予环境行政管理机关,一方面是出于效益的考虑,环境保护行政主管部门作为国家实施环境监督管理的专门机构,其专业技术和对本地区环境状况的熟悉,可以大大降低环境民事纠纷处理的成本,使受害人免遭讼累;另一方面是为了及时地采取措施,对已产生的环境污染和生态破坏的严重后果进行补救,避免漫长的民事诉讼造成更大的危害。而之所以要限制当事人提起行政诉讼的权利,则是为了使环境保护行政主管部门尽量少做被告。可是,按照这样的理论及立法实施法律将使法院受理环境纠纷案件陷于尴尬。

1. 人民法院的权力实际小于当事人权力

环境保护局依当事人的申请决定污染损害的赔偿责任和赔偿金额是一项法定职责。如果环保局不受理当事人要求处理赔偿责任和赔偿金额的申请,构成行政法上的不作为,当事人提起行政诉讼的,法院应按照《行政诉讼法》的规定,将其作为行政诉讼案予以立案并进行审理。但是,法院正确的判决却是没有意义的。因为现行的立法解释表明,环保局的这一处理不具有任何法律效力,只要当事人不服,当事人双方必须提起民事诉讼。也就是说,无论环保局的处理是否正确,只要当事人异议,便是废纸一张,法院无权对环保局的这一行政行为进行审查。申言之,对于环保局的不履行职责的行为,法院可以依法进行审查,要求其履行职责;但对于环保局履行职责的行为,法院却不能进行审查。法院可以要求环保局履行职责,却不能对其履行职责的后果进行裁判。这样就等于以立法的形式赋予了当事人最终决定权,客观上等于替代法院对于环保局的行为进行了效力认定,当事人可以依照自己的意志决定是否接受环保局的决定。

2. 一方当事人的请求权被剥夺

为了实现立法解释的目的,即不要让环保局成为被告,不少学者动了很多脑筋,也试图从理论上加以论证。其中被认为最有说服力的理由就是,环保局的行为是一种准司法行为,它不是行政行为,它所进行的是行政调处而非直接的处理决定。因此,有人建议环保局在处理这类问题时应制作调解书而非下达处理决定书。这种理论的直接反应是在有的环境保护单行法中,使用了"调解处理"的字样,似乎这样就可以解决诉讼中的问题。但事情却可能朝着意外的方向发展,申请人认为环境保护局的决定满足了他的要求,不需要重新提起民事诉讼;而被申请人不服环境保护局的"调解处理",他却无从起诉,只能拒不履行。我国《环境保护法》明确规定,当事人对环保局关于赔偿责任和赔偿金额的处理决定不服的,可以提起诉讼。显然,当事人就包括申请人和被申请人双方。如果认为不服决定的只能提起民事诉讼,这种解释对申请人而言没有问题,他完全可以作为民事诉讼的原告,提起损害赔偿之诉。但如果被申请人对同一处理决定不服,提起的也是民事诉讼,那么这个民事诉讼中谁为被告,其诉讼请求是什么呢? 对被申请人而言,他不服的是环保局的处理决定,请求撤销的也是环保局的处理决定,他不可能以原申请人为被告提起民事诉讼。而这种以环保局为被告的诉讼,也不可能是民事诉讼,在这里环保局不是也不可能是民事主体。于是,法院根本无法受理原被申请人对调解处理不服的案件,被申请人的请求权实际上被剥夺了。

按照现行制度设计者思路,环境保护部门就环境污染损害赔偿责任及赔偿金额进行处理后,当事人不服的,可以向人民法院提起民事诉讼。这样,既可以使环保局不当被告,又不影响纠纷双方当事人的民事权益的实现。但是,这个看起来完美无缺的设计同样隐含着极大的矛盾,给环境民事诉讼的顺利进行造成困难,并可能给别有用心者造成可乘之机,这样的环境法制度实施的结果有悖于环境法的立法目的。

证据问题也值得研究。通常情况下,污染受害人首先要求环保局对于污染进行调查处理,环保局会在接到污染受害人的检举或报告后直接从事调查取证工作并做出结论,但环保局就此所做调查及结论并非依法院委托或当事人委托而进行,它同样是履行法定职责的行政行为,或者是一种行政确认行为。从民事诉讼的一般原理来看,任何民事诉讼主体无权动用国家公权力为自己的诉讼进行取证;其次,任何证据资料在未经开庭质证和认证之前,并不具有法律效力。环境民事诉讼按照这些原则进行,将遇到极大的困难。

(1) 环保局作出的有利于受害人的确认,受害人据此提起环境民事诉讼。

根据受害人的请求,环保局经过调查,可能得出的一种结论是致害人的行为构成污染,应由致害人承担赔偿责任。受害人虽然不同意环保局关于赔偿金额的决定,但他可以直接以此结论为依据提起环境民事诉讼。此时,环保局的确认就成为了环境民事诉讼中的证据。法院应如何对待这样的证据呢?

由于环境民事污染损害赔偿诉讼中原告一方处于明显的弱势地位,即使是适用无过错责任原则要求被告举证以及举证责任倒置,也不能当然免除原告人所应承担的举证责任。现在原告已经向环境保护局申请了调查,环保局也依职权进行了取证并得出了结论,原告当然会以此作为向法院主张权利的主要证据(因为,在污染损害赔偿诉讼中,要求原告人自己取得这些证据几乎不可能)。如果法院不将环保局依职权进行调查的结论作为证据,原告无法提起民事诉讼。如果法院对于明显有违民事诉讼基本原则,通过职权行为获得的材料作为证据,那么这种诉讼还是不是民事诉讼?

若法院将其作为证据加以使用,进一步的问题是,对此证据如何进行审查? 因为它并非接受法院或当事人的委托而作出的司法鉴定,而是一个具体行政行为,民事审判庭无权对行政行为的效力进行审查。如果不予审查就加以采信,则有可能出现一方当事人以此决定为证据提起民事诉讼,要求损害赔偿;另一方当事人对此决定不服提起行政诉讼,要求撤销环保局的行政确认行为。随后就有可能出现民事审判庭以此为依据决定损害赔偿,行政庭认为该确认违法而予以撤销。这样就必然出现事实上的对环保局同一行为的不同效力认定,并且都是由司法机关所作出的判断的荒谬结果。如果允许民事审判庭对于环保局的具体行政行为进行审查,也可能出现十分尴尬的后果:法院依照民事诉讼程序审查行政行为并且由民事审判庭决定行政行为的效力。这样的结果显然不符合法治原则。

（2）环保局作出有利于致害人的确认，被告据以要求免责。

环保局经过调查，可能产生的另一种结论就是致害人的行为不构成污染，虽然其行为造成了损害后果，但却不应承担赔偿责任。对于这种结果，受害人不服，却不能提起环境行政诉讼。只好抛开这个对他不利的调查结论，以自己实际受害为由提起环境民事诉讼。但由于民事诉讼中双方当事人都具有趋利避害的本性，被告却会以环保局作出的有利于自己的调查结论作为证据，要求免责。不管法院在民事诉讼中最终是否采信，却也同样存在是否将其作为证据使用以及是否对其进行审查以及如何审查的问题。因此，在第一种情况中出现的尴尬同样可能出现。

（八）环境行政调解制度的完善

1. 调解失败后民事诉讼中的证据

当事人拒绝继续调解或者在主管行政机关作出相关调解结果文件之后不接受调解结果的，可以对方当事人为被告提起民事诉讼，从而产生证据问题。现行法律法规对于在环境行政调解失败之后的民事诉讼中如何使用证据，没有明确的规定。我们提出如下分析：

对于主管行政机关在调查取证阶段收集的证据，当事人可以请求主管行政机关提供，也可以申请人民法院调查收集。由于这些证据是主管行政机关在履行行政职责的过程中收集的，人民法院应当赋予较高的证明力，但是应当允许当事人提出反证。

当事人在行政调解程序中从司法角度提出的进一步证据以及行政机关根据当事人的请求从私法的角度进一步收集的证据，具有与其他证据相同的证明力，当事人可以重新向法院提供，经当事人质证之后，由人民法院采信。

2. 环境行政调解协议的效力

我国环境法赋予了环境管理机关调解环境纠纷的权利，但是如果调解结果不具有较高的法律效力，行政调解就失去了意义，难以调动环境管理机关以及当事人通过行政调解程序解决环境纠纷的动力。

为了发挥环境行政调解的作用，有必要赋予环境行政调解协议至少与人民调解协议相同的效力。最高人民法院已经通过司法解释的形式，确认人民调解协议具有合同的性质和效力。与人民调解委员会相比，环境管理机关在环境技术以及环境法律方面具有更高的专业能力，能够更好地处理环境争议。立法机关以及最高人民法院应当作出与最高人民法院《关于审理涉及人民调解协议的民事案件的若干规定》相似的规定，具体而言，主要包括以下方面：第一，当事人签署的行政调解协议具有民事合同的性质和效力；第二，当事人可以提出协议无效、可撤销、可变更的法定事由并承担相应的举证责任；第三，具有债权内容的调解协议，公证机关依法赋予强制执行效力的，债权人可以向被执行人住所地或者被执行人的财产所在地人民法院申请执行。

以上建议与现有的相关法律规定、司法解释以及全国人大常委会法制工作委员会的批复并不矛盾。相关法律已经授权环境管理机关调解环境争议，可以理解为包含赋予调解协议一定法律效力的含义。司法解释以及全国人大常委会法制工作委员会的批复规定环境行政调解不属于行政诉讼的受案范围，不能以作出处理决定的环境保护行政主管部门为被告提起行政诉讼，但是并没有否定调解协议的合同性质。现有法律规范对于承认行政调解协议的合同性质，留下了充分的空间。

3. 环境行政调解与行政处罚之间的关系

环境主管行政机关主持的环境行政调解不同于该行政机关作出的行政处罚。前者是行政机关的一种调解行为,行政机关不行使行政强制力;后者是行政机关根据规范性文件的规定,对违法行为行使行政强制力的行为。前者的结果没有强制执行力,而后者的结果具有强制执行力。当事人不接受前者的结果的,可以提起民事诉讼;当事人不接受后者的结果的,只能以行政机关为被告提起行政诉讼。

但是,环境行政调解与行政处罚也存在密切的联系。同一个环境污染行为不仅可能侵犯其他民事主体的环境权益,而且也可能违反具有行政法性质的环境保护法律规范。对于前者,主管行政机关有权根据当事人的请求,居间调解;对于后者,行政机关有权对该行为加以处罚。对于同一个污染行为,主管行政机关可以行使两种不同性质的权力。

从这个角度看,在调查取证阶段,主管行政机关主要是行使行政公权力。在主管行政机关发现污染事故或者接到发生污染事故的报告后,应当展开调查,收集相关证据。虽然调查取证构成了将来可能进行的行政调解的基础,但是主管行政机关在调查取证时,主要是履行保护行政相对人环境利益的法定职责。正是由于该原因,调查取证应当被认为是一个具有公法性质的行政行为,因此主管行政机关在调查取证时,行政相对人不得拒绝。调查取证虽然构成了环境行政调解的基础,但是并不是环境行政调解的一个组成部分。

在完成调查取证工作之后,主管行政机关需要对收集的证据根据不同的目的进行法律认定。主管行政机关拟采取行政处罚措施的,应当从公法的角度,根据相关法律规定,认定污染行为是否应当被处以行政处罚。如果当事人提出调解要求的,主管行政机关才可以开始调解程序,并应当从私法的角度,分析污染行为是否侵犯了受害者的具有民事权利性质的环境利益并且应当承担《环境保护法》规定的赔偿责任。对于"赔偿责任",应当从私法的角度加以理解。具体而言,在认定赔偿责任时,应当分析污染行为是否构成侵权行为,受害人是否遭受损害,侵权行为与损害结果之间是否存在因果关系。

在认定责任之后,主管行政机关应当根据当事人的请求,认定污染行为对直接受到损害的民事法律主体造成的损失,或者在主管行政机关的主持下,协商确定赔偿的数额。根据意思自治原则,即使在主管行政机关根据当事人的请求认定损失金额之后,当事人也可以通过协商另行确定赔偿金额。

在认定赔偿责任和赔偿金额时,当事人还可以进一步从私法的角度提供证据,主持调解的主管行政机关应当从私法的角度对这些证据加以认定,确定证据的合法性、关联性、证明力等事项。该阶段不同于调查取证阶段的证据收集程序,当事人提供的证据以及主管行政机关根据当事人请求收集的证据在性质上也不同于调查取证阶段主管行政机关通过行使公权力收集的证据。

对于行政处罚和行政调解的顺序,法律法规没有明确规定。如果主管行政机关认定污染行为应当被加以行政处罚,同时也对其他民事主体造成了损害,主管行政机关是同时进行行政处罚行为和行政调解行为,还是先实施行政处罚,然后再进行行政调解,存在两个不同的选择。相关法律法规并没有规定主管行政机关应当同时实施两者,或者不应当同时实施两者。在实践中,有的主管行政机关在发现当事人申请调解的污染行为同时也应当被处以行政处罚的,中止行政调解,在行政处罚决定生效之后再进行行政调解。参照《治安管理处罚法》第9条,对于违反环境管理规定应当予以行政处罚但是情节较轻的生活环境损害,如果同时也引起的环境民事争议,经环境主管机关调解,当事人达成协议的,不予处罚;经调解未达成协议或者达成协议后不履行的,环境管理机关应当依照本法的规定对违反治安管理行为人给予处罚,并告知当事人可以就民事争议依法向人民法院提起民事诉讼。

三、民事诉讼

环境民事诉讼是指人民法院对平等主体之间有关环境权利义务的争议,依照民事诉讼程序进行审理和裁判的活动。相关内容如下:

（一）原告起诉资格

按照《民事诉讼法》规定,民事诉讼制度的原告必须是与案件有直接利害关系的主体。这种诉讼本质上属于私益诉讼。把这种规定适用于环境民事案件是不合适的。因为环境要素之间的关联性,环境问题往往不是与某个人有直接利害关系,而是影响到公众的利益。为了解决这一问题,许多国家规定了公益诉讼制度,在环境诉讼中对起诉人的资格作出了相对宽松的规定。我国民事诉讼法中的"共同诉讼"和"代表人诉讼"制度,对于污染和破坏范围较大、受害人数较多的环境案件是适合的,在一定程度上也扩大了起诉人的范围,但其本质仍然属于私益诉讼。

（二）举证责任倒置

我国长期以来实行"谁主张谁举证"为主的民事举证责任制度。当事人举证责任的具体要求是指,原告向人民法院起诉或者被告提出反诉,应当附有符合起诉条件的相应的证据材料。当事人对自己提出的诉讼请求所依据的事实或者反驳对方诉讼请求所依据的事实有责任提供证据加以证明。没有证据或者证据不足以证明当事人的事实主张的,由负有举证责任的当事人承担不利后果。在民事侵权诉讼中,往往要求原告就被告的过错、被告行为的违法性、存在损害事实、加害行为与损害事实之间存在因果关系等方面提供证据,进而提出自己的诉讼主张。但是,如果在环境民事诉讼中也坚持"谁主张谁举证",对于原告而言是比较困难的,有些情况下甚至是不可能的。因为加害方实施的往往是经过行政审批的行为,这种行政合法性有时就成了加害方推卸自身责任的借口。此外,由于信息不对称、专业知识欠缺等因素,受害方很难了解加害方的行为是否出于过错,也很难证明加害行为与损害结果之间的因果关系。除了少数因事故导致的突发性环境侵权外,加害行为和损害结果之间通常都存在着时间差,损害结果的发生往往是多种因素累积的结果,其中的因果关系证明往往涉及复杂的科技问题,且加害方的生产工艺等技术资料一般是严格保密的,原告根本没有能力进行严格的、全面的证明。如果由于原告的举证不能而使大量的环境侵权案件搁置,将使环境侵权行为得不到制止与惩处,不利于环境权益的保障以及社会秩序的稳定。

基于环境侵权案件的特殊性,在环境民事诉讼中采取举证责任倒置的原则,将原告的举证责任转为被告的举证责任,即要求被告提出证据证明其行为不可能发生污染和破坏环境的损害后果。原告则只需提出证明被告已经或很可能有污染行为的表面证据,案件即可成立。被告若不能证明自己没有过失就会被法院认定有过失,就应该对环境污染损害负赔偿责任。

《中华人民共和国环境保护法》对环境污染损害所承担的无过失责任作出了如下规定:

造成环境污染危害的,有责任排除危害,并对直接受到损害的单位或者个人赔偿损失。1992 年,我国最高人民法院发布的《关于适用〈中华人民共和国民事诉讼法〉若干问题的意见》规定:高度危险作业致人损害的侵权诉讼;因环境污染引起的损害赔偿诉讼;对原告提出的侵权事实,被告否认的,由被告负举证责任。2002 年《最高人民法院关于民事诉讼证据的若干规定》又对环境侵权诉讼的举证责任加以细化,规定了八种特殊类型的侵权案件的举证责任承担方式,其中涉及环境民事诉讼的有"高度危险作业致人损害的侵权诉讼,由加害人就受害人故意造成损害的事实承担举证责任;因环境污染引起的损害赔偿诉讼,由加害人就法律规定的免责事由及其行为与损害结果之间不存在因果关系承担举证责任;因共同危险行为致人损害的侵权诉讼,由实施危险行为的人就其行为与损害结果之间不存在因果关系承担举证责任;有关法律对侵权诉讼的举证责任有特殊规定的,从其规定"。《中华人民共和国固体废物污染环境防治法》规定:因固体废物污染环境引起的损害赔偿诉讼,由加害人就法律规定的免责事由及其行为与损害结果之间不存在因果关系承担举证责任。这些法律规范有关我国环境民事诉讼程序中举证责任承担的规定,与实体法上关于环境损害赔偿的无过失责任的规定相衔接,为保护公民和团体的合法环境利益提供了有力的制度支撑。

(三)因果关系推定

加害行为与损害结果之间的因果关系的证明,是环境侵权案件确定法律责任的一个关键问题。按照以往的侵权诉讼理论,基于侵权行为追究损害赔偿时,受害者必须证明其主张为加害行为的行为是损害发生的原因。如果仅以可能是损害发生的原因而让人承担损害赔偿责任,则最终将很难保障人的活动自由,所谓"怀疑不罚"原则,是以尊重个人自由为基调的近代法的一般原则。但是,如果将这一原则严格运用于环境民事诉讼中,受害方要查明损害原因需要精密复杂的科学知识和大规模的科学调查,这对于普通公民来讲是十分困难的,甚至是不可能做到的。因为在环境侵权案件中,在加害行为与受害者之间还存在一个载体——环境,加害行为通常都是通过环境这个媒介再作用于受害人的人身或财产。由于多了一个中间环节,使得因果关系的证明更加复杂。在环境诉讼案件中适用严格因果关系证明将使案件陷入科学裁判的泥沼,以致久拖不决,环境纠纷得不到及时解决,受害人的利益得不到有效维护。

鉴于以上情况,在许多国家的环境民事诉讼中都采取了"因果关系推定"的方法来确定损害行为与损害结果之间的因果关系。例如,日本的富山骨痛病、新泻水俣病、熊本水俣病和四日市哮喘病等四大公害案件中,均采用了"因果关系推定"的方法。在采取因果关系推定的场合,无须严格的病理上的证明,而适用疫病学上的因果关系,或称为流行病学因果关系的证明原则。所谓疫病学上的因果关系通常认为需要满足四个条件:① 该因素在某疾病发生之前已经存在并发生作用;② 该因素的作用程度越明显,该疾病的患病率越高或病情越重;③ 该因素在一定程度上被消除或者减少的话,该疾病的患病率降低或病情减轻;④ 该因素作为该疾病的原因,其作用机制基本上可以得到生物学上的合理说明。

我国法律中尚未对这一制度作出明确规定,但是在我国的环境民事审判实践中,已经有对这一"因果关系推定"方法的运用。

(四)诉讼时效延长

诉讼时效是权利人通过诉讼程序请求人民法院保护其权利的有效期间。在法理上,诉讼时效是一种消灭时效,权利人在法定期间内如果不行使权利,则丧失请求法院依诉讼程序保护其民事权益的权利,即权利人丧失胜诉权。因此,诉讼时效期间不仅是个程序问题,还直接关系到权利人实体性权利的实现。我国法律规定的诉讼时效分为一般诉讼时效和特殊诉讼时效两种。一般诉讼时效为 2 年,特殊诉讼时效由《中华人民共和国民法通则》或其他法律规定。

我国《环境保护法》六十六规定:因环境污染损害赔偿提起诉讼时效的期间为三年,从当事人知道或者应当知道受到污染损害时起计算。这与《中华人民共和国民法通则》的规定相比至少有两点不同:

1. 时间长短不同

普通民事诉讼的一般诉讼时效是 2 年,而环境侵权诉讼则是 3 年。之所以如此规定,主要是因为环境损害是一种特殊的侵害行为,具有间接性、广阔性、累积性以及损害结果的潜伏性、滞后性等特点。这些特点就使得在损害行为和损害后果之间往往存在较大的"时间差",损害后果的出现与损害行为和损害后果之间的因果关系的认知往往需要很长的时间。

2. 起算点不同

普通民事诉讼的起算点是知道或者应当知道"权利被侵害时",而环境侵权诉讼是知道或者应当知道"受到污染损害时"。之所以如此规定,主要是因为环境损害的后果往往是渐进的、间接的,损害的对象往往是不特定的多数人,损害结果也往往由于受害者个体的差异性而不尽相同。因为很多受害人是在不知不觉中受到侵害的,权利受到损害的准确时间难以确定,因此,以"受到污染损害时"作为诉讼时效的起算点要比"权利被侵害时"更具合理性。

(五)民事诉讼的类型

依据环境民事纠纷性质的不同,环境民事诉讼可以分为以下几种类型:

1. 诉讼停止侵害

诉讼停止侵害是指要求正在进行污染环境和破坏生态的行为人停止其行为的民事诉讼。这是一种积极的诉讼,有利于防止环境污染和生态破坏的进一步扩大,增加受害人的损害。停止侵害之诉在环境民事诉讼中比较常见。

2. 诉讼排除妨碍

诉讼排除妨碍是指由财产权或环境权受到他人利用环境资源活动的不利影响的当事人提起的,向人民法院要求排除他人的不利影响的民事诉讼。

3. 诉讼消除危险

诉讼消除危险是指当事人的环境民事权益受到现实的危险而向人民法院请求消除这种危险的民事诉讼。消除危险之诉中环境侵害行为尚未现实发生,因此,该诉可以有效地防止环境污染和生态破坏的发生。与停止侵害之诉相同,消除危险之诉也是一种积极的诉讼。

4. 诉讼恢复原状

诉讼恢复环境原状是指环境侵权行为已造成了环境污染或生态破坏,在被污染的环境或破坏的生态能够恢复的前提下,受害人向人民法院要求加害人恢复环境原状的民事诉讼。恢复原状之诉在防治环境污染和生态破坏方面发挥着非常重要的作用,它同时也是一种积极的诉讼。

5. 诉讼损害赔偿

诉讼损害赔偿是指在环境侵权行为对受害人造成人身伤害或财产损害的前提下,向人民法院提起的要求加害人予以赔偿损失的民事诉讼。赔偿之诉是一种消极的诉讼,同时也是环境民事诉讼中出现的最为频繁的诉讼。

在司法实践中,当事人可以提起前述两种或两种以上的环境民事诉讼。

环境民事诉讼的管辖、提起、当事人、执行等适用民事诉讼法的一般规定,与普通民事诉讼不存在差异。

（六）民事诉讼的程序

环境民事诉讼亦分为起诉、立案、审理、作出判决和执行判决四个阶段,适用《民事诉讼法》所规定的诉讼原则和制度。由于环境民事诉讼要解决的是民法主体之间民事权利和义务的争执,即由民事法律关系所决定的民事权利与义务的争执,因民事法律关系有其自身的特点,民事法律关系主体间的地位平等,而行政法律关系主体间的地位是不平等的,民事法律关系主体与他人发生民事法律关系不少是依据当事人自身的意愿产生的（而行政法律关系的创设则不管行政管理相对人的意愿的）,据民法主体对自己所拥有的民事权利有处分权和民事法律关系的创造,变更、解除可由当事人协议决定等。因此,《民事诉讼法》与《行政诉讼法》相比较,其规定虽然有很多相似之处,但也有一些根本的区别。在研究环境民事诉讼时,应当牢牢地抓住这些区别。

1. 环境民事诉讼的立案

起诉者的资格。凡与本案有直接利害关系的公民、法人和其他组织均有资格作为环境民事诉讼的原告,即有权提起环境民事诉讼。所谓与本案有直接利害关系,即指与本案所争执的民事权利、义务的确有直接（而不是间接）的利益相关者。

① 对哪些民事行为提起诉讼？对那些认为侵害了其民事权利的民事行为均可提起诉讼。

② 以什么理由提起诉讼？以他人的民事行为侵犯或将侵犯自己的民事权益为由或以他人未履行应履行的民事义务侵犯或将侵犯自己的民事权益为由提起诉讼。

③ 向谁提起诉讼？向那些原告认为其从事或将从事民事不法行为者提起诉讼。

④ 向哪个法院提起诉讼？民事诉讼也实行地域管辖与级别管辖相结合的原则。

⑤ 当事人在起诉时应满足哪些条件才受理？当事人在起诉时,应提交民事诉状,当事人必须是与此诉有直接利害关系者,且应当有明确的被告,要有具体的诉讼请求和事实及理由,应当向有管辖权的人民法院提起。

人民法院在收到诉讼状后应加以审查并在 7 日内立案通知当事人,如审查后认为不符合起诉条件的,应在 7 日内裁定不予受理。原告对裁定不服的,可提起上诉。

2. 环境民事诉讼的审理

（1）审判原则。环境民事诉讼审理与环境行政诉讼审理一样,应执行以下基本原则:人民法院独立审判原则;公开审判原则（涉及个人隐私、国家机密以及某些当事人申请不公开审理的离婚、涉及商业秘密的除外）;诉讼双方地位平等原则等。

（2）审判制度。环境民事诉讼审理中所采用的审判制度与环境行政诉讼中采用的审判制度有很大的区别。主要是:可采用独任审判制度,即对简单的环境民事案件,不必组成合议庭,可由一个审判员独自进行审判;可采用调解制度且应先采用调解制度。我国民事诉讼法规定,民事诉讼应该重调解。且提倡当事人通过调解解决民事纠纷。但调解必须坚持当事人自愿而不强迫的原则。如调解不成或调解达成协议后一方又反悔,则应立即审判。其他一些制度,如回避制度,辩论制度,两审终审制度则与行政诉讼相同。

（3）当事人和参加人。环境民事诉讼的当事人是原告、被告及第三人,参加人是除当事人之外的代理人,包括律师。

值得特别指出的是,环境行政机关可能既不是当事人（环境行政赔偿之诉除外）,也不是参加人,但此案的审理可能与环境行政机关有关,例如,所争议的事宜可能曾经过行政处理或者其认为应支持受害人追究污染者的法律责任以加强环境管理,则亦可积极地参与该诉讼。我国《民事诉讼法》规定了一种"支持诉讼的制度",《民事诉讼法》第十五条规定:"机关、社会团体、企业事业单位对损害国家、集体或者个人民事权益的行为,可以支持受损害的单位或个人向人民法院起诉。"因此,环境行政机关可以,事实上也应当支持那些受他人从事违反环境法行为而造成的危害的人向人民法院提起诉讼,包括向他们提交必要的证据或出庭作证。

（4）环境民事诉讼中的举证责任。根据《民事诉讼法》的规定,当事人对自己提出的主张有责任提供证据。但在民事诉讼中采用上述原则往往使环境破坏和环境污染受害人处于不利的地位。因此,在一些国家的环境法中规定了在环境民事诉讼中"举证责任"的转移或倒置,而不是由环境污染受害人来举证证明自己受什么东西之害,而是由加害人来举证为什么他们的行为不会造成此种损害。这种保护环境污染受害人的好方法,我国环境法至今尚未采用。但是,我国《民事诉讼法》的规定对环境民事侵权行为的受害者较为有利。虽然,他原则规定了"谁主张,谁举证",但是又规定,人民法院为了审判的需要,有权向有关单位和个人调查取证,即人民法院将帮助环境民事侵权受害者获得他无法获得的证据。

（5）环境民事诉讼的归责原则。一般说来,民事立法规定,要使被告承担民事责任需具备4项条件,即要从事了民事违法行为;要有损害后果;该民事违法行为与损害后果之间要有因果关系以及行为人主观上要有过错,即故意或者疏忽。

随着现代危险工业的发展,采用传统的归责原则,使很多受害人无法得到赔偿。为此,各国均对一些危险工业生产,高速交通工具以及后来环境污染,采用了"无过错责任"归责原则,即是要是从事了某行为从而使他人的民事权益受到侵害,则受害人不必再举证证明行为人在心理上存在故意或过失,行为人就应当承担民事责任。后来,人们发现一些民事行为,本身可能并不违反法律或者法律并未禁止从事此类行为,但行为结果却使他人的民事权利受到了侵害。所以,在有些情况下,不能采用必须从事了民事不法行为的归类前提。因此在法律上又提出了"绝对责任",即只要某人从事的民事行为确实已给他人造成了损害,则行为人就应当承担相应的民事责任。我国《环境保护法》规定:造成环境污染危害的,有责任排除危害,并对直接受到损害的单位或者个人赔偿损失,即是采用了这种"绝对责任制"。只要造成了环境污染危害,不论是否从事了民事不法行为,且已造成了他人损害,则应当承担排除危害赔偿损失的责任。我国《民法通则》为了对环境民事诉讼中的归责,原则加以规定,特专列1条规定:违反国家保护环境防治污染的规定,污染环境造成他人损害的,应当依法承担民事责任,从而确认采用"绝对责任"原则。

（6）环境民事诉讼中的因果关系推定。确认行为人的行为与受害人所受损害之间存在着因果关系是追究行为人民事责任的前提条件之一。但是,在环境污染危害中,往往很难在短期内确认这种因果关系,因此,很多国家在环境民事诉讼中的因果关系,把"确定"改为"推定",即不是从污染物转换机制,对人体的作用机制等方面来确定因果关系,而是从排污行为与污染危害的关系方面来推定必然有一种或几种污染物单独的或联合的作用造成了此危害。并以此来代替确定某污染物的排放与受害人所受损害之间有因果关系。我国环境法、民法尚未采用此种办法。所以,我国传染病患者在获取及时、充分的赔偿方面还存在着法律上的困难。

(7)诉讼时效延长。诉讼时效是指受害人在自己的民事权益受到侵害后提起民事诉讼的权利的时间限制。超过了时效或诉讼时效消灭后,受害人虽有权提起诉讼但已失去了胜诉权。我国民法通则规定,民事侵权行为的诉讼时效一般为 2 年,身体受到伤害要求赔偿的为 1 年。我国《环境保护法》规定因环境污染提起诉讼的时效期间为 3 年,从当事人知道或者应当知道受到了污染损害时起计算。

3. 环境民事诉讼的判决

人民法院审理第一审环境民事诉讼的期限为 6 个月,有特殊需要延长的,经本院院长批准,可以延长 6 个月,再需延长的,须报上级人民法院批准。

人民法院审理环境民事诉讼可采用分批判决的办法,如果其中一部分事实已清楚就可该部分先行判决。

人民法院在审理环境民事案件以后,应当制作判决书并送达当事人。经调解达成协议的,应制作民事调解书,民事调解书经双方签字同意与判决书具有同等法律效力。

对第一审判决不服的,可以在收到判决书 15 日内向上一级人民法院起诉。

上诉审人民法院在收到上诉状之日起 3 个月内审结,如果就裁定提起的上诉,应在立案之日起 30 日内作出终审裁定。

上诉审人民法院可采用调解程序。上诉审人民法院对环境民事诉讼作的判决为终审判决,当事人不得上诉。如有不服,则可提起申诉,但提起申诉并不停止判决的执行。

4. 环境民事诉讼判决的执行

对已发生法律效力的环境民事诉讼判决,当事人应当自动履行,一方不履行的另一方可申请第一审人民法院执行。申请执行的期限,双方或者另一方当事人是公民的为 1 年,双方是法人或者其他组织的为 6 个月,自法律文书规定履行期的最后一日起计算。法律文书规定分期履行的,从规定每次履行期间的最后一日起计算。

人民法院可采取各种执行措施迫使义务人履行义务。

第二节　行政纠纷的解决

一、环境行政复议

(一)环境行政复议的概念和特点

环境行政复议是指环境保护行政主管机关根据环境行政相对人的申请,依法对引起争议的具体环境行政行为进行复查并作出相应裁决的活动。环境行政复议以解决环境行政争议为前提和内容的行政执法的一种,它是对具体环境行政行为是否合法与适当的一种内部审查、监督。所谓环境行政争议是指环境行政机关与环境行政相对人之间因特定的具体

行政行为而产生的纠纷。环境行政复议是解决环境行政争议的一种非常重要而普遍的形式,它具有如下特点:

1. 环境行政复议是环境行政机关的一种行政执法活动

环境行政复议的主体是国家特定的环境行政机关,即《环境保护法》第7条所规定的国务院环境保护行政主管部门和县级以上地方人民政府环境保护行政主管部门以及其他依照法律规定行使环境保护监督管理权的部门。环境行政复议机关,一般是指作出有争议具体环境行政行为的行政机关的上一级机关,但有的是作出有争议的具体环境行政行为的行政机关本身。不过,以前一种行政机关为主。所以,从一定意义上说,环境行政复议是上级环境行政机关对下级环境行政机关的监督,可称为上一级复议。

2. 有权提起环境行政复议的是环境行政管理相对人

环境行政复议不是由环境行政机关主动进行,而是基于环境行政管理相对人的申请。作为环境行政管理相对人申请行政复议,必须是环境行政机关的具体行政行为与其有一定的利益关系,如因被责令停业或者关闭而影响其生产经营权等。当然《行政复议法》规定,只要环境行政相对人。认为行政机关的具体行政行为侵犯其合法权益,就可以提出复议申请。至于是否确实侵犯其权益,则有待复议机关调查、审理和决定。

3. 环境行政复议以具体环境行政行为的合法性和适当性为审查对象

"合法性"审查是指作出具体行政行为的环境行政机关是否符合《环境保护法》第7条关于环境管理体制的规定,是否有权实施该具体行政行为,所作出的具体行政行为是否符合法定程序和时效等。"适当性"指是否合理,如罚款的数额是否恰当,所确定的行政处罚形式是否符合行为人的情节,有无畸轻畸重的现象等。

环境行政复议以具体行政行为是否合法和适当为审查对象这一特点,使它与环境行政诉讼的审查对象区别开来。后者以具体行政行为是否合法为审查对象,其范围要比环境行政复议的小。

4. 环境行政复议申请必须在一定期限内提出

《行政复议法》将原《行政复议条例》规定的申请行政复议的期限15天改为60天,这主要是为了更好地保护申请人的合法权益,也是为了稳定环境行政管理关系。若无复议申请期限的限制,将使环境监督管理活动因复议申请而经常处于不确定状态,造成环境监督管理工作不畅甚至阻塞。因此,对超过法定复议申请期限的复议申请,环境行政机关可不予受理。另外,为尽快解决环境行政争议,根据《行政复议法》的规定,环境行政复议机关还必须遵守2个月的复议时限,即环境行政复议机关必须在收到环境行政复议申请之日起2个月内作出复议决定。

5. 环境行政复议机关必须对复议申请作出明确的决定

为了维护和监督环境行政机关依法行使职权,防止和纠正违法和不当的具体行政行为,保护管理相对人的合法权益,复议机关在接到复议申请之后,认为符合申请条件的,应当作出受理决定,依法进行全面审查,并分别作出维持、改变或者撤销的复议决定,以履行自己的决定职责和答复申请人。

（二）环境行政复议的性质

环境行政复议作为行政复议制度在环境保护领域的具体表现形式,具有下列性质:

1. 行政复议是带有司法色彩的具体行政行为

行政复议是复议机关为解决原行政主体与相对方之间的行政争议而作出的具体行政行为,据此而区别于法院为解决行政争议的诉讼活动。但行政复议是一种特殊的具体行政行为,表现为在行政复议中是一种三方法律关系,复议机关处于中立者、裁判者地位,其适用的程序是一种准司法程序,因此行政复议是典型的行政司法行为。

2. 行政复议是一种行政法律监督制度

行政复议机关通过审查原行政行为的合法性、适当性,来实现上一级行政机关对下级行政机关的一种层级监督。因此,行政复议是一种重要的行政法治监督制度。

3. 行政复议是一种行政法律救济制度

行政复议是公民、法人或其他组织认为行政主体的行政行为侵犯其合法权益而寻求复议机关保护的一种制度,实质上是对相对方权益受到行政权侵害后的一种恢复和弥补。因此,行政复议和行政诉讼、行政赔偿制度一样,都是重要的行政法律救济制度。

(三)环境行政复议的基本原则

根据《行政复议法》的规定,行政复议应遵循下列基本原则:

1. 一级复议原则

即申请人复议后,对复议裁决不服只能依法提起行政诉讼,不能再申请复议。如果相应行政行为不属于行政诉讼受害范围,复议裁决作出后即发生法律效力,为终局裁决。确立一级复议原则的主要依据是,在通常情况下行政复议并非最后的救济手段,当事人若是不服复议决定,仍可提起行政诉讼。所以就没有必要在行政机关内部设立两级或多级复议制,以简化行政复议程序,提高复议的效率。

2. 书面复议原则

即指行政复议机关审理行政案件时,仅就案件的书面材料进行审查的制度,不需传唤申请人、被申请人及其他复议参加人。行政复议实行书面复议原则,但也不排除在某些条件下适用其他方式。

3. 具体行政行为的合法性与适当性审查原则

行政复议不同于行政诉讼。在行政诉讼中,法院一般只是对具体行政行为的合法性进行审查,而在行政复议中,复议机关既审查具体行政行为的合法性,又审查具体行政行为的适当性。当然,根据《行政复议法》的规定,复议机关或者有权行政机关对规章以下的抽象行政行为也享有一定的审查权。

4. 合法、公正、公开、及时、便民原则

所谓合法原则,是指履行复议职责的主体应当合法,审理复议案件的依据和程序应当合法。所谓公正原则,是指行政复议机关对争议各方平等地对待,平等地适用法律。所谓公开原则,是指复.议机关在进行行政复议时,要通过一定的方式和途径让申请人和其他利害关系人了解和参与,以增加行政复议的透明度,保证复议的公正性。所谓及时原则,是指复议机关处理行政复议案件要在法律规定的期限内尽快受理,尽快审结案件,作出复议决定,以正确处理好复议公正与复议效率的关系。所谓便民原则,是指复议机关应采取方便申请人进行行政复议的方式、方法,以确保公民、法人和其他组织有效地行使复议请求权,节省申请人和其他利害关系人的费用、时间、精力。《行政复议法》在复议申请的方式、复议管辖、审理方式等有关规定中均体现了便民原则。

（四）环境行政复议基本制度

环境行政复议基本制度是指环境行政复议活动必须遵循的基本准则和重要法律规范。行政复议基本制度体现了行政复议的目的，是行政复议原则的具体化、规范化。

1. 具体环境行政行为不停止执行制度

这是指复议机关在作出复议决定之前，被申请复议的具体环境行政行为不因申请复议而终止的一个重要法律制度。国家行政机关所作的具体行政行为，是代表国家行使职权，因而从开始就推定为合法有效，即使是违法、不当的，在未经法定程序改变之前，仍具有执行力与强制力，管理相对人不能自行否定。这种执行力、强制力表现为，在违法、不当具体行政行为被撤销或被改变之前，并不以管理相对人的意思表示，如申请行政复议，提起行政诉讼，而影响其执行。这就是所谓"国家意志先定论"，这也是行政法律关系和民事法律关系的本质区别。同时，环境行政复议不仅是环境行政机关的内部监督手段，也是维护环境行政机关依法行使职权的重要工具。如果具体环境行政行为一经申请环境行政复议，就停止执行，势必造成环境行政管理活动长期动荡不安，引起环境行政管理秩序混乱不堪，导致危害社会的恶果。因此，我们法律规定了"复议不停止执行具体行政行为"制度。当然，为了避免违法或不当具体环境行政行为造成重大损害，在环境行政复议期间，如果有符合《行政复议法》第四十二条规定的四种情形之一的，就可以停止执行具体环境行政行为。

2. 书面复议制度

这是指环境行政复议机关审理复议案件时，不通知复议参加人、证人到场，而是对复议申请、被申请人的答辩书和作出原具体环境行政行为的有关材料、证据等进行非庭审式的审理并作出复议决定的法律制度。但遇到疑难案件、涉外案件，根据《行政复议法》第 22 条规定，可以采取其他方式审理复议案件。

3. 一级复议制度

这是指环境行政复议案件经复议机关审理并作出复议决定之后即为终局决定，管理相对人不能再就同一具体环境行政行为再申请行政复议的法律制度。根据《行政复议法》第 5 条规定，环境行政复议原则上实行一级复议制度，对复议决定不服的，只能向人民法院提起行政诉讼。但是《行政复议法》第二十六条又作出了特殊规定，即对国务院部门或省级政府所作出的环境行政复议决定不服的，可以向国务院申请终局裁决，也可以向人民法院提起行政诉讼。这一规定是对一级复议制度的补充。

（五）环境行政复议的意义

1. 环境行政复议是环境行政机关解决行政争议，加强自身监督的有效方式

在环境行政执法活动中，环境行政机关与管理相对人之间发生行政争议是难以避免的。而且，目前一些地方环境监督管理人员在环境行政执法活动中徇私舞弊、职务违法等侵权行为仍屡见不鲜。环境行政复议制度的建立，则可以发挥自上而下的内部监督作用，上级机关可以通过行政复议及时纠正下级机关的违法行政行为。值得注意的是，环境行政机关的自由裁量权，对具体行政行为的方式、幅度、范围等方面的选择，也可以被滥用，甚至肆意妄为。建立复议制度，就可由上级环境行政机关对下级的自由裁量权是否合理进行监督，从而使不当行政行为得到及时纠正。

2. 环境行政复议可以更有效地保护管理相对人的合法权益

如前所述，由于环境行政侵权行为难以避免，因此，重要的不仅要规定公民享有的权

利,还要保障这些权利得以实现。包括纠正违法和不当的环境行政以恢复公民被侵害的权益,这就是所谓"有权利必有救济"、"无救济的权利是无保障的权利"。根据《宪法》规定,我国公民、法人和其他组织,有向国家权力机关、司法机关、行政机关提出申诉等权利。其中最有效的方式便是向行政复议机关提出复议申请。由于环境问题的复杂性,环境行政机关又是环境保护方面的专业队伍,业务知识较为丰富,手段也较先进,因此由环境行政机关承担行政复议工作可以及时地解决行政争议,更好地保护管理相对人的合法权益。

3. 环境行政复议有助于减轻人民法院行政审判的压力

《行政诉讼法》颁布以后,人民法院的受案范围扩大了,但其人力、财力和物力仍受到种种限制而难以适应新形势的要求。如果所有的行政争议包括环境行政争议在内,都由行政审判庭受理显然是不可能的。环境监督管理行为引起的争议,大都具有较强的技术性和专业性,也使人民法院在审理此类问题时面临一定的困难,不但影响效率,还会影响办案质量。因此,通过行政复议的"过滤作用",是非常必要和合理的。实践证明,我国建立行政复议制度之后,环境行政机关与管理相对人之间的行政争议,绝大多数是经过行政复议而得到妥善解决的。不服行政复议而向人民法院或直接向人民法院起诉的情况并不多。此外,环境行政复议还可以推动环境行政机关努力提高依法行政的水平,从严治政,搞好廉政建设。这些,对加强我国的环境法治建设,把环境保护纳入法治轨道具有重要的意义。

(六)环境行政复议的范围

环境行政复议的范围是指环境行政相对人认为环境行政主体的行政行为侵犯其合法权益,依法可以向复议机关申请复议的范围。

我国相关环境法律明确规定的可以申请行政复议的范围仅限于环境行政处罚行为,其他环境行政行为是否属复议范围未作规定。有学者根据《环境保护法》规定,推论"只有对环境行政主体具体的行政处罚行为不服的当事人才能提出复议申请"。这种推论显然是错误的,它忽略了《行政复议法》的规定。在此,对其他环境行政行为不服是否可提起行政复议,则取决于《行政复议法》的相关规定。与《行政复议条例》相比,《行政复议法》的规定扩大了行政复议的范围,具体体现为:一是受复议保护的合法权益不再局限于原来的人身权、财产权,除此以外的其他合法权益,只要未被法律明确排除于复议范围之外,也能获得复议保护。二是对部分抽象行政行为不服的,也可有条件地申请复议。

1. 相对人可申请环境行政复议的具体行政行为的范围

根据《行政复议法》和相关环境法律的规定,有下列情形之一的,公民、法人或其他组织可申请环境行政复议:

(1)对环境行政处罚不服的;

(2)对强制减少或停止排放污染物等环境行政措施不服的;

(3)认为符合法定条件申请环境行政主管部门颁发许可证而被拒绝或不予答复的;

(4)申请环境行政主管部门履行保护人身权、财产权的法定职责而被拒绝或不予答复的;

(5)认为环境行政主管部门违法要求其履行义务的;

(6)认为环境行政主管部门侵犯其人身权、财产权的;

(7)认为环境行政主管部门违法要求其完成一定的环境保护行为(如责令其重新安装或使用防污设施、责令其限期治理等);

（8）认为环境行政主管部门违法要求其支付消除污染费用的；

法律、法规规定可以提起环境行政诉讼或者可以申请复议的其他具体环境行政行为。

2. 对部分抽象行政行为不服申请环境行政复议的范围

根据《行政复议法》第十三条的规定，公民、法人或者其他组织认为环境行政机关的具体行政行为所依据的下列规定不合法，在对具体行政行为申请行政复议时，可以一并向行政复议机关提出对该规定的审查申请：

① 国务院部门的规定；

② 县级以上地方各级人民政府及其工作部门的规定；

③ 乡镇人民政府的规定；

④ 法律、法规、规章授权的组织的规范性文件。

需注意的是，以上所列规定不含国务院各部门的部门规章和地方人民政府制定的地方规章，仅指规章以下的其他行政规范性文件。在我国，对规章的监督审查不通过复议途径，而是通过其他法定途径进行。

3. 不能申请环境行政复议的事项

根据《行政复议法》第十二条的规定，下列事项属于申请环境行政复议的排除范围：

（一）国防、外交等国家行为；

（二）行政法规、规章或者行政机关制定、发布的具有普遍约束力的决定、命令等规范性文件；

（三）行政机关对行政机关工作人员的奖惩、任免等决定；

（四）行政机关对民事纠纷作出的调解。

（七）环境行政复议的参加人

环境行政复议参加人是指复议申请人、被申请人和第三人。

依照《行政复议法》申请环境行政复议的公民、法人或者其他组织是申请人。有权申请行政复议的公民死亡的，其近亲属可以申请行政复议。有权申请行政复议的公民为无民事行为能力人或者限制民事行为能力人的，其法定代理人可以代为申请行政复议。有权申请行政复议的法人或其他组织终止的，承受其权利的法人或其他组织可以申请行政复议。

公民、法人或者其他组织对行政主体的行政行为不服申请行政复议的，作出环境行政行为的行政机关和法律、法规授权的组织是被申请人。

环境行政复议第三人是指同申请行政复议的行政行为有利害关系而参加行政复议的其他公民、法人或者其他组织。

（八）环境行政复议程序

环境行政复议的程序，是指环境行政复议机关在审理行政案件、进行行政复议活动时，复议机关和参加人必须遵循的步骤、时限和方式的总称。环境行政复议的程序可分为申请、受理、审理、决定四个步骤。

1. 环境行政复议的申请

（1）申请期限

我国环境法律规定的复议申请期限为十五日，从相对人接到行政行为通知书之日起算。而《行政复议法》第二十条规定：公民、法人或者其他组织认为具体行政行为侵犯其合法权益的,可以自知道该具体行政行为之日起六十日内提起行政复议申请;但是法律规定的申请期限超过六十日的除外。根据这款规定以及新法优于旧法的法律冲突的适用规则,环境行政复议的一般期限应为六十日,如果今后环境法律规定申请复议的期限超过六十日的,则从其规定。另外,因不可抗力或者其他正当理由耽误法定申请期限的,申请期限自障碍消除之日起继续计算。

(2)申请方式

申请人申请行政复议,可以书面申请,也可以口头申请。口头申请的,行政复议机关应当当场记录申请人的基本情况、行政复议请求、申请环境行政复议的主要事实、理由和时间。

2.环境行政复议的受理

环境行政复议机关收到行政复议申请后,应当在5日内进行审查,不符合复议法规定的复议申请,决定不予受理,并书面告知申请人;对符合复议法规定,应予受理但是不属于本机关受理的复议申请,应当告知申请人向有关行政复议机关提出。如果环境复议机关应该受理无正当理由不予受理的,上级行政机关应当责令其受理;必要时,上级行政机关也可以直接受理。

3.环境行政复议的审理

(1)审理方式

环境行政复议一般实行书面审理,但复议机关认为必要时,可以采取其他方式审理,所谓"其他方式",主要指复议机关通知申请人、被申请人双方到场,在公开听证、双方相互质证、辩论的基础上进行审理。

(2)复议机关在审理前或审理中要处理的有关事项

主要包括:自受理行政复议申请之日起7日内向申请人发送行政复议申请书副本或者行政复议申请笔录复印件;决定是否停止具体行政行为的执行;决定是否同意申请人撤回复议申请。

(3)审理依据

环境行政复议机关审理复议案件的依据,既包括程序法依据,又包括实体规范性文件依据。其中程序法依据主要是《行政复议法》,实体规范性文件依据主要包括:有关环境保护的法律、法规、规章以及上级行政机关依法制定和发布的具有普遍约束力的有关环境保护的决定和命令;复议机关审理民族自治地方的复议案件,以该民族自治地方的相关自治条例、单行条例为依据。

4.环境行政复议的决定

(1)决定期限

行政复议机关应当自受理之日起六十日内作出行政复议决定,但是法律规定的行政复议期限少于六十日的除外,特殊情况下经复议机关的负责人批准,可以适当延长,但延长期限最多不超过三十日。

(2)决定种类

复议机关经过审理,根据不同情况分别适用以下种类的决定:

维持决定。具体行政行为认定事实清楚、证据确凿、适用依据正确,程序合法,内容适当的,决定维持。

履行决定。被申请人不履行法定职责的,决定其在一定期限内履行。

撤销、变更或者确认决定。具体行政行为有下列情形之一的,决定撤销、变更或者确认该具体行政行为违法;决定撤销或者确认该具体行政行为违法,可以责令被申请人在一定期限内重新作出具体行政行为:主要事实不清,证据不足的;适用依据错误的;违反法定程序的;超越或者滥用职权的;具体行政行为明显不当的。

赔偿决定。复议机关审理复议案件,在决定撤销、变更具体行政行为或者确认具体行政行为违法时,可应申请人请求或依法主动责令被申请人对申请人的合法权益造成的损害给予行政赔偿。

(3)决定的效力

行政复议决定一经送达,即发生法律效力。

(4)复议决定的执行

被申请人应当自觉履行行政复议决定,如果其不履行或者无正当理由拖延履行行政复议决定的,环境行政复议机关或者有关上级行政机关应当责令其限期履行。环境复议申请人逾期不起诉又不履行行政复议决定的,或者不履行最终裁决的复议决定的,可以由作出原具体行政行为的环境行政机关或复议机关依法强制执行或者申请人民法院强制执行。

二、环境行政诉讼

(一)环境行政诉讼的概念和特点

环境行政诉讼是人民法院根据对具体环境行政行为不服的公民、法人或者其他组织(环境行政相对人)的请求,在双方当事人和其他诉讼参与人的参加下,依照法定程序,审理并裁决环境行政争议案件的司法执法活动。

环境行政诉讼具有以下特点。

1. 环境行政诉讼是以行政相对人为原告,以环境行政管理机关为被告的诉讼

环境行政诉讼是在环境行政管理过程中发生的诉讼。与一般行政诉讼一样,其原告都是行政相对人,包括公民、法人或其他组织,其被告则是依法行使行政管理权的环境行政主体。

2. 环境行政诉讼由环境行政争议引发

环境行政争议是指环境行政主体与行政相对人在环境行政管理过程中发生的争议。争议双方是环境行政主体和行政相对人。争议针对的是行政主体实施的具体行政行为。争议的核心在于确认行政主体的具体行政行为是否合法。环境行政争议是启动环境行政诉讼的诱因和环境行政诉讼所要解决的内容。

3. 环境行政诉讼的核心是审查具体行政行为的合法性

人民法院审理行政争议案件的核心是审查具体行政行为是否合法。法院对具体行政行为的合法性进行审查,包括对行为的事实认定以及规范性文件的适用是否合法进行审查。

4. 环境行政诉讼的被告范围广泛

由于环境法律所调整的社会关系十分广泛,环境行政诉讼的被告范围也较广泛,包括负有环境保护和资源、生态保护职责的机关。例如,环保、海洋、港务、渔政渔港、交通、水利、铁道、民航、土地、农业、林业、矿产管理机关等。

（二）环境行政诉讼的类型

根据环境行政争议的不同，环境行政诉讼可以分为以下几种：

1. 行政赔偿之诉

环境行政赔偿之诉是指公民、法人或其他组织的合法权益受到环境行政机关或其工作人员的具体行政行为侵犯造成损害时，向人民法院提起的要求赔偿的诉讼。我国《行政诉讼法》第二条明确规定提起行政诉讼的条件是：公民、法人或者其他组织的合法权益受到行政机关或者行政机关工作人员作出的具体行政行为侵犯造成损害的。环境行政诉讼作为行政诉讼的一个类型，当然适用这一规定。

2. 环境行政履行之诉

环境行政履行之诉是指环境行政相对人为要求环境行政机关及其工作人员履行其法定职责而向法院提起的诉讼。提起环境行政履行之诉的前提是环境行政机关负有法定的职责，而环境行政机关不履行或迟延履行，并且不履行或迟延履行没有正当的理由，即环境行政机关存在不作为的行为，如拒绝颁发排污许可证、环评批复报告、环保设施验收合格证等。

3. 司法审查之诉

环境行政司法审查之诉是指环境行政相对人认为环境行政机关的具体行政行为不合法或显失公正而要求法院进行审查的诉讼。环境行政司法审查之诉还可以进一步区分为环境行政变更之诉和环境行政撤销之诉。

（1）变更之诉

环境行政变更之诉是指环境行政相对人认为环境行政机关的具体行政行为侵害了其合法利益，而请求法院通过司法裁判予以变更的诉讼。

（2）撤销之诉

行政撤销之诉是指环境行政相对人认为环境行政机关的具体行政行为侵害了其合法利益，而请求法院确认环境行政机关的具体行政行为部分或全部违法，并部分或全部撤销环境行政机关的具体行政行为的诉讼。

（三）环境行政诉讼的内容

环境行政诉讼的提起、受理、管辖和执行等内容适用行政诉讼的规定，与普通的行政诉讼并无区别。环境行政诉讼是指有关环境受害人认为环境行政管理机关或其工作人员的行政行为非法损害了自己合法的环境权益，而依法向法院提起的行政诉讼。首先，环境行政诉讼范围广泛。由于环境保护的范围和对象广泛，导致了因环境管理行为是否违法而提起行政诉讼的范围非常的广泛。其次，环境行政诉讼涉及多重利益，既影响私人利益，又牵涉国家利益和社会利益，这使得潜在当事人众多。再次，环境行政诉讼的标的往往具有一定的风险不确定性。由于环境损害一旦造成就难以恢复或治理，因而需要在诉讼中采取预防性手段。最后，由于环境问题的产生和发展具有缓发性和潜在性，再加上科学技术和人类认识水平的限制，当事人和行政机关行政行为之间的利害关系往往是一种可能的利害关系，而非必然的利害关系。环境行政诉讼的这些特点决定了环境行政诉讼规范必然涵盖以下这些内容：

1. 原告资格的扩张

与一般的行政诉讼相比，环境行政诉讼的最大特色在于作为行政管理相对人和环境受害人的公民以及作为环境公益组织的环保团体提起的"环境权"诉讼。这是因为,由作为环境行政管理直接相对人的企事业单位提起的环境行政诉讼,都是可以在作为私人财产的保护程序的传统行政诉讼制度的框架内加以处理的普通诉讼形态,而与之相对的由作为受害人的公民或作为环境公益组织的环保团体提起的环境行政诉讼,大多超出了传统的行政诉讼制度的框架,迫使传统的行政诉讼理论和制度为保护环境公益而有所修正。

诉讼资格的扩张,在于保护公民环境权益,加强对政府行政行为的监督。这也是由环境污染破坏及环境保护的特点所决定的。环境被污染或被破坏后,难以恢复,有的根本不可能恢复,因此,环境保护要以预防为主。环境污染或破坏造成的危害也与一般的损害不同。环境危害大多数具有潜伏期长、因果关系不明显、受危害的对象广等特点。有的环境危害甚至不会直接对人身、财产造成危害结果,而只是降低自然界的美学价值。因此,有时很难指出哪些具体的权益受到损害。如果以此限制或排除环境行政诉讼原告的诉讼资格,则极不利于预防、减轻行政行为对环境造成的不利影响和保护公民的合法权益。因而有必要赋予公民、环保团体对影响环境权益的行政管理行为提起诉讼的资格,在环境管理行为涉及公共利益时,赋予检察机关提起行政公诉的资格。

诉讼资格的扩张,在于承认环境行政管理相对人之外的第三人的诉讼资格,这与行政行为造成环境损害的特点有关。行政行为所可能造成的环境危害影响范围大,行政行为的非行政管理相对人有时是众多的受害者之一。由于行政行为的参与人可能获得某种利益,一般赞同该行政行为,很少会由于该行政行为可能造成的环境影响而对它起诉。这时,如果提起诉讼要求对该行政行为进行司法审查的话,起诉的人只能是对该行政行为可能引起环境影响表示关注的第三者。

2. 受案范围的扩大

众所周知,一项行政法规、规章或者具有普遍约束力的决定、命令对环境造成的影响比某项据这些法规、规章、决定和命令作出的具体行政行为对环境造成的影响要大很多。前者造成的影响是全局性的、整体性的,后者则是局部的、个别的影响。针对后者提起的诉讼很难完全消除前者可能造成的全局性的、整体性的有害环境影响。因而环境行政诉讼的范围应当扩展到影响环境保护和当事人环境利益的环境管理行为,既包括具体行政行为,又包括抽象行政行为。因为环境纠纷的行政处理涉及对当事人环境权益的处分,应当纳入司法审查范畴。

3. 预防之诉的认可

由于环境管理是运用多种手段积极主动地对经济个体的自由意志施加影响,因而,通过行政诉讼干预影响环境的行政行为是一种积极的、主动的保护环境的方法。这种干预可以促使行政机关在决策过程中充分考虑环境因素,协调经济发展和环境保护的关系,预防和减少行政行为给环境带来的不利影响。环境受害人提起的针对行政机关的诉讼,大多系以请求排除侵害而非损害赔偿为目的。日本的预防之诉采取取消诉讼形态,一般是受害者方面主张行政机关的处理违法,请求取消该行政行为的诉讼。比如对发电厂及其他公共设施的设置等作出许可等行政行为时,邻近的居民有权向法院请求取消该行政行为。

目前,我国有关的环境诉讼主要是损害赔偿之诉,预防、减轻行政行为给环境造成的不利影响的环境行政诉讼尚不多见。

（四）环境行政诉讼的原则

严格行政诉讼的规则在环境行政诉讼中因为环境保护的特殊性而有所调整。主要体现在：第一，司法审查的强化，法院在环境诉讼中对行政行为持"严格审查"的态度，在审判中拒绝了行政机关为其"规划或制定政策的行为"或"自由裁量权行为"的侵权赔偿责任的豁免辩护，如美国很多法院很少因为环境诉讼中政府提出起诉权问题而驳回起诉。第二，"诉讼不停止执行"原则的弱化。环境利益与一般利益不同，一旦遭到破坏，将很难复原，如果准予环境开发的行为已经完成或将要完成，环境保全的目的事实上就难以达到。在环境行政诉讼中，虽然原告每一个人遭受到的健康和财产上的损害个别地看不到明显的具体性，但当认定了具有区域性的广泛且严重的影响时，区域性环境破坏就必须依靠停止执行加以阻绝。在对区域环境具有广泛影响的处分提起的环境行政诉讼中，扭转执行不停止的原则，使执行停止得到原则化，对于行政方面的急于开发行为，只要未具体地说明其有特殊的公益上的必要，运用最理想的还是向着承认停止执行的方向努力。

环境行政诉讼的基本原则是指用以指导整个环境行政诉讼活动或者贯穿整个环境行政诉讼各主要阶段的基本准则。环境行政诉讼作为行政诉讼的一种，必须遵守所有行政诉讼所共同遵守的司法原则。这些原则可以分为两类，第一类是环境行政诉讼作为一种一般的诉讼活动应该遵守的基本原则，如：人民法院独立行使审判权原则；以事实为依据，以法律为准绳原则；合议制原则；回避原则；公开审判原则；两审终审制原则；当事人法律地位平等原则；使用本民族语言文字进行诉讼原则；辩论原则；人民检察院实行法律监督原则等。对于这一类原则，本书将不再作详细的解释。第二类原则是环境行政诉讼作为一种行政诉讼活动所要遵守的基本原则，如：选择复议原则，具体环境行政行为不因诉讼而停止执行原则，被告负举证责任原则，不适用调解原则，审查具体环境行政行为合法性原则，有限司法变更权原则等。

1. 选择复议原则

选择复议原则是指环境行政相对人对环境行政处理决定不服时，既可以向上一级环境行政主管机关申请复议，对复议决定不服，再向人民法院起诉，也可以不经过环境行政复议直接向人民法院起诉。也就是说，根据《行政诉讼法》和《环境保护法》等相关法律的规定，在我国，环境行政复议不是环境行政诉讼的必经程序，是否经过环境行政复议，由环境行政相对人自己选择。

2. 审查具体环境行政行为合法性原则

这一原则包含两层含义：第一，环境行政诉讼只能对具体环境行政行为提起，相对人对抽象环境行政行为不服不能提起行政诉讼。具体环境行政行为是指环境行政主体及其工作人员在环境行政管理活动中，依法行使环境行政职权，针对特定的公民、法人或者其他组织，就特定的事项，作出的有关该公民、法人或者其他组织权利义务的单方行为。如环保局依法对某超标排污企业罚款的行为。抽象环境行政行为是指环境行政机关在行政管理活动中，依法制定、发布的针对不特定的环境行政管理相对人具有法律约束力的规范性文件。如国家环保总局于1991年7月颁布执行的《环境保护法实施细则》。第二，人民法院对环境行政争议案件进行审理时，只审查具体环境行政行为是否合法，而具体环境行政行为是否精确、适当则不属于人民法院职权范围。

3. 具体环境行政行为不因环境行政诉讼而停止执行原则

《行政诉讼法》第五十六条规定："诉讼期间,不停止具体行政行为的执行。"因此,在环境行政诉讼期间,即使相对人认为具体环境行政行为违法,要求人民法院撤销或改变违法具体行政行为,但在人民法院代表国家依据有关法律、法规作出生效判决之前,具体环境行政行为仍然被推定为合法有效,也就要求得到执行。其根据是,具体环境行政行为是环境行政机关代表国家依据有关法律法规作出的,一旦作出即应推定为合法,该具体环境行政行为即具有相应的约束力、确定力和执行力。实行这一原则也有利于保证国家环境行政管理活动的正常进行。当然,在某些特殊情况下,具体环境行政行为应当停止执行,否则将可能造成不必要的损失。根据《行政诉讼法》第五十六条的规定,在以下四种情形下,具体环境行政行为要停止执行:

(1) 被告认为需要停止执行的;

(2) 原告申请停止执行,人民法院认为该具体环境行政行为的执行将会造成难以弥补的损失,并且停止执行不损害社会公共利益,裁定停止执行的;

(3) 法律、法规规定停止执行的(到目前为止,环境保护法律法规尚无此类规定);

(4) 法律、法规规定停止执行的。

4. 不适用调解原则

不适用调解原则,是指人民法院审理环境行政案件,既不能把调解作为诉讼过程中的一个必经阶段,也不能把调解作为结案的一种方式。因为人民法院审理环境行政案件是对具体环境行政行为的合法性进行审查。环境行政机关作出具体环境行政行为,是其行使法定职权的表现,而对于这种法定职权,环境行政机关不得放弃或让步,否则即构成失职。环境行政机关作出的具体环境行政行为要么是合法的,要么是违法的,没有第三种可能。在环境行政诉讼中如适用要求争议双方作出某种程度的放弃或让步的调解,会造成环境行政机关法定职权的性质发生转变,这是绝对不能允许的。

5. 有限司法变更权原则

司法变更权是指人民法院对被诉具体行政行为经过审理后改变该具体行政行为的权力。根据我国现行《行政诉讼法》的规定,人民法院在环境行政诉讼中的司法变更权仅限于环境行政处罚显失公正的情形下才可以行使,所以说,人民法院只能行使有限的司法变更权。

6. 被告负举证责任原则

被告负举证责任原则是指在环境行政诉讼中,环境行政诉讼的被告负有证明其具体环境行政行为合法的责任,否则要承担败诉的风险。

环境行政诉讼的宗旨由两个方面组成:

(1) 维护和监督环境行政机关依法行使环境行政职权;

(2) 保护公民、法人和其他组织的合法权益。

保障环境行政机关依法行使环境行政职权与保护公民、法人和其他组织合法权益是环境行政诉讼的两个基本点,二者不可偏废。

(五) 环境行政诉讼的功能

与环境行政诉讼的宗旨相联系,环境行政诉讼具有以下三大功能:

1. 平衡功能

在环境行政执法中,环境行政机关代表的是社会公共利益,而环境行政相对人则代表着个人权益。代表公共利益的环境行政机关在环境行政执法中处于优越地位,而行政相对方则处于弱势地位,这也是实现正常环境行政管理秩序的需要,但是环境行政机关的执法活动也可能违反法律,并对环境行政相对人的合法权益造成侵害。环境行政诉讼的一个重要功能就是对环境行政机关与环境行政相对人在行政执法阶段的明显不对等的法律地位进行平衡。环境行政诉讼的实质在于环境行政机关的环境行政行为必须接受人民法院的司法审查,从而对环境行政相对人的权利进行保障和补救。

2. 人权保障功能

人权得到充分的尊重和保护是法治社会的一个重要特征,在一个国家的人权保障体系中,行政诉讼制度发挥着非常重要的作用。环境行政诉讼作为行政诉讼制度的重要组成部分,主要通过对环境行政行为的司法审查来实现对环境行政相对人的人权保障。

3. 实现社会公正功能

公正是司法的生命,亚里士多德认为:公正的基准是某种利益配置,公正的基本公式是成比例平等。环境行政诉讼的实现社会公正功能是通过环境行政诉讼的诉讼程序公正和法院裁判的实体公正来实现的。

(六)环境行政诉讼的受案范围

环境行政诉讼的受案范围是指人民法院受理环境行政案件,解决环境行政争议的范围。只有属于受案范围的具体环境行政行为,相对人才可以对其提起环境行政诉讼。根据我国《行政诉讼法》《环境保护法》和相关司法解释的规定,环境行政诉讼的受案范围主要包括以下几个方面:

(1)对环境行政机关作出的罚款、吊销许可证和营业执照、责令限期治理、没收财物等行政处罚行为不服的。根据我国环境法律、法规的规定,环境行政机关有权实施的行政处罚行为非常广泛,环境行政相对人对这些行政处罚不服都可以提起环境行政诉讼。

(2)对限制人身自由或对财产的查封、扣押、冻结等行政强制措施不服的。我国《环境保护法》第二十条明确规定:法律、行政法规规定应当先向行政复议机关申请行政复议、对行政复议决定不服再向人民法院提起行政诉讼的,行政复议机关决定不予受理、驳回申请或者受理后超过行政复议期限不作答复的,公民、法人或者其他组织可以自收到决定书之日起或者行政复议期限届满之日起十五日内,依法向人民法院提起行政诉讼。另外,在发生环境污染事故或其他突发性环境事件时,相关的行政机关也可以采取一些强制措施,环境行政相对人对这些强制措施不服的可以提起环境行政诉讼。

(3)认为环境行政机关无理拒不发放有关执照、许可证或对于其申请拒绝给予答复的。如我国《森林法实施细则》第十九条规定:负责核发林木采伐许可证的部门和单位,在接到采伐林木申请后,除特殊情况外,应在1个月之内办理完毕。遇有紧急抢险情况,必须应地采伐林木的,可以免除申请林木采伐许可证,但事后组织抢险的单位和部门应将采伐情况报当地县级以上林业主管部门备案。如果林业主管部门逾期拒绝颁发林木采伐许可证或不予答复,相对人可以提起环境行政诉讼。

(4)认为环境行政机关违法要求其履行义务的。虽然环境行政机关拥有为相对人设定某种环境行政义务的权力,但其对这种权力的行使必须严格依照法律、法规进行,否则,环境行政相对人对违法要求其履行的行为可以依法提起环境行政诉讼。

（5）认为环境行政机关的行为侵犯法律、法规规定的经营自主权的。环境行政机关固然可以对企业施加某种程度的影响，促进企业向绿色生产发展，但这必须在不影响环境行政相对人的经营自主权的前提下进行，如果环境行政机关的具体行政行为侵犯了环境行政相对人的经营自主权，那么环境行政相对人就可以提起环境行政诉讼，以维护自身权益。

（6）申请环境行政机关履行保护环境、防治污染和其他公害，保护环境行政相对人的人身权、财产权的法定职责，环境行政机关拒绝履行或不给予答复的。环境行政相对人的人身权、财产权受到环境污染或生态破坏行为的侵害或威胁时，有权利请求相关的环境行政机关给予救济，相关环境行政机关如果对环境行政相对人的请求拒绝履行或不给予答复，那么环境行政相对人对环境行政机关的这种失职行为可以提起环境行政诉讼。

（7）法律、法规规定的其他具体行政行为。这是一项兜底性规定，目的是防止列举中的遗漏，使得环境行政诉讼的受案范围可以随着时代的步伐予以发展。

（七）环境行政诉讼的诉讼时效

环境行政诉讼的诉讼时效并不完全统一，根据诉讼时效所适用的对象的不同，环境行政诉讼的诉讼时效可以分为一般诉讼时效、特殊诉讼时效和最长诉讼时效三种。

1. 一般诉讼时效

一般诉讼时效是指行政诉讼法所规定的进行行政诉讼活动的诉讼时效，环境行政诉讼作为行政诉讼的有机组成部分，当然适用行政诉讼法上的诉讼时效。我国《行政诉讼法》第四十四条规定：公民、法人或者其他组织向行政机关申请复议的，复议机关应当在收到申请书之日起两个月内作出决定。法律、法规另有规定的除外；第四十五条规定：申请人不服复议决定的，可以在收到复议决定书之日起 15 日内向人民法院提起诉讼。复议机关逾期不做决定的，申请人可以在复议期满之日起 15 日内向人民法院提起诉讼。法律另有规定的除外。第四十六条规定：公民、法人或者其他组织直接向人民法院提起诉讼的，应当在知道作出具体行政行为之日起六个月内提出。法律另有规定的除外。根据《行政诉讼法》的上述规定，我国环境行政诉讼的诉讼时效分为两种：一是环境行政相对人直接向人民法院起诉的，其诉讼时效为 6 个月，从环境行政相对人知道作出具体行政行为之日起计算；二是环境行政相对人选择复议或者必须复议的，则为 15 天，从环境行政相对人收到复议书或复议期满之日起计算。

2. 特殊诉讼时效

特殊诉讼时效是指由环境法所规定的不同于行政诉讼法的诉讼时效。由于环境行政诉讼存在许多与一般行政诉讼所不同的特质，特别是具体环境行政行为与生态保护和污染防治密切相关，同时也与人民的身体健康和企业的稳健发展晴雨相连，因此，环境法也制定了一些不同于行政诉讼法的特殊诉讼时效，如我国《行政复议法》第三十四条规定：国家建立跨行政区域的重点区域、流域环境污染和生态破坏联合防治协调机制，实行统一规划、统一标准、统一监测、统一的防治措施。前款规定以外的跨行政区域的环境污染和生态破坏的防治，由上级人民政府协调解决，或者由有关地方人民政府协商解决。当事人逾期不申请复议、也不向人民法院起诉、又不履行处罚决定的，由作出处罚决定的机关申请人民法院强制执行。《水污染防治法》第九十七条规定：因水污染引起的损害赔偿责任和赔偿金额的纠纷，可以根据当事人的请求，由环境保护主管部门或者海事管理机构、渔业主管部门按照职责分工调解处理;调解不成的,当事人可以向人民法院提起诉讼。当事人也可以直接向人民法院提起诉讼。《森林法》第二十二条规定:当事人对人民政府的处理决定不服的,可以在接到通知之日起三十日内,向人民法院起诉。根据特别法优于一般法的原则,在环境行政诉讼中,凡是诉讼时效环境法作了规定的,优先适用环境法的规定,只有在环境法对诉讼时效未做规定的情况下,才适用行政诉讼法上的一般诉讼时效。

3. 最长诉讼时效

最高人民法院《最高人民法院关于执行〈中华人民共和国行政诉讼法〉若干问题的解释》第四十二条规定:公民、法人或者其他组织不知道行政机关作出的具体行政行为内容的,其起诉期限从知道或者应当知道该具体行政行为内容之日起计算。对涉及不动产的具体行政行为从作出之日起超过 20 年、其他具体行政行为从作出之日起超过 5 年提起诉讼的,人民法院不予受理。由于我国相关的环境法没有对最长诉讼时效作出规定,因此,这一关于行政诉讼最长诉讼时效的规定也应适用于作为行政诉讼组成部分的环境行政诉讼。

(八)环境行政诉讼的起诉资格

由于环境损害具有广泛性、积累性、持久性和恢复的困难性等特点,许多国家出于法治、权力制约及保护环境和公民环境权益的需要,不同程度地放宽了对环境诉讼起诉权的限制。主要表现在以下几个方面。

1. 放宽环境行政损害认定条件方面的限制

传统的环境行政诉讼判例法和成文法把受到实际的损害规定为原告行使起诉权的前提。20 世纪中期以来,在日益严重的环境问题和日益高涨的环保运动的压力下,环境行政损害认定的条件在一些国家得到了不同程度的放宽,实际损害扩充到了经济损失、人身伤害以外的其他损失领域。

在成文法方面,一些国家的环境基本法和各单行环境法律法规对实际损害条件的限制均有不同程度的突破。比如美国 1987 年修订的《联邦水污染控制法》第 1369 条第 2 款第 1 项规定:对局长的这些行为的复审,可以由任何有利害关系的人向直接受该行为影响的此人定居地提出申请。影响这一措辞就说明非实质性的损害或影响均可以成为法院确认起诉权的理由。

2. 扩大对环境行政行为司法审查的范围

日本的行政诉讼主要有以下几种类型。一是取消诉讼,它包括取消处分诉讼和取消裁决诉讼,即原告请求法院确认行政机关处分或裁决的有无及其有无法律效力的诉讼。二是不作为的违法确认诉讼,是指当事人依法向行政厅提出申请,而行政厅在法定的时间内没有作出答复或未对申请人的利益予以保护,当事人向法院请求确认该行为违法的诉讼。三是民众诉讼,是指在法律有特别规定时,有资格的民众向法院提起诉讼,要求纠正国家或公共团体机关不合法行为的诉讼。自 20 世纪 70 年代以来,日本还出现了一些以现行环境法律法规作为诉讼对象的"制度诉讼"案例。究其原因,主要是因为抽象行政行为也可以直接或间接侵害相对人的利益,如果受害人得不到司法救济,可能会放任行政权力的滥用。

在环境危机面前,美国加强了法院对法律授权行政机关自行决定的行政行为的司法审查(比如美国在 1987 年修订的《联邦水污染控制法》和 1990 年修订的《清洁空气法》里均确立了"公民诉讼"制度。司法审查诉讼的受案范围既包括政府机关的大多数具体行政行为,还包括一些抽象的行政行为,有时甚至涉及环境行政规章的制定行为。其中法院对抽象性行政决策行为进行司法审查的著名案例为"公民保护欧弗顿公园公司诉沃尔普",该案涉及的争端源于运输部长决定使用联邦高速公路基金兴建一条横穿欧弗顿公园的州际高速公路的问题。有关法令规定,如果能选择另一条"审慎可行的"路线,将禁止运输部长批准使用联邦基金建设穿越公共公园的公路。原告指控,运输部长违背了这一指令,要求法院撤销运输部长的命令,最高法院在《行政诉讼法》第701条中找到了该案可受司法复审的依据,从而裁决原告有权要求就此问题进行司法复审。法院在此案中确立了"严格审查"的原则,"严格审查"原则的基本含义有三点:其一,实体法上的审查,即法院审查行政机关的行为是否超出法律法令的授权;其二,程序法上的审查,即审查行政机关的行为是否符合行政程序法;其三,审查行政机关的决定是否合理。较为典型的案例是塞尔拉俱乐部诉洛克修斯案,在该案中,原告塞尔拉俱乐部指控被告联邦环保局局长洛克修斯,认为被告在审批州的《清洁空气法》实施计划的规章中没有就防止州的实施计划对防止清洁空气地区的空气质量下降作出规定。法院赞同原告的观点,并对被告发布了强制令。美国在1977年修订《清洁空气法》时吸收了这个判决。

奥地利宪法禁止行政机关与非行政机构的重合,因此普通法院不具有对行政机构作出的决定进行复审的审判权。在环境事务方面,行政法院在行政机关执行环境法律方面发挥了重要的司法作用。行政法院有复审环境行政决定的审判权。另一方面,宪法法院拥有对行政机构颁布的环境法规、规章和立法机关制定的法律的复审权。

3. 承认非直接利害关系人的环境行政起诉权

按传统的环境行政诉讼法规定,原告必须是与某一行政行为有直接利害关系的人,即侵权行为的直接当事人或受害人。这一限制起诉权的规定难以满足现代环境行政法追求权的价值目标。因为环境行政行为的直接利害关系人在不敢或不愿提起行政诉讼的情况下,法院按照"不告不理"的原则可以不予受理,而一些受到行政行为间接侵害的人由于缺乏诉讼法上的起诉资格依据而难以起诉。这种规定既不利于法院纠正行政机关的违法行为,也不利于公共环境的保护。因此有必要把环境行政行为的非直接利害关系人纳入原告的范围。

日本、美国和印度都对非直接利害关系人的起诉权作了规定。在日本,民众诉讼与机关诉讼的原告可以是法律特别规定的以选举人资格及其他与自己无法律上的利益的资格提起诉讼的人。美国1990年修订的《清洁空气法》和1987年修订的《联邦水污染控制法》等环境法律基于环境的公共性,授权任何公民对任何违反环境法规的人或其他法律实体提起公民诉讼。这种诉讼包括司法审查之诉。在印度,任何受到行政部门和市政当局的一个政府机构侵害的人,可以依法寻求适当的法院以公民诉讼的形式要求予以救济。以前,资格问题经常被提出,但是现在印度最高法院反复地确认了受侵害的个人甚至未直接受侵害的个人的资格。例如,在M. C. 梅塔诉印度联邦案件(1988年)中,原告并非是直接受害方,而只是一个从事恒河清除业和保护泰姬陵的富有公益精神的个人。

4. 授予环保及其他团体的环境行政起诉权

行政团体诉讼是行政集体诉讼的一种,按照传统的理论,行政团体诉讼的原告都应是受害者,只要团体中含有非受害者,则这个团体不能以自己的名义提起环境行政诉讼。最早确立团体诉讼原则的判例是塞尔拉俱乐部诉莫顿案。在该案中,原告塞尔拉俱乐部以塞尔拉·内华达山脉自然环境保护者的名义和环保团体的身份,对联邦内政部长莫顿起诉,要求撤销内政部的国家森林署的一项关于批准在塞尔拉·内华达山脉修建大型滑雪场的计划。法院最后因原告的诉状中没有指出其任何成员的利益因该项工程受损而判定原告缺乏起诉权。按照法院的观点，环保或其他团体以保护公共环境利益的名义起诉是不够的，它必须提出自己或自己成员的利益（如美学、自然保护、经济、娱乐等方面的利益）受到或可能受到直接或间接的损害，才能获得起诉权并作为原告出庭。通常各种环境保护团体通过吸收某些对环境要素有权益的人加入，在这些人的环境权益受到侵害时，该团体即可获得类似于环保集团诉讼的起诉权。这种方法广泛地为各种环境保护团体或特殊利益集体用作保护环境、制止某些不合理行政决定的重要手段。后来，《清洁空气法》和《联邦水污染控制法》规定，任何法律实体（当然包括环保及其他性质的团体）都可以向法院提起公民诉讼，向法院申请强制令、命令状或撤销该行政行为。如果该环保及其他性质的团体想要提起行政损害赔偿诉讼，它必须依照普通法或国家赔偿法的规定证明它的成员有受到损害的事实。比起个人的干预力量，环境行政团体诉讼的力量雄厚，态度一般比较强硬，有能力与行政机关周旋，并且可以造成很大的社会影响，法院与政治家往往非常重视，不敢怠慢，因而在国外环境行政诉讼中被广泛采用。

5. 确认当代人代表后代人的环境行政诉讼起诉权

后代人是潜在的法律主体，他们有在未来的环境中生存的权利。因此提倡他们的环境权是必要的，也是现实的。那么当代人的下一代及下几代的环境权益因为当代的环境行政行为一定或可能受到侵害时，当代人是否有权代表其后代人提起行政诉讼，各国的成文法律一般没有明文规定，有必要加以突破。1993年的菲律宾森林案，就是一个典型的当代人代表后代人环境权益进行环境行政诉讼的案例。菲律宾最高法院最后授予了这45名儿童以诉讼权。这个判例虽然发生在菲律宾，但对各国政府来说，其冲击力是非常大的。

在环境行政诉讼的起诉方面，我国仍然遵循《中华人民共和国行政诉讼法》的规定，坚持原告是认为具体行政行为侵犯其合法权益的公民、法人和其他组织，还没有放宽严格的限制条件。这种立法实际上规定既不利于区域性和流域性环境的保护，也不利于当代人和后代人合法环境权益的保护，因此结合我国的国情，有步骤地借鉴国外以上的成功做法是非常必要的。

按照《行政诉讼法》第二十五条的规定，只有与诉讼有直接利害关系的人才可以提起环境行政诉讼。由于环境是人类共享的公共财产，任何人都不能对其主张专属性和排他性的权利，例如大气、水域、海洋、公共风景区等。如果按照我国行政诉讼法的规定，当有人污染和破坏公共的环境时，当环境行政主管机关不履行保护公民共享的环境权益的时候，便无人可以提起行政诉讼。这对保护公民的环境法权是很不利的。由于环境保护需要公众参与，而现行的行政诉讼法的规定却妨碍公众保护环境，因此有必要对环境行政诉讼的起诉资格加以改进。在美国、英国等国，已建立了公民诉讼制度，在日本已经建立了抗告诉讼和民众诉讼，实际上都不同程度地放松了环境行政诉讼的起诉资格。

我国现行的行政诉讼法规定，原告必须是与行政机关具体行政行为有直接利害关系的公民、法人或者其他组织。范围比较狭窄，有必要借鉴美国的公民诉讼制度，适当扩大原告范围与受案范围，即规定只要认为行政机关的具体行政行为和某些抽象行政行为（如修筑水库、在某些保护区进行开发等行政决策）侵犯或影响其权利的人就可成为行政诉讼的原告。这在一定程度上可以起到进一步监督行政机关依法行政、遏制行政腐败现象的作用。

（九）环境行政诉讼的起诉资格

环境行政诉讼程序是人民法院和诉讼参加人在环境行政诉讼活动中必须遵循的法定方式和步骤的总称。根据行政诉讼法的规定，它主要包括第一审程序、第二审程序和审判监督程序。

1. 第一审程序

第一审程序是指人民法院审理第一审环境行政案件所适用的程序。第一审程序是一切环境行政诉讼案件的必经程序，是第二审程序的前提和基础。

第一审程序包括起诉、受理、开庭审理和判决 4 个阶段。

（1）起诉

起诉是指行政相对人依照法定条件和程序向人民法院提起环境行政诉讼请求，要求人民法院行使国家审判权对其合法权益予以保护的诉讼行为。根据行政诉讼法的规定，起诉必须具备以下条件：

① 原告必须是认为具体环境行政行为侵犯其合法权益的公民、法人和其他组织；

② 必须有明确的被告，即对哪一个环境行政机关提起诉讼，必须明确具体；

③ 必须有具体的诉讼请示和事实根据，即明确诉讼请求要解决的问题和目的，以及诉讼请示依据的法律事实；

④ 必须属于人民法院的受案范围；

⑤ 必须属于受诉地人民法院管辖；

⑥ 必须符合行政诉讼时效的规定。

上述 6 个条件缺一不可，其中前 5 个条件，已在前面有所述及，在此，就第 6 个条件，即诉讼时效问题加以简述。

根据《行政诉讼法》第四十五条和《环境保护法》相关规定，环境行政诉讼时效有两种情况：第一种，对行政处罚不服的起诉时效为 15 天；第二种，对其他具体环境行政行为不服的起诉时效为 3 个月。即行政相对人对环境行政机关所作出的其他具体行政行为（如征收超标准排污费等）不服的，可以在收到通知（如征收超标准排污费通知单）之日起 3 个月内向人民法院起诉。

（2）受理

受理是指人民法院对起诉进行审查，对符合起诉条件的予以接受立案的诉讼行为。《行政诉讼法》第五十一条规定，人民法院接到当事人起诉状后，经审查认为符合条件的，应当在 7 日内立案，并通知原告预交案件受理费；认为不符合起诉条件的，也要在 7 日内作出不受理的裁定；八十五条规定，原告对裁定不服的，可在收到裁定之日起十五日内向上一级人民法院提出上诉。

（3）审理

审理包括审理前的准备和开庭审理。开庭审理是指人民法院在当事人及其他诉讼参与人的参加下，在法庭上依法对案件进行全面审查，并作出裁判的诉讼活动，也称法庭审理。开庭审理包括：

开庭准备。开庭应做好以下准备工作。第一，在开庭前 3 日，用传票或通知书通知当事人和其他诉讼参加人。第二，公开审理的，应当公开当事人的姓名、案由和开庭时间、地点。

第三,开庭审理前,由书记员查明当事人和其他诉讼参加人是否到庭,如果都已到庭,宣布法庭纪律。第四,审判长宣布开庭、案由、合议庭组成人员和书记员名单,告知当事人的诉讼权利和义务,询问当事人是否申请回避等。

法庭调查。这是开庭审理的核心阶段,其主要任务是听取当事人的陈述,审查、核实各种证据,查清案情,正确认定事实。法庭调查应按照下列顺序进行:第一,询问当事人及当事人陈述,按先原告后被告顺序,主要询问原告的诉讼请求及所根据的事实理由,询问被告答辩所根据的事实和理由。第二,告知证人的权利和义务,询问证人所作证的内容,宣读未到庭的证人证言。第三,出示书证、物证和视听资料。第四,宣读勘验笔录、现场笔录。第五,询问鉴定人,宣读鉴定结论。当事人在法庭上可以提出新的证据,经法庭许可,也可以向证人、勘验人、鉴定人发问,还可以要求重新进行勘验、鉴定和调查,但是否准许,由人民法院决定。

法庭辩论。法庭辩论是当事人、第三人及其诉讼代理人,就争议的问题充分阐述自己的主张和证据,对另一方的主张进行辩驳的诉讼活动。其顺序应当先原告及其代理人发言,后被告及其代理人发言,最后由双方展开辩论。辩论终结后,审判长按照原告、被告的顺序征询双方最后意见,以保证当事人有陈述最后意见的机会。如果在辩论中当事人提出与案件有关的新的事实或证据时,合议庭有权停止辩论,恢复法庭调查,待法庭调查完毕。再继续辩论或者延期审理。

合议庭评议。合议庭评议时应制作笔录,由合议庭成员签名,对重大疑难案件,合议庭作出结论后,应由院长提交审判委员会讨论决定。

（4）判决

判决是指人民法院对环境行政案件经过审理,根据查明的案件事实,依据法律、法规的规定,对行政争议作出具有强制性决断的审判行为。根据《行政诉讼法》,行政诉讼一审判决有以下 4 种:

维持判决。维持判决是指人民法院认为具体环境行政行为事实清楚,证据确凿,适用法律、法规正确,符合法定程序的,依法作出维持原行政行为,驳回原告申请的判决。作出维持判决,该具体环境行政行为必须符合以下条件:第一,证据确凿;第二,适用法律、法规正确;第三,遵守法定程序。

撤销判决。撤销判决是指人民法院经过审理认定具体环境行政行为全部或部分确属违法,侵犯了行政相对人的合法权益,从而作出将其全部或部分撤销的司法决定。根据《行政诉讼法》第 54 条第 2 款规定,具体环境行政行为有下列情况之一的,判决撤销或部分撤销,并可以判决被告重新作出具体行政行为。第一,主要证据不足的,即环境行政机关作出的具体行政行为缺乏必要的事实根据和证据。第二,适用法律、法规错误的,即具体环境行政行为违反了法律、法规的有关具体规定而导致处理决定的错误。第三,违反法定程序的,即环境行政机关作出具体行政行为时违反法、法规规定的方、步骤和时限等要求,未遵循法定操作规程。第四,超越职权的,即环境行政机关作出的具体行政行为超越其职权范围。第五,滥用职权的,即环境行政机关的具体行政行为背离法律、法规基本原则和宗旨,利用职权,达到不正当的目的。

限期履行义务判决。限期履行义务判决是指人民法院对环境行政机关不履行法定职责或拖延履行法定职责的行为,判令其在一定期限内履行的判决,不履行法定职责是指环境行政机关有义务在法定期限内不履行法定职责。《行政诉讼法》规定,人民法院作出限期履行义务判决应具备以下条件:第一,被诉的环境行政机关负有法律上的某种义务。第二,行政相对人提出的申请,必须符合法定条件。第三,行政相对人向环境行政机关提出申请后,环境行政机关不履行或拖延履行。只有3个条件同时具备时,人民法院才能作出限期履行的判决。

变更判决。变更判决是指人民法院经过审理确认环境行政处罚显失公正,贪污对环境行政处罚予以改变的判决。根据《行政诉讼法》规定,作出变更判决必须具备2个条件:第一,具体环境行政行为是属于行政处罚行为的。第二,环境行政处罚属于显失公正。显失公正并非指一般的处罚不当,而是处罚畸轻或畸重,明显违背了法律、法规的有关规定。例如,处罚决定的内容显然与违法事实不相当,但仍属法定的范围内,故不宜判决撤销。

关于审理环境行政案件的期限,根据《行政诉讼法》第八十一条规定,人民法院应在立案之日起六个月内作出第一审判决。有特殊情况需要延长的,由高级人民法院批准。高级人民法院审理第一审案件需要延长的,由最高人民法院批准。

2. 第二审程序

第二审程序是指上级人民法院对下级人民法院作出的一审案件的裁判,在其发生法律效力之前,由于当事人的上诉而进行审理所适用的程序。上诉与起诉不同,起诉是合法权益受到环境行政机关具体行政行为侵犯的行政相对人向人民法院提起的诉讼,而上诉则是当事人针对一审人民法院作出的裁定或判决不服而请求上一级人民法院重新作出裁判,其目的是纠正第一审的错误裁判。第二审程序包括上诉的提起、上诉案件的审理和上诉案件的裁判。

上诉案件的审理期限,《行政诉讼法》第八十八条规定,人民法院审理上诉案件,应当在收到上诉状之日起三个月内作出终审判决。有特殊情况需要延长的,由上高级人民法院批准。

3. 审判监督程序

审判监督程序是指人民法院对已经发生法律效力的判决、裁定发现其违反法律、法规,依法对案件再次进行审理的程序。审判监督程序不是人民法院审理案件的必经程序,不具有审级性质,而是一审、二审程序之外对人民法院已结案件的办案质量进行检验的一种监督程序。审判监督程序的设置,对于及时发现和纠正人民法院裁判的错误,保证案件的正确审理,维护当事人合法权益,维护国家法律的尊严,具有重要意义。同时,它也充分体现了我国审判活动所遵循的实事求是、有错必纠的原则。

审判监督程序并不由于当事人的再审申请而引起,审判监督程序的提起包括如下几种情形:

① 原审人民法院或其上级人民法院发现已经发生法律效力的判决、裁定确有错误的,可以提起再审,进入审判监督程序。原审人民法院提起再审的,应当由院长提起,由本院审判委员会讨论决定。

② 人民检察院认为已经发生法律效力的判决裁定违反法律、法规规定,向人民法院提起抗诉,从而引起审判监督程序的发生。最高人民检察院对各级人民法院、上级人民检察院对下级人民法院已经发生法律效力的判决、裁定,发现违反法律、法规规定的,如原裁判认定的事实主要证据不足,适用法律法规错误,或原裁判违反法定程序可能影响案件公正

审理,原审过程中审判人员有贪污受贿、徇私舞弊、枉法裁判的,有权向作出生效裁判的人民法院的上一级人民法院提出抗诉,案件进入审判监督程序。

③ 当事人对已经发生法律效力的裁判认为确有错误的,可以在裁判书生效 2 年内向人民法院申请再审。人民法院审查当事人的再审申请后,认为符合条件的,作出再审决定,进入审判监督程序。

一旦进入审判监督程序,人民法院应当作出裁定终止原生效裁判的执行.并重新组成合议庭进行审理,根据生效裁判是第一审审结还是第二审审结,分别适用第一、二审程序。

（十）我国环境行政诉讼的主要问题

我国环境法对行政诉讼作了规定,《中华人民共和国环境保护法》规定:当事人对行政处罚决定不服的,可以向人民法院起诉。但这些规定都是原则性的,关于环境行政诉讼的具体程序未作规定,而《行政诉讼法》未对环境行政诉讼进行专门规定。我国环境行政诉讼存在以下不完善的地方:

诉讼资格规定不足。《行政诉讼法》比《民事诉讼法》规定的起诉资格宽松些,只要原告认为具体行政行为侵犯了其合法权益,即具备了起诉资格的要件。但是,《行政诉讼法》第二条中的依照本法的规定实际上限制了第三人的诉讼权利,如果一项环境管理活动对环境管理相对人没有造成损害,却对附近的居民造成侵害,那么这些居民不具备起诉的资格。《行政诉讼法》规定,只有与具体行政行为有法律上利害关系的人才可能提起行政诉讼,也就是说被诉具体行政行为必须影响到原告的合法权益。但是,环境行政诉讼往往是具体行政行为"可能"影响原告的合法权益而非必然,如果一味强调必然,环境受害人无法提起诉讼。

受案范围过窄。我国的行政诉讼仅限于保护公民、组织利益的诉讼,在环境行政行为未损害特定人的利益,却损害公共利益时,无法通过司法审查去纠正该行为;同时,我国行政诉讼法将环境行政诉讼的受案范围限于几项具体行政行为不服的案件,不允许对抽象行政行为提起行政诉讼,这意味着那些受抽象环境行政行为如政府环境资源规划行为所影响的受害人无法要求司法审查。

行政诉讼法诉讼不停止执行原则影响到环境行政诉讼预防性的贯彻。对当事人不服环境纠纷的行政处理不能提起行政诉讼的规定导致实践中法院受理案件的尴尬和限制当事人的诉权。对于环保局不受理当事人行政处理的申请,构成行政不作为,当事人提起行政诉讼的,法院应予受理;而对于当事人对纠纷处理不服的,却阻止法院对环保局的履行职责行为进行司法审查。对于申请人不服处理的,给予提起民事诉讼的权利,而拒绝给予被申请方相同的权利。

第九章　清洁生产的法律法规

第一节　清洁生产的概念和特征

一、清洁生产的概念

《中华人民共和国清洁生产促进法》(以下简称《清洁生产促进法》)第二条所称清洁生产,是指不断采取改进设计,使用清洁的能源和原料,采用先进的工艺技术与设备、改善管理,综合利用等措施,从源头削减污染,提高资源利用效率,减少或者避免生产、服务和产品使用过程中污染物的产生和排放,以减轻或者消除对人类健康和环境的危害。

二、清洁生产的特征

清洁生产是环境保护和传统发展模式的根本性变革。相对于末端处理,清洁生产体现了环境保护的预防性、经济与环境效益的双赢性、发展的可持续性以及实施的综合性。

(1)清洁生产的预防性

相对于末端处理,清洁生产最大的特点在于它的预防性。末端处理是一种传统的环境保护方式,与整个生产过程脱节,先污染后治理。而清洁生产是一种污染预防的环境保护方式,在工业生产中,要求通过源头削减,改变产品和工艺,提高资源和能源的可利用率,从而最大限度地减少有毒有害物质的产生,实现废物的最小量化。从产品的设计和原料的选择,到设备、工艺技术、管理,以及防止和减少污染废物的产生,整个生产过程都体现了清洁生产的预防性,这也是清洁生产的实质所在。

(2)清洁生产的双赢性

传统的末端处理重在"治",忽略了"防",并且治理难度大、成本高、效率低。

由于污染治理的高难度性和不彻底性,会给环境造成不利的影响,在失去了经济效益的情况下,往往环境效益也甚微。而清洁生产实行的是全过程控制,从产品的设计到产品的无害性和服务的清洁性,清洁生产追求的是一种经济效益和环境效益的双赢性。其一,清洁生产从源头上削减污染,生产过程中避免有毒有害物质产生,强调污染的预防性和环境保护的彻底性,环境效益远远大于传统的末端处理。其二,贯穿于整个生产过程,清洁生产要求选择高效无害的原料,减少资源和能源的消耗,提高资源能源的利用率,降低了生产成本。其三,工业生产的末端,清洁生产要求消除污染废物的产生,要求产品无毒无害,不对环境和人体健康产生威胁,并且生产和使用后易于分解、回收和再利用,降低了废物处理的成本。经济效益和环境效益的双赢性,是清洁生产的目的所在。

(3)清洁生产的可持续性

传统的末端处理体现的是一种大量消耗资源和能源、以牺牲环境发展经济的粗放型生产模式,不利于发展的可持续性。可持续发展要求资源和能源的利用同时满足于当代人和后代人的需要,即对资源和能源的合理可循环利用。而清洁生产要求在生产过程中要对资源和能源进行循环利用,并对产生的废物和产品进行回收再利用。清洁生产是实现可持续发展的最佳生产模式,是实现节能减排的最佳途径。清洁生产体现了可持续发展的内在要求,这是清洁生产的关键所在。

（4）清洁生产的综合性

清洁生产是一项综合性技术,是一种综合性预防的环境战略。清洁生产的确认和规范需要法律法规和政策的多样性来调控,包括引导、促进和强制等手段。政府引导企业进行清洁生产的方向,通过经济激励等手段促进企业清洁生产并进行相关信息披露,适当地运用强制手段对企业某种清洁生产行为进行必要的强制,并对违背清洁生产的行为进行限制。另外,实施清洁生产还需要综合的战略技术措施,包括科技的综合性、管理的综合性以及资源的综合利用。这种调控手段和技术的多样性,决定了清洁生产的综合性,这是清洁生产的价值所在。

第二节　清洁生产的立法概况

一、《清洁生产促进法》概述

清洁生产思想初步是在 1983 年颁布的《关于结合技术改造防治工业污染的几项规定》中体现的,《规定》指出,要在生产过程中削减污染物,合理地利用资源和能源,提高资源和能源的利用率,并对产品的设计、工艺的采用和废物的综合利用做了相关规定。1979 年的《环境保护法（试行）》和 1989 年的《环境保护法》也对清洁生产的相关事项进行了一些新的规定。但这些规定只是一些原则性的规定,实施强度欠缺。目前来说,我国关于清洁生产的较为系统的法律主要是《循环经济促进法》和《清洁生产促进法》。

2002 年 6 月 29 日,第九届全国人民代表大会第二十八次会议通过了《中华人民共和国清洁生产促进法》,2012 年第十一届全国人民代表大会常务委员会第二十五次会议对该法进行了修改。这是我国第一部专门性的关于清洁生产的法律,也是世界上第一部真正以推行清洁生产为目的而制定的法律,是为了促进政府和企业积极开展清洁生产而制定的法律。它总结了国外的关于实施清洁生产以及污染预防的相关经验,针对我国的清洁生产现状,作出了一系列的规定和措施,适用于生产和服务领域。

新修正的《清洁生产促进法》共分为六章,四十条。

第一章是总则。介绍了本法的立法目的、清洁生产的定义、适用范围、清洁生产的管理部门以及我国开展清洁生产的基本方针。本法的立法目的主要为了提高资源和能源的利用率,预防污染,促进清洁生产,从而保护环境和人体健康,最终实现可持续发展。修正后的《清洁生产促进法》规定协调全国性的清洁生产管理部门由原先的国务院经济贸易行政主管部门改为清洁生产综合协调部门。县级以上的地方清洁生产促进工作由地方人民政府管理负责。

第二章是关于清洁生产的推行。这一章主要介绍了政府及其主管部门关于清洁生产的推行所制定的相关政策及规划,包括税收政策、产业政策及推广政策。国务院相关部门对重点行业重点领域的清洁生产实施推行规划,县级以上人民政府对本行政区域的重点项目进的清洁生产实施推行规划,力求低消耗、低污染。相关部门应当对开展清洁生产项目进行必要的资金投入,并提供有关清洁生产的信息和服务,包括清洁生产的方法和清洁生产的技术等,制定并发布清洁生产的指南和目录,以及产品标识、国家标准和行业标准。其中规定了国务院有关部门应当对不适宜清洁生产的工艺技术以及设备进行限期淘汰,例如高消耗重污染的落后工艺技术和设备。此外,应当将清洁生产的相关信息和技术进行大力宣传,包括技术培训、职业教育、媒体宣传等。本章中还规定了在清洁生产的推行中节能减排的重要性,要求各级政府领导群众注意节能减排,购买有利于环境和资源保护的产品。

第三章是关于清洁生产的实施。本章中主要是针对生产领域、农业和服务业领域具体实施清洁生产的要求作出了相关的规定。其中指导性的规定有:(1)工业生产领域的指导性规定。对建设项目进行环境影响评价,选择有利于污染预防提高资源利用率的清洁生产工艺;在技术改造中,企业要选择清洁生产工艺和设备来替代高污染高消耗的落后的工艺和设备,原料的采用要做到无毒无害或少毒少害,减少有害废物的产生,制定相关节能减排的措施;生产的产品要健康安全,包装易于分解和回收,避免过度包装;对生产过程中产生的废物废水应当循环利用;固体废物要分类存放,合理放置;对于生产过程中产生的废物和资源的消耗实施清洁生产审核;用能单位的相关负责人对本单位的用能情况及时报告。(2)农业和服务业领域的指导性规定。农业生产者应当改进种植技术,合理使用无毒无害的化肥,减少农业生产废物的产生,提高农产品的质量,使用可降解的农用薄膜,防止土壤及农作物的污染;矿产的开采要统一规划,防止污染和浪费,合理开采,综合利用;交通运输方面,生产使用节能环保的机动车,对于高燃料高污染的不符合标准的机动车船要及时报废;国家鼓励安装太阳能系统。另外,除了上述的指导性规定,本章中还包括相关的自愿性和强制性规定。自愿性规定包括企业申请环境管理体系认证、签订相关污染排放协议等。强制性规定是强制生产者履行的义务和承担的法律责任,主要规范污染物排放严重超标、使用有毒有害物质超标、生产销售的产品有毒有害物质超标等行为。

第四章是鼓励措施。本法总则的第四条和第六条已经指出,国家鼓励并促进清洁生产。本章中主要介绍了国家对开展清洁生产的具体鼓励措施。包括表彰奖励、资金支持、税收优惠等,主要是对积极开展清洁生产的单位和个人进行奖励和优惠政策,并对节能减排的单位财政补贴和价格优惠等措施。

第五章是法律责任。主要规定了对于违反本法相关强制性规范的行为,追究相关的行政、民事和刑事法律责任。

第六章是附则。共一条,说明了本法的施行日期。

《清洁生产促进法》是"我国推行清洁生产十余年取得的成绩的集中体现,是我国全面推行清洁生产的新的里程碑,是我国走新型工业化道路,实施可持续发展战略的必然选择"。

国家发改委、国家环境保护总局于2004年制定了《清洁生产审核暂行办法》,于2016年对其进行修订后颁布了《清洁生产审核办法》,以进一步规范清洁生产审核程序。2014年修订后的《中华人民共和国环境保护法》规定,国家促进清洁生产和资源循环利用。《中华人民共和国大气污染防治法》《中华人民共和国水污染防治法》《中华人民共和国固体废物污染环境防治法》都有关于清洁生产的规定。

　　为深入贯彻实施《中华人民共和国清洁生产促进法》,提高清洁生产水平,环境保护部(原国家环境保护总局)先后制定了《清洁生产标准　制革行业(猪轻革)》(HJ/T 127—2003)、《清洁生产标准　煤炭采选业》(HJ 446—2008)、《清洁生产标准　宾馆饭店业》(HJ 514—2009)、《清洁生产标准　酒精制造业》等多个清洁生产标准。

二、清洁生产与循环经济的关系

　　《循环经济促进法》是《清洁生产促进法》的立法基础。循环经济立法主要调整六个方面的社会关系:第一,资源综合利用;第二,清洁生产;第三,废料回收与再生利用;第四,绿色消费;第五,循环经济产业园区;第六,循环农业。有的学者认为,循环经济调整的是一种经济活动以及经济行为,它的立法归属应该归入经济法部门。但蔡少秋教授认为,循环经济是与环境资源的开发、利用、保护、治理及其管理有关的经济,即循环经济是生态经济、绿色经济或环保经济,循环经济法虽然包含经济法的某些内容、具有经济法的某些特点,但其立法的目的、内容大都与环境资源的开发、利用、治理、保护及其管理有关,其遵循的生态规律和3R原则主要是环境资源法所坚持的规律和原则,基本上或本质上应该属于环境资源法的范畴。

　　清洁生产是循环经济立法的重要内容。2008年8月29日十一届人大常委会第四次会议正式通过了《循环经济促进法》,为清洁生产的专门立法奠定了基础。《循环经济促进法》共分为七章,五十八条。第一章是总则。规定了立法目的、发展循环经济的方针和政策,并对重点名词作了解释。循环经济强调在经济发展中要注意减量化、再利用、资源化的原则,健全相关制度,节能减排。第二章是基本管理制度。主要包括循环经济发展规划的编制、产业结构的规划和调整、相关评价指标的考核、强制回收名录的管理、重点用能用水单位的监督,以及统计制度的健全等。第三章和第四章主要是对如何实现循环经济的减量化、再利用、资源化进行了具体的规定。在实现减量化方面,要防止过度包装,工业企业应当注意节水节油,矿山企业要合理开矿,服务性企业应当节能节水并避免资源的浪费和易污染产品的使用,国家鼓励使用无毒无害的建筑材料和再生水。在实现再利用和资源化方面,鼓励企业之间互相合作,实现废物的交换和循环利用,企业对工业废物应当按照国家规定进行综合利用,采用先进工艺设备发展循环用水系统,实现废水的再利用,提高水的利用率。建筑单位对建筑废物应当综合利用或进行无害化处置,农林业生产者对农用废物和木材应当综合利用。城乡生活垃圾应当分类处置,以提高垃圾资源化率。第五章是激励措施。主要包括资金支持、税收优惠、价格优惠等,并对发展循环经济做出贡献的企业和个人进行表彰奖励。第六章是法律责任。主要是承担行政责任。第七章是附则。

　　清洁生产是循环经济的一部分,是循环经济的重要内容。循环经济主要强调资源能源的循环利用率,强调如何实现"减量化"。清洁生产的内涵即是废物的最小量化。清洁生产可以解决循环经济发展过程中出现的一些技术问题,为循环经济提供技术基础。清洁生产是实现循环经济"减量化"的最佳途径和方法。有学者认为,"清洁生产是循环经济的微观基础,循环经济是清洁生产的最终发展目标。各种产业的、区域的生态链和生态经济系统则构成清洁生产到循环系统的中间环节。衡量清洁生产是否达到目的,仅仅衡量某个企业或某个行业是不够的,应当看其是否在区域、国家层次形成生态经济系统,形成循环经济形态。"可以说,推行清洁生产是发展循环经济的第一步,清洁生产是实现循环经济的基本途径。另外,清洁生产和循环经济的共同目标都是实现可持续发展,都是在可持续发展的理念下,实现环境效益和经济效益的双赢。

第三节　清洁生产的法律规定

一、清洁生产的实施领域

根据《中华人民共和国清洁生产促进法》第三条规定,我国清洁生产实施领域主要有两类:一是全部生产和服务领域的单位;二是从事相关管理活动的部门。

二、清洁生产的管理体制

国务院和县级以上地方人民政府,应当将清洁生产促进工作纳入国民经济和社会发展规划、年度计划以及环境保护、资源利用、产业发展、区域开发等规划。

国务院清洁生产综合协调部门负责组织、协调全国的清洁生产促进工作。国务院环境保护、工业、科学技术、财政部门和其他有关部门,按照各自的职责,负责有关的清洁生产促进工作。

县级以上地方人民政府负责领导本行政区域内的清洁生产促进工作,县级以上地方人民政府确定的清洁生产综合协调部门负责组织、协调本行政区域内的清洁生产促进工作。县级以上地方人民政府其他有关部门,按照各自的职责,负责有关的清洁生产促进工作。

三、推行清洁生产的财政政策

各级政府应优先采购或者按国家规定比例采购节能、节水、废物再生利用等有利于环境与资源保护的产品。对在清洁生产工作中做出显著成绩的单位和个人,由人民政府给予表彰和奖励。对从事清洁生产研究、示范和培训,实施国家清洁生产重点技术改造项目和自感削减污染物的符合规定的技术改造项目,各级人民政府应给予资金补助。

县级以上政府应当鼓励和支持国内外经济组织通过金融市场、政府拨款、环境保护补助资金、社会捐款等渠道依法筹集中小企业清洁生产投资基金。企业用于清洁生产审核和培训的费用,列入企业经营成本。

四、实行落后生产技术、工艺、设备和产品的限期淘汰制度

国家对浪费资源和严重污染环境的落后生产技术工艺、设备和产品实行限期淘汰制度,国务院有关部门按照职责分工,制定并发布限期淘汰的生产技术、工艺、设备以及产品的名录。

五、清洁生产的实施

(1)产品、生产规模的设计

新建、改建和扩建项目应当进行环境影响评价,对原料使用、资源消耗、资源综合利用以及污染物产生与处置等进行分析论证,优先采用资源利用率高以及污染物产生量少的清洁生产技术、工艺和设备。产品设计应该能够做到充分和合理地利用资源,产品应无害于人体的健康和生态环境,反之则应限制或淘汰。

（2）原材料的选择

原材料的选择与生产过程中污染物的产生有直接的关系。因此减少、替代或淘汰有毒、有害物料的使用,减少生产过程和产品使用过程中的危害是企业在新、扩、改建过程中应遵循的一个重要原则,

（3）改革工艺,加强物料循环

企业在改、扩建过程中,应积极改革生产工艺、更新生产设备,提高原材料和能源的利用率。减少生产过程中资源的流失浪费和污染物的产生;在提高利用率的同时,加强物料的回收利用。

（4）包装物的设计

在包装物的设计方面,从本质上说,包装物也是种产品,其生命周期分析与上述产品一样。企业应当对产品进行合理包装,减少包装材料的过度使用和包装性废物的产生,并使包装材料本身易于降解,或易于回收利用。

六、清洁生产审核

清洁生产市核,是指按照定程序,对生产和服务过程进行调查和诊断,选定并实施技术经济及环境可行的清洁生产方案的过程。

（1）管理体制

国家发展和改革委员会会同环境保护部负责全国清洁生产审核的组织、协调、指导和监督工作。县级以上地方人民政府确定的清洁生产综合协调部门会同环境保护主管部门、管理节能工作的部门(以下简称"节能主管部门")和其他有关部门。根据本地区实际情况,组织开展清洁生产审核。

（2）清洁生产审核范围

清洁生产审核分为自愿性审核和强制性审核。有下列情形之一的企业,应当实施强制性清洁生产审核:① 污染物排放超过国家或者地方规定的排放标准,或者虽未超过标准,但超过重点污染物排放总量控制指标的;② 超过单位产品能源消耗限额标准构成高耗能的;③ 使用有毒有害原料进行生产或者在生产中排放有毒有害物质的。

（3）清洁生产审核实施

实施强制性清洁生产审核的企业,应当在名单公布后一个月内,在当地主要媒体、企业官方网站或采取其他便于公众知晓的方式公布企业相关信息。列入实施强制性清洁生产审核名单的企业应当在名单公布后两个月内开展清洁生产审核。

（4）对清洁生产审核的效果的评估验收

县级以上环境保护主管部门或节能主管部门,应当在各自的职责范围内组织清洁生产专家或委托相关单位,对以下企业实施清洁生产审核的效果进行评估验收:① 国家考核的规划、行动计划中明确指出需要开展强制性清洁生产审核工作的企业;② 申请各级清洁生产、节能减排等财政资金的企业。

七、法律责任

1. 违反材料成分标注规定

《中华人民共和国清洁生产促进法》第二十一条规定:生产大型机电设备,机动运输工

具以及国务院经济贸易行政主管部门指定的其他产品的企业,应当按照国务院标准化行政主管部门或其授权机构制定的技术规范,在产品的主体结构上注明材料成分的标准牌号。违反该条规定,未标明产品的材料成分,或者不如实标注的,由县以上地方人民政府质量技术监督行政主管部门责令限期改正,拒不改正的,处以五万元以下罚款。

2. 违反清洁生产审核规定

不实施强制性清洁生产审核或者在清洁生产过程中弄虚作假的,或者实施强制性清洁生产审核的企业不报告或者不如实报告审核结果的,由县级以上地方人民政府负责清洁生产综合协调的部门,环境保护部门按照职责分工责令限期改正;拒不改正的,处以五万元以上五十万元以下的罚款。

3. 包装物的使用

《中华人民共和国清洁生产促进法》规定:生产、销售被列入强制回收目录的产品和包装物的企业。应当在产品报废和包装物使用后对该产品和包装物进行回收。违反该条规定,不履行产品或包装物回收义务的,依照该法规定,由县级以上地方人民政府经济贸易行政主管部门责令限期改正;拒不改正的,处十万元以下的罚款。

4. 对污染严重企业的处罚

《中华人民共和国清洁生产促进法》规定:"列入污染严重企业名单的企业,应当按照国务院环境保护行政主管部门的规定公布重要污染物排放的情况,接受公众监督"。违反该条规定的,依照该法的规定,由县级以上地方人民政府环境保护主管部门公布,可以并处十万元以下罚款。

第四节　我国清洁生产的其他相关法律法规

一、国家立法

清洁生产在我国的环境立法中涉及范围颇广,在《清洁生产促进法》颁布之前,我国许多立法中就已经开始提及清洁生产。

在《环境保护法》中,第四十三条规定企业排污超过排污标准的应当缴纳排污费,即排污收费制度,要求排污者对超标排放的污染物缴纳排污费并予以治理。这一条规定体现了清洁生产、减少污染排放的思想。第四十二条规定了环境保护责任制度,要求易对环境产生污染的单位采取措施避免污染的产生。第四十条规定了企业在工艺上应该选择利用率高、排污量少的设备和工艺。

《海洋环境保护法》也规定了清洁生产的相关内容。第二十二条规定国家防治海洋污染应当实行淘汰制度,对落后的工艺设备应当淘汰,防止落后的技术对海洋造成污染。规定企业应当采用清洁生产工艺和清洁能源。另外,该法规定海水养殖场、沿海、农田、林场应当合理规划、正确施肥,防止海洋环境污染,这也是清洁生产思想的体现。

2000 年修订的《大气污染防治法》中对清洁生产的规定也有了一定程度的增加。该法第九条对防治大气污染的技术方面进行了规定,鼓励开发使用清洁能源。第十九条规定企业应该采用清洁生产工艺,避免排放物对大气造成污染。另外,该条还规定国务院有关部门对造成大气严重污染的设备制定名录,禁止生产销售、进口使用该名录的污染设备。第二十四条和第二十六条对煤炭方面的清洁生产技术进行了规定，要求煤矿开发洁净煤技术，建设相应的洗选设备。第二十五条对清洁能源进行了规定，推广清洁能源。第三十四条对燃料油的清洁生产技术进行了规定，禁止使用含铅汽油。

第三十七条规定企业对可燃性气体回收利用，防治可燃性气体对大气的污染。《固体废物污染环境防治法》对清洁生产的规定更加明确。其中第三条明确指出，开展清洁生产，减少固体废物。第三条也明确了该法的原则——充分合理利用固体废物并进行无害化处置。另外，该法的第十七条、第二十六条、第二十七条和第三十条也对固体废物的清洁生产技术进行了相关规定。国务院环境保护主管部门应当制定防治固体废物污染的相关政策和措施，公布限期淘汰的落后工艺和设备的名录，推广清洁生产工艺和设备。企业应当采用先进的工艺和设备，合理利用原材料，减少固体废物的产生。

另外，《科学技术进步法》《建设项目环境保护条例》《节约能源法》也对清洁生产的开展和推广进行了相关的规定。

二、地方立法

地方立法主要有两种方式：一是在国家立法的框架内予以地方化，即在地方综合性环境保护法中做出有关资源综合利用、节约资源、减少废弃物清洁生产的规定，或是在制定国家单项法的实施条例中进一步细化相关规定；二是突破国家立法的框架，制定清洁生产地方性法规。下面将介绍几个典型省市的清洁生产立法：

山西省清洁生产立法。提到山西省清洁生产的立法，首先谈一下 1999 年 10 月通过的《太原市清洁生产条例》。该条例对我国清洁生产地方立法乃至《清洁生产促进法》的制定起到了引导和促进作用，是我国第一部清洁生产地方性法规。《太原市清洁生产条例》起草立法历时 13 个月，召开过多次讨论听证会，经过两次市人大常委会的审议，受到了环保界和法学界的一致好评。该条例共分为五章。第一章总则对清洁生产进行了定义，并提出了该条例的目的——结合太原市的实际情况，推行清洁生产，实施可持续发展战略。第二章和第三章是规定市、县各级人民政府及其主管部门对太原市清洁生产开展工作的保障支持与监督管理。对于积极开展清洁生产的企业，政府给予资金支持和税务、物价支持，对于取得显著成绩的单位和个人，政府给予奖励。政府及相关部门应当利用新闻媒介等传播方式，积极宣传清洁生产相关内容，加强舆论监督。严重污染或浪费资源的企业，应当根据政府的要求实施清洁生产。企业应当具有清洁生产的审计报告方可申请排污许可证。第四章是罚则，对于违反本条例规定的单位和有关负责人，政府及相关部门应当采取相关处罚措施。第五章是附则。

在《太原市清洁生产条例》之后，山西省针对排污量严重超标的企业、使用有毒有害原料的企业和排放有毒有害物质的企业，制定了《山西省清洁生产审核实施细则》，将污染物超标排放列入强审范围。细则鼓励企业自愿开展清洁生产审核，对重污染和超标排放企业定期审核，对山西省的清洁生产审核工作具有重要的指导意义。

山东省清洁生产立法。近年来，山东省陆续出台了多部有关清洁生产的法律法规，清洁生产的开展工作取得了显著效果。继《山东省清洁生产审核绩效证书管理办法》(2003)、《山东省人民政府办公厅转发省经贸委等部门关于全面推行清洁生产的意见的通知》(2004)之后，2010 年 7 月 30 日省人大常委会通过了《山东省清洁生产促进条例》。目前，

《山东省清洁生产"十二五"推行规划》也开始实施。另外,青岛市以节能减排为目标,积极开展清洁生产工作,2008年青岛市经贸委发布了《全市清洁生产工作指导意见》。目前,青岛市的清洁生产审核企业已近千户,超过了全国平均水平的百分之九。山东省通过出台各种清洁生产政策和制定地方法律法规,指导各市的企业积极开展清洁生产工作,取得了一定的成绩,全省已有一百四十一家企业进行清洁生产审核。潍坊英轩实业有限公司遵循清洁生产理念,不断对生产工艺进行改进,对生产过程产生的废物进行综合利用,先后提出了柠檬酸废弃物综合利用项目、柠檬酸能量系统优化项目等清洁生产项目,提高了柠檬酸生产工艺水平,减少了生产过程产生的物耗和能耗,减少了生产过程废物的产生,并将废物资源化,实现了变废为宝。

北京市、天津市清洁生产立法。北京作为我国的首都,天津毗邻北京,这两座城市都是我国经济发展的要脉,是我国北方的工业经济中心。经济的发展和人口的增加,使得城市的承载力日渐降低,环境与资源对经济社会发展的挑战显著加大。面对经济发展和环境保护的双重挑战,推行清洁生产是北京天津的首要选择。因此,北京天津也加快了清洁生产立法的步伐。在《清洁生产促进法》的指导下,北京天津结合本市的实际情况,制定了一系列相关清洁生产的地方性法律法规。2008年9月10日天津市人大常委会通过了《天津市清洁生产促进条例》,为促进天津的清洁生产工作、实现节能减排和可持续发展起到了推进作用。近年来,北京也陆续出台了《北京市〈清洁生产审核暂行办法〉实施细则》《北京市清洁生产审核验收暂行办法》《北京市支持清洁生产资金使用办法》《北京市清洁生产审核咨询机构管理办法(暂行)》《北京市清洁生产专家管理暂行办法》六个文件,构成了一个比较完整的政策保障体系,对引导企业主动规范地开展清洁生产工作、从源头控制污染起到了重要作用。

除了上述省市外,我国其他省市也制定了相关清洁生产的地方性法律法规:《浙江省清洁生产审核暂行办法》(2005)、《浙江省清洁生产审核验收暂行办法》(2005)、《浙江省清洁生产审核机构管理暂行办法》(2008)、《河北省清洁生产审核暂行办法》(2005)、《湖南省清洁生产审核暂行办法》(2005)、《云南省清洁生产促进条例》(2006)、《关于印发安徽省清洁生产审核暂行办法和安徽省清洁生产审核验收暂行办法的通知》(2007)、《云南省清洁生产表彰奖励暂行办法》(2007)、《河南省清洁生产审核暂行管理办法》(2009)。

第十章 我国煤矿区土地复垦的法律法规

第一节 土地复垦条例颁布的背景及意义

我国大规模开采煤炭资源开始于 20 世纪 80 年代，当时由于技术、资金、管理等原因，对煤炭开采的周边地区的土地破坏比较严重。在煤炭开采区，地面陷裂、道路中断、耕地破坏极其严重，甚至造成房屋倒塌的情况。在煤矿区土地复垦的工作中，面对大面积的土地破坏现状，土地复垦工作主要集中于填埋等方法，没有技术上的创新，因此煤矿区的土地复垦在一定程度上并未真正地解决问题。煤矿区的土地复垦没有与煤炭开采相结合，同时没有把握好土地复垦的时机，导致复垦的效果不理想，复垦的社会、经济效益不高。煤矿区的生态环境治理应紧密结合煤炭开采条件，采取综合治理的方法，而相关技术方面的缺陷，以至于不能满足现代科学复垦的新要求。

我国煤矿区的土地利用情况令人担忧，煤矿区因复垦资金的不足、法律法规的不健全以及当地政府、企业对土地复垦的不重视等诸多原因，使得煤矿区的土地复垦规划成为只留在口头的说辞。我国大多数煤矿区在进行煤矿开采时土地复垦资金预留不足，一些破产煤矿和老煤矿更是对土地复垦问题漠不关心，许多煤矿区的矿山被破坏后无人治理，其中对经济发展制约较大的是复垦资金不足，资金来源不明确。在煤矿开发初期，国家只注重生产，对开采后土地的修复问题不够重视，在煤矿开采中期，由于国家经济体制问题，煤矿开采的收益都上缴给了国家，小煤矿个体取得的收益都自留，他们对煤矿开采后的土地复垦投入几乎为零。而随着民间资本的投入，由于民间资本只注重收益，至于煤矿区的土地问题、生态环境问题更加突出。后期的资金来源问题、复垦技术问题、责任承担问题、政策引导问题、煤矿区土地执法、监管不到位等都制约着煤矿区的土地复垦，由于土地复垦问题在最初就没有解决彻底，以至于成了历史遗留问题。

由于我国经济发展对能源需求的大增，对煤炭资源进行大规模的开采已经严重破坏了煤矿区的生态系统与土地结构，煤矿区环境质量下降，土地退化严重。另外煤炭资源乃是不可再生资源，随着大量的开采，如若不注重环境修复、土地复垦等工作的开展，煤矿区在未来有可能发展成土地荒芜、环境质量恶化、经济下滑的局面。而进行煤矿区土地复垦可以大大减少对生态环境的影响与破坏，煤矿区土地复垦研究历史悠久且取得效果良好的国家有美国、澳大利亚等。

美国在 1918 年就已经在煤矿的煤矸石堆上进行种植实验，并且颁布了《露天开采控制和复田法令》等，因此，它有着丰富的经验；澳大利亚在土地复垦方面也取得了惊人的成绩，它主要采用较高的技术指导、联合多个专业、采取综合治理的土地复垦方式进行治理。

我国在 20 世纪 50 年代才零零散散开始对煤矿区进行土地复垦，由于当时土地复垦的规模较小、技术短缺、资金不足等原因，导致煤矿区土地复垦的工作开展举步维艰。同时，由于国家没有规定相应的土地复垦法律法规,以致煤矿区土地复垦工作的开展无所依据,在 1988 年,国家颁布了《土地复垦规定》,实行"谁破坏,谁复垦"的原则,同时对土地复垦的责权关系、实施形式、复垦资金等问题做了相关规定。① 但仍然存在许多问题,政府和企业对土地复垦工作没有引起足够的重视,导致土地复垦工作开展缓慢,甚至一度停滞不前。2011 年国务院颁布实施《土地复垦条例》,详细规定了土地复垦的责任主体、资金来源、土地复垦验收、激励机制和法律责任等,同时要求煤矿区土地复垦要综合考虑经济效能、社会效能和生态效能的一致性。② 该条例的出台为实践中的新情况、新问题的解决提供了有力的法律保障,极大推动了我国煤矿区土地复垦工作的顺利开展。

第二节　我国煤矿区土地复垦法律制度的完善

我国煤矿区的土地复垦活动由于开始时间晚、发展缓慢,存有遗留问题且有待解决,造成这种现状的原因主要有法律体系不完善、土地复垦资金来源不明确、土地复垦技术不成熟、土地复垦监管不严格、公众参与不积极等,这些都在一定程度上延缓了煤矿区土地复垦活动的推进。因此,我国目前急需制定一套完备的煤矿区土地复垦法律制度,以促进煤矿区土地复垦工作的顺利进行。

一、完善煤矿区土地复垦法律体系

完善煤矿区土地复垦立法不仅使煤矿区土地复垦活动有法可依,而且对政府部门执法、企业和公众守法产生重要影响。建立健全煤矿区土地复垦立法,使各项土地复垦法律法规形成良好的土地复垦法律制度体系。土地复垦法律体系作为一个独立的整体,其各组成部门之间既相互独立又相互协调,这种协调一致的法律体系有利于法律秩序的形成和发展。因此,我国要构建统一协调的煤矿区土地复垦相关法律体系,完善煤矿区的土地复垦立法。

目前,适用于我国煤矿区的土地复垦活动的法律法规主要有:《土地复垦条例》《土地复垦规定》《土地管理法》《矿产资源法》《环境保护法》等,《土地复垦条例》《土地复垦规定》在效力级别上低于《土地管理法》《矿产资源法》《环境保护法》等基本法律,对煤矿区土地复垦起统领作用的《土地复垦条例》因效力级别较低很难与基本法律形成有效的规制整体,因此,国家应当根据煤矿区土地复垦的实际工作需要制定专门的《土地复垦法》。制定专门的《土地复垦法》不仅能够使规制煤矿区土地复垦的各项法律法规形成有效的衔接,提高煤矿区土地复垦的权威性与科学性,促进煤矿区土地复垦活动的开展,而且有利于我国煤矿区土地复垦活动中艰巨任务的完成。制定的《土地复垦法》应该详细规定复垦义务人的权利和义务,规定专门的土地复垦管理机构,以避免在土地复垦管理过程中出现重复监管或者无人监管的局面,还要详细规定土地复垦标准和验收标准、土地复垦保证金等问题,设专门的章节规定关于煤矿区土地复垦的相关问题及奖惩、责任等。

煤矿区土地复垦立法活动是一个循序渐进的过程,不可能一蹴而就,因此,选择一个合理有效的立法途径是必要的。根据我国关于土地复垦已有的相关法律和土地复垦的实际情况,我国煤矿区土地复垦法律制度立法层面的完善应该选择一条"由地方到全国"的路径，来逐步进行推进。在我国全国性的法律法规中，有很多法律都是以地方立法实践为蓝本进行制定的，地方立法先行而后带动全国性立法的途径是合理可行的，我国煤矿区的土地复垦立法也可以如此。煤矿区的土地复垦是一种因地制宜的环境活动，各个地区地理条件都不相同，土地破坏程度也都各异，因此，制定适合各地方的法律显得尤为重要，全国性的立法可以综合各个地方的立法实践来进行，这也是土地复垦法律体系不断完善的有效途径。

我国煤矿区经济发展迅速，目前的土地管理法律法规可能已经满足不了煤矿区土地复垦的实际需要，尽管 2011 年颁布实施了《土地复垦条例》，但是条例中的规定依然存在不足之处，因此，国家和煤矿区政府需要尽快制定新的法律法规，完善关于煤矿区土地复垦方面的内容。建立健全煤矿区土地复垦配套的法律法规，便于土地管理部门加强对煤矿区土地复垦活动进展状况的监管。

健全的土地复垦法律法规对煤矿开采企业的行为也是一种约束，煤矿开采企业如果在开采过程中违规违法，就可以根据相应的法律加大对他的惩罚力度，情节严重的甚至可以追究刑事责任。土地主管部门也可以根据完善的法律法规定期公布煤矿区土地复垦的进展程度以及煤矿开采企业的义务履行情况，对于不按规定进行土地复垦或者复垦达不到规定要求的煤矿开采企业，对其进行严厉惩罚。同时，将违法的煤矿开采企业与其诚信挂钩，使其不敢违法。健全完备的法律法规对煤矿区土地复垦的各项工作进行规定，会使得煤矿区政府和企业有法可依，有助于煤矿区土地复垦工作的进行。

二、健全煤矿区土地复垦保证金制度

由于煤矿资源的大量开采，给矿区土地、生态环境造成了严重的破坏，这些破坏也同样影响着生态多样性的发展，其中有些有害物质由于不合理堆积，则会造成土壤的进一步污染。因此，在进行土地复垦时就要保质保量地完成，但是，要想保质保量地完成，那就离不开资金的支持，如果资金短缺，势必会影响煤矿区土地复垦的质量。至于煤矿区土地复垦资金的来源问题，《土地复垦条例》强调，土地复垦义务人应当将土地复垦费用列为生产成本。土地复垦义务人不积极复垦，或者复垦不合格的，需要缴纳一定的土地复垦费，可以由政府主管部门代为进行复垦工作。企业不进行土地复垦或者复垦不合格的，采取一些处罚措施。但这并不能从根本上解决土地复垦资金问题，因为企业把利益最大化放在首位，考虑到土地复垦成本，煤矿开采者愿意接受罚款而不想进行土地复垦。久而久之，企业不再花费大量的精力去开展煤矿区土地复垦工作，即使迫于压力做一些土地复垦工作，他们的投入也较少，从而无法保证土地复垦的质量。同样，政府在收取企业的复垦费时也成为土地复垦的投资主体，但由于历史遗留的煤矿区土地复垦问题没有稳定的资金来源，如果要求现在的企业去解决历史遗留问题明显是不现实的，如果完全由政府投资，解决历史遗留的土地复垦资金问题，政府也承担不起，这最终就会导致煤矿区土地复垦的旧问题未解决、新问题又出的局面，目前解决煤矿区土地复垦资金来源问题已成为开展土地复垦工作的重要限制，只有解决好这一问题，煤矿区的土地复垦才有希望。

《土地复垦条例》实施后要求建立煤矿区土地复垦保证金制度，以落实煤矿区土地复垦费用。同时也明确了历史遗留的土地复垦问题由政府进行复垦，建立以政府资金为引导的谁投资、谁受益的多元投资渠道，以完善煤矿区的土地复垦机制。虽然已经建立实行煤矿

区土地复垦保证金制度,但该项制度仍然存在监管不严等问题,没有发挥其应有的价值。在进行逐步探索的过程中,也采取一些激励手段,取得了不错的成就,为煤矿区的土地治理以及生态环境的恢复做了一些贡献,但发展还不够成熟,保证金是煤矿开采企业进行煤矿开采前缴纳的履行义务实行担保的一种方式,政府要求煤矿开采企业缴纳保证金,有助于督促煤矿开采企业及时履行土地复垦的义务,等到企业完成土地复垦任务后再归还,如果企业没有按要求完成煤矿区土地复垦,其缴纳的保证金将被没收,由政府其他部门来完成土地复垦工作。煤矿区实行保证金制度有利于促进煤矿开采企业积极进行土地复垦,但是保证金的收取标准和管理不够规范。保证金的缴纳必须能够保证被破坏的土地可以恢复到可供利用的状态,政府有关部门在收取保证金时采取何种标准还没有统一的规定。如果以最低复垦标准收取保证金,煤矿开采企业就会降低自己的土地复垦标准,不利于复垦任务的完成;如果将保证金的数额在一定范围内调整,信誉良好的煤矿开采企业可以少缴纳保证金,信誉较差的煤矿开采企业多缴纳保证金,但这种缴纳标准在实际操作中较难,容易滋生腐败;如果以最佳复垦水平为标准收取保证金,虽然在一定程度上会增加煤矿开采企业的经济负担,但有利于煤矿区土地复垦工作的完成,被破坏的土地和周围的生态环境得到及时的治理和恢复。因此,笔者认为我国煤矿区的复垦保证金的收取标准可以最佳复垦水平为标准。

我国煤矿区土地复垦保证金的缴纳方式主要以现金形式缴纳,形式单一,应该借鉴国外先进经验,结合我国实际情况,采取灵活多样的缴纳方式,比如资产抵押、公司或金融担保等。政府有关部门在收取保证金的同时,可以审查煤矿开采企业的资质,根据企业是否信誉良好采取不同的缴纳方式。保证金的返还也要看煤矿开采企业在煤矿开采后土地复垦的效果,如果企业土地复垦的效果达到了政府部门的复垦规划要求,就会及时返还复垦保证金,如果未达到复垦规划要求,可以根据土地复垦和环境恢复的程度,少返还或者不返还。

我国目前已有部分地区实行煤矿区土地复垦保证金制度,但是取得的效果不甚合人意,土地复垦保证金制度在国外适用效果显著,但是我国煤矿区的国情与国外的大不相同,因此,如果完全照搬国外的使用经验,有可能适得其反。

一方面,我国煤矿区土地复垦保证金与其他部门收取的水土防治费和植被恢复费等存在交叉收费的情况,另一方面,我国煤矿区土地复垦保证金制度的相关经验不足且缺乏理论支持,理论的发展是建立在实践的基础之上的,正是由于我国煤矿区土地复垦保证金制度的实践和经验不足,才需要更多的反馈和积累。

我国仅有少部分省份规定了土地复垦保证金制度及实施细则,其发展历程还很艰巨,根据我国现有状况,应该制定关于土地复垦保证金制度的法律,再由各个地区根据本地区的实际情况制定相应的行政法规与规章,积极鼓励地方立法,不断积累实践经验。

政府相关部门将土地复垦保证金收取过来之后要进行严格的监管,对保证金的监管可以考虑让缴纳保证金的企业参与进来,这些煤矿开采企业对土地复垦情况都比较了解,考虑到自身利益,他们会密切关注其他企业对土地复垦保证金的缴纳情况,以此可以避免不公平问题的产生。煤矿开采企业参与土地复垦保证金的监管,一方面有利于形成强大的监督机制,避免信息不透明的问题,另一方面加强对政府有关部门的监督,避免政府部门的管理者与煤矿开采企业进行违法违规操作,损害其他企业的利益。同时,煤矿开采企业参与监管可以在一定程度上减轻政府相关部门的负担,降低监管成本,提高监管效率,从而促进煤矿区的复垦保证金制度的顺利落实。我国已经颁布实施的《土地复垦条例》中也没有明确规定土地复垦保证金的相关内容。虽然我国部分地区有尝试缴纳土地复垦保证金的,但是还存在诸多问题,因此,我国应该借鉴国外有益经验,再结合我国煤矿区的土地复垦活动的实际情况,积极建立健全煤矿区土地复垦保证金制度。

三、建立严格的煤矿区土地复垦标准和评价制度

我国煤矿区土地复垦保证金的缴纳、返还和土地复垦目标的实现在一定程度上会受到煤矿区土地复垦标准和评价制度的影响,因此,建立严格有效的煤矿区土地复垦标准和评价制度是有必要的,同时,它对于构建煤矿区土地复垦法律制度体系也有促进作用。煤矿区如果实行较高的土地复垦标准,土地复垦率就会越高,相反,土地复垦率就会变低,我国部分地区也制定了地方土地复垦标准,但标准都不统一且不能适应新的土地复垦规划。

煤矿区土地复垦评价制度的设立主要是为政府相关部门提供真实可靠的信息,使他们能够快速地作出正确的决策,它是一项重要的制度。它作为煤矿区土地复垦工作的重要组成部分,在一定程度上不仅加强了对土地复垦工作和复垦资金使用情况的监督,还对土地复垦标准的执行有一个很好的反馈。虽然已经颁布实施的《土地复垦条例》中专门规定了土地复垦的验收评价制度,但是这些评价制度还存在着结构不统一的问题。实行严格的煤矿区土地复垦标准和评价制度,不仅可以提高土地资源的利用效率,而且有助于煤矿区生态环境的恢复。《土地复垦条例》第六条规定,编制土地复垦方案、实施土地复垦工程、进行土地复垦验收等活动,应当遵循土地复垦国家标准,没有国家标准的,应当遵守土地复垦行业标准。国家标准和行业标准在制定时,要参照当地土地毁损的程度、生态环境和有无复垦的必要等,然后再确定不同毁损土地的复垦方式、目标和要求等。目前我们国家尚未建立煤矿区土地复垦的国家标准,而制定的行业标准也还发展不够成熟,由于缺乏统一的国家标准,企业在进行土地复垦时就会降低土地复垦的目标和要求,他们在制定土地复垦方案时就会轻描淡写,以节约成本获取最大经济效益为目标,如果按照这种土地复垦方案开展煤矿区土地复垦工作,那么复垦后的土地利用率会大大降低且煤矿区的生态环境也得不到进一步的改善。另外,由于各个地方在进行煤矿区土地复垦验收工作时实行的标准不统一,这会导致各个地方的自由裁量权过大,不利于煤矿区土地复垦工作的进行。因此,完善煤矿区土地复垦标准和评价制度对促进煤矿区土地复垦和生态环境的改善具有重大作用。

由于我国经济发展迅速,国家越来越重视环境治理问题,之前的土地复垦标准和评价制度都忽略了土地复垦后生态环境的恢复问题,因此,需要制定并完善适合新情况新问题的煤矿区土地复垦标准和评价制度。在煤矿区土地复垦标准和评价制度上可以借鉴国外取得良好效果的复垦经验,结合实际复垦情况实行分阶段的土地复垦验收工作,如果被破坏的土地经过复垦达到可供利用的状态,煤矿开采企业可以申请要求进行第一阶段的验收工作,对于符合政府部门规定的复垦标准和要求的,可以返还其一定比例的保证金;如果经过复垦的土地在达到了可供利用状态的基础上进一步恢复了土地的生产力,煤矿开采企业可以进行第二阶段的申请验收工作,若政府部门验收符合标准的,企业可以获得第二阶段的复垦保证金;如果煤矿开采企业按照政府规定的土地复垦规划和要求完成了所有的土地复垦任务,而且验收合格,煤矿区周围的生态环境也得到了恢复,那么煤矿开采企业就可以

得到剩余的土地复垦保证金。煤矿区土地复垦的每一个环节都要实行严格的验收标准和评价制度,这样才有利于提高土地复垦率,才能引起煤矿开采企业对煤矿区土地复垦活动的足够重视。

四、完善煤矿区土地复垦的法律监管机制

(1)煤矿区土地复垦的管理制度

积极有效的管理制度对煤矿区土地复垦工作的开展是有利的,如果缺乏有效的管理制度,就容易造成土地复垦事前约束不够、土地复垦过程中监管力度不够、土地复垦事后处罚不严厉等问题。煤矿区土地复垦义务人把土地复垦的费用交到相关部门,由于缺乏专门的管理制度,交纳的土地复垦费是否用作土地复垦不能得到有效的保证,这会直接导致土地复垦成效的不理想。目前我国煤矿区土地复垦没有设专门的管理机构,全国土地复垦的监督管理工作主要由国务院国土资源主管部门负责,本行政区域内的监督管理工作主要由县级以上人民政府国土资源主管部门负责,土地复垦的其他相关工作主要由政府其他有关部门各自负责。在土地复垦的管理制度上,实行国土资源主管部门领导,其他部门相互配合的管理制度,这种管理制度容易造成各部门之间争夺管理权或者相互推卸责任的情形,最终导致煤矿区土地复垦管理效率低下,甚至制约煤矿区土地复垦活动的进一步推进。建立有效的煤矿区土地复垦管理制度在政府看来可能浪费资源、提高成本,但从长远看建立土地复垦管理制度利大于弊,这会使政府在土地复垦工作方面提高效率,同时减少权力寻租的机会。建立煤矿区土地复垦法律管理制度,赋予专门机构更多的强制手段,加强执法力度,这对于煤矿区土地复垦义务人也是一种威慑。

对煤矿区被破坏的土地进行复垦活动不完全是煤矿开采企业的责任,还应包括政府相关部门和公众。煤矿区的土地复垦活动不仅涉及到被破坏的土地资源,还关系到煤矿区周边生态环境的恢复,如果复垦活动处理效果显著,对煤矿区的生态环境恢复也有所助益,如果复垦效果不理想,可能会影响煤矿区的和谐稳定,因此,政府相关部门应加强对煤矿区土地复垦工作开展情况的监管。

我国颁布实行的《土地复垦条例》中明确强调了土地复垦的监管机构,全国性的土地复垦活动的监督管理工作由国务院国土资源主管部门负责,地方的土地监管工作由县级以上政府国土资源主管部门负责,政府其他部门做好相关的配合工作,这种由主要机构负责监管工作,其他部门配合的管理体制是我国目前最普遍的行政管理体制。但是在实践中这种管理体制存在诸多问题,尤其针对我国煤矿区土地复垦效率较低的情况,为了提高煤矿区的土地复垦率,应该积极健全我国的煤矿区土地复垦监管机制。努力构建一个行之有效的政府管理体制,提高政府的监管能力,使政府的管理能够得到有效落实,对于煤矿区经济的发展和生态环境的恢复将产生重要影响。我国在煤矿区土地复垦的管理方面应该积极探索,成立一个专门的管理机构,该管理机构负责统一开展煤矿区土地复垦工作,制定统一的复垦标准,统一筹措土地复垦资金,组织煤矿开采企业积极开展土地复垦活动,这样不仅有利于提高煤矿区土地复垦的效率,节约复垦成本,而且加快了土地复垦的进程,通过综合利用资源,有效地发挥了最大的效益。同时,也要设立专门的执法机构等配合管理机构的工作,使得煤矿区土地复垦工作得到有效的管理。

(2)煤矿区土地复垦的监督制度

我国煤矿区土地复垦效率低下,政府和社会都难辞其责。政府对企业未实施动态监督,只关心土地复垦方案审核和缴纳土地复垦费,这样就给了企业钻漏洞的机会。如果实施动态监督,政府监督企业根据当地的环境质量、土地复垦状况来不断修改土地复垦方案,以达到更好的土地复垦效果。① 同时行政机关的执法合法性也需要监督,相比中央政府,地方政府的监督权发挥的作用会更直接有效,这就要加大对地方政府的监督,地方政府如果违法,将会直接影响当地民众,不利于社会安定,甚至会造成极大的经济损失,因此,建立健全的煤矿区土地复垦的法律监督制度的很有必要。

煤矿区土地复垦同样也离不开社会的监督,在进行煤矿开采和土地复垦过程中,政府很少会听取公众的意见,这就大大减弱了社会监督对煤矿区土地复垦的约束力。建立完善的法律监督制度有利于保障公众的申诉权,政府和企业要敢于接受社会的监督,虽然会给政府带来一定的压力,但从长远看利大于弊。

实行社会监督机制,会大大提高煤矿区土地复垦的效果,减轻政府负担。除了公众的监督,新闻舆论的监督也很重要,新闻舆论具有很强的引导性,客观公正的新闻报道对煤矿区土地复垦工作起到积极的作用,但是,新闻舆论这把双刃剑一旦被滥用,势必事半功倍,因此,新闻舆论也要加强对自身的监督。

对煤矿区土地复垦活动进行有效的监督可以确保其能够顺利实施,在土地复垦过程中,国外许多国家都实施公众参与监督的制度,而且效果良好。② 我国也可以借鉴国外优秀的成功经验,结合本国煤矿区的实际情况,实行公众参与监督的制度,煤矿开采企业在申请煤矿开采、提交复垦规划、交纳复垦保证金、申请复垦验收等环节,公众都可以采取信息公开、听证会等方式来进行有效的监督。政府等相关部门的监督效果往往不理想,而让涉及切身利益的公众参与煤矿区土地复垦工作进程的监督,将有利于土地复垦效率的提高。因此,建立并完善煤矿区土地复垦公众参与监督制度是必要的,健全的公众参与制度不仅有利于促进煤矿区政府加强对煤矿区土地复垦工作的监管,而且有利于煤矿开采企业认真完成土地复垦工作,化解企业与民众之间的矛盾。虽然我国《土地复垦条例》中还缺少此种制度的规定,但是公众参与监督的制度对于煤矿区土地复垦工作的开展却是必不可少的。

煤矿区土地复垦活动中公众参与监督制度要想落实,必须保证公众知情且能够积极参与决策,使公众完全融入到土地复垦的监督制度中去,政府相关部门也要加强管理,不能只做面子工程。同时,当煤矿区的生态环境和公众的知情权得不到保障时,要保证公众能够有救济自己的法律途径。煤矿区的土地复垦工作涉及煤矿区民众的自身利益,使他们积极地参与到煤矿区土地复垦和环境恢复的工作中来,将大大节约政府相关部门的人、财和物。煤矿区政府应该制定激励政策,鼓励煤矿区民众参与监督土地复垦的全过程,煤矿开采企业也要积极接受煤矿区民众的监督,使自己的各项工作开展情况在阳光下运行。同时,政府还要对煤矿区民众参与监督的途径和程序等做详细的规定,并制定相应的保证措施,以保证公众能够积极参与到煤矿区的土地复垦活动。

公众参与煤矿区的环境治理是环境民主的重要体现,没有公众的参与,我国煤矿区土地复垦工作将显失公平。②首先,应该完善我国煤矿区的听证制度,煤矿区政府在做出一些有重大影响的决策时,应该听取煤矿区公众的意见。我国的听证制度发展还不够完善,可以借鉴国外发达国家的先进经验,结合我国的实际情况,维护社会和煤矿区公众的利益。在煤矿区土地复垦问题方面举行听证,关于听证参与人员的选取方面,不仅要有涉及切身利益的煤矿区公众代表,还要有对此方面较为了解的专家、学者。在听证程序上,要便于听证参与人的参加,使他们能够切实感受到听证的公平、程序的正当。在听证结果上,听证会上的所有信息和公众的意见都应该认真记录、严格审查,以作为煤矿区土地复垦工作的重要依据,对于听证会上煤矿区民众反映强烈的意见,更应该认真讨论分析,如果决定不采纳的,及时作出相应的说明,使公众便于理解。

其次,要优化煤矿区土地复垦信息公开制度,将煤矿区土地复垦的相关进展情况及时向煤矿区公众公开,有利于煤矿区公众做到及时了解,保障公众的知情权。煤矿区公众的知情权要想得到更好的保证,必须使公众的知情权在现行法律中得到确立,这样才能使公众知悉煤矿区土地复垦的全过程。同时,制定煤矿区土地复垦信息级别确定机制,根据土地复垦信息的性质确定其是否公开,煤矿区土地复垦方面的信息只要不涉及国家和商业秘密,应该向煤矿区公众公开。对于是否公开发生争议时,政府可以设置一个专门的机构进行裁决,认为应当公开而没有公开的土地复垦信息,政府可以对该机构的主要负责人予以严惩。煤矿区开采企业的土地复垦信息也应当及时向公众公开,便于公众了解煤矿开采企业是否在开采后对被破坏的土地及时进行土地复垦和环境恢复。

再次,要加大对煤矿区土地复垦的宣传教育。煤矿区公众对与其切身利益相关的煤矿区土地复垦活动还不够了解熟悉,政府相关部门应该加强对煤矿区公众的宣传教育,向他们宣传关于土地复垦和环境恢复方面的法律法规和国家政策,使其认识到土地复垦和煤矿区生态环境恢复的重要性。

同时,煤矿区政府应该鼓励公众学习相关法律知识,懂得如何维护自身的合法权利,组织专人向公众普及煤矿区开展土地复垦和环境恢复工作所带来的好处。我们也应该借鉴国外有益经验,将煤矿区土地复垦、环境保护的相关知识普及到学生的教育中去,从义务教育到大学教育都可以涉及此类知识,有条件的可以组织学生实地参观,切实感受土地被破坏后及时进行土地复垦的重要性,让他们从实践中学到煤矿区土地复垦、生态环境保护将有利于煤矿区经济、社会和生态的长远发展。唯有进行全方位的普及教育,煤矿区的每一分子才能参与其中,政府和煤矿开采企业开展土地复垦的阻力就会变小,成本也会变低,才更有希望实现煤矿区土地复垦的改革与发展。最后,政府可以组织成立民间环保机构。虽然我国也存在一些环保组织,但是其发挥的作用甚小,公众参与不普遍,很多都流于形式。

我国煤矿区土地复垦工作更是一个崭新的课题,在复垦过程中难免碰到新问题,而公众对此知之甚少,目前,只有政府给予足够的重视并使其参与到复垦工作中,才能促使复垦活动的顺利开展。煤矿区政府可以组织公众成立民间环保机构,煤矿区公众和企业积极参与,由政府和煤矿开采企业资助经费,开展环保知识的宣传教育活动,积极进行关于煤矿区土地复垦、环境保护方面的交流,为政府在环境决策方面提供有用的建议。成立的民间环保机构不仅为公众提供了一个参与的平台,使其能够积极建言献策,协调各方利益,而且还加强了对煤矿区土地复垦的监管,减少了政府的监管成本。

本书参考文献

[1] 金瑞林,汪劲.20世纪环境法学研究评述[M].北京:北京大学出版社,2003.

[2] 薄晓波.回归传统:对环境污染侵权责任归责原则的反思[J].中国地质大学学报(社会科学版),2013,13(6):17-26.

[3] 卞正富,许家林,雷少刚.论矿山生态建设[J].煤炭学报,2007,32(1):13-19.

[4] 卞正富.国内外煤矿区土地复垦研究综述[J].中国土地科学,2000,14(1):6-11.

[5] 蔡守秋.环境资源法教程[M].北京:高等教育出版社,2004.

[6] 蔡守秋.环境资源法学教程[M].武汉:武汉大学出版社,2000.

[7] 曹明德.环境与资源保护法[M].2版.北京:中国人民大学出版社,2013.

[8] 曹树青.区域环境治理法律机制研究[D].武汉:武汉大学,2012.

[9] 陈仁,朴光洙.环境执法基础[M].北京:法律出版社,1997.

[10] 程雨燕.环境行政处罚研究:原则、罚制与方向[D].武汉:武汉大学,2009.

[11] 邓可祝.政府环境责任研究[M].北京:知识产权出版社,2014.

[12] 邓一峰.环境诉讼制度研究[D].青岛:中国海洋大学,2007.

[13] 丁兴锋.环境权司法保障研究[D].上海:复旦大学,2013.

[14] (德)伯恩·魏德士(Bernd Ruthers)法理学[M].丁小春,吴越译.北京:法律出版社,2003.

[15] 周永坤.法理学:全球视野[M].北京:法律出版社,2000.

[16] 张文显.法理学[M].2版.北京:高等教育出版社,2003.

[17] 李步云.法理学[M].北京:经济科学出版社,2000.

[18] 约翰·奥斯丁.法理学的范围[M].刘星译.北京:中国法制出版社,2002.

[19] (英)哈特(H.L.A.Hart).法律的概念[M].张文显等译.北京:中国大百科全书出版社,1996.

[20] 迈克尔·D.贝勒斯(MichaelD.Bayles),法律的原则[M].张文显等译.北京:中国大百科全书出版社,1996.

[21] 冯军.行政处罚法新论[M].北京:中国检察出版社,2003.

[22] 傅剑清.论环境公益损害救济:从"公地悲剧"到"公地救济"[D].武汉:武汉大学,2010.

[23] 关丽.环境民事公益诉讼研究[D].北京:中国政法大学,2011.

[24] 郭晓虹."生态"与"环境"的概念与性质[J].社会科学家,2019(2):107-113.

[25] 韩德培.环境保护法教程[M].2版.北京:法律出版社,1991.

[26] 行政法室.中华人民共和国行政处罚法释义[M].北京:法律出版社,1996.

[27] 曾祥华.行政立法的正当性研究[M].北京:中国人民公安大学出版社,2007.

[28] 乔世明.环境损害与法律责任[M].北京:中国经济出版社,1999.

[29] 何建贵. 行政处罚法律问题研究[M]. 北京：中国法制出版社，1996.

[30] 何燕，李爱年. 生态环境损害担责之民事责任认定[J]. 河北法学，2019，37（1）：171-180.

[31] （日）黑川哲志. 环境行政的法理与方法[M]. 肖军译. 北京：中国法制出版社，2008.

[32] 侯佳儒. 中国环境侵权责任法基本问题研究[M]. 北京：北京大学出版社，2014.

[33] 侯向军. 煤矿区生态环境问题及生态恢复研究[J]. 科学技术哲学研究，2014，31（1）：105-107.

[34] 侯艳芳. 我国环境刑法中严格责任适用新论[J]. 法学论坛，2015，30（5）：78-85.

[35] 胡振琪，龙精华，王新静. 论煤矿区生态环境的自修复、自然修复和人工修复[J]. 煤炭学报，2014，39（8）：1751-1757.

[36] 汪劲. 环境法学[M]. 2 版. 北京：北京大学出版社，2011.

[38] 韩德培. 环境保护法教程[M]. 4 版. 北京：法律出版社，2003.

[39] （日）原田尚彦. 环境法[M]. 于敏译. 北京：法律出版社，1999.

[40] 周珂. 环境法[M]. 北京：中国人民大学出版社，2000.

[41] （美）罗杰·W. 芬德利（Roger W. Findley），（美）丹尼尔·A. 法伯（Daniel A. Farber）. 环境法概要[M]. 杨广俊等译. 北京：中国社会科学出版社，1997.

[42] 汪劲. 环境法律的理念与价值追求：环境立法目的论[M]. 北京：法律出版社，2000.

[43] 吕忠梅. 环境法新视野[M]. 北京：中国政法大学出版社，2000.

[44] 金瑞林. 环境法学[M]. 北京：北京大学出版社，1999.

[45] 汪劲. 环境法学[M]. 2 版. 北京：北京大学出版社，2011.

[46] 周训芳. 环境法学[M]. 北京：中国林业出版社，2000.

[47] 吕忠梅. 环境法学概要[M]. 北京：法律出版社，2016.

[48] 王灿发. 环境法学教程[M]. 北京：中国政法大学出版社，1997.

[49] 林光洙. 环境法与环境执法[M]. 北京：中国环境科学出版社，2002.

[50] 李恒远. 环境法制读本[M]. 北京：中国环境科学出版社，2002.

[51] 陈慈阳. 环境法总论[M]. 北京：中国政法大学出版社，2003.

[52] 王小萍. 环境行政法[M]. 北京：中国财政经济出版社，2002.

[53] 刘志坚. 环境行政法论[M]. 兰州：兰州大学出版社，2007.

[54] 周玉华. 环境行政法学[M]. 哈尔滨：东北林业大学出版社，2002.

[55] 王灿发. 环境纠纷处理的理论与实践：环境纠纷处理中日国际研讨会论文集[M]. 北京：中国政法大学出版社，2002.

[56] 齐树洁，林建文. 环境纠纷解决机制研究[M]. 厦门：厦门大学出版社，2005.

[57] 曹明德. 环境侵权法[M]. 北京：法律出版社，2000.

[58] 王明远. 环境侵权救济法律制度[M]. 北京：中国法制出版社，2001.

[59] 肖海军. 环境事故认定与法律处理[M]. 长沙：湖南人民出版社，2003.

[60] 吕忠梅. 环境损害赔偿法的理论与实践[M]. 北京：中国政法大学出版社，2013.

[61] 乔世明. 环境损害与法律责任[M]. 北京：中国经济出版社，1999.

[62] 庄敬华. 环境污染损害赔偿立法研究[M]. 北京：中国方正出版社，2012.

[63] 田为勇. 环境应急管理法律法规与文件资料汇编[M]. 中国环境科学出版社，2010.

[64] 高华.我国矿区土地复垦制度研究[D].青岛:山东科技大学,2010.

[65] 徐祥民.环境与资源保护法学[M].北京:科学出版社,2008.

[66] 曲格平.环境与资源法律读本[M].北京:解放军出版社,2002.

[67] 张梓太.环境与资源保护法学[M].北京:北京大学出版社,2007.

[68] 曹明德,黄锡生.环境资源法[M].北京:中信出版社,2004.

[69] 周珂.生态环境法论[M].北京:法律出版社,2001.

[70] 黄辉.论生态法律责任[D].福州:福州大学,2014.

[71] 蔡守秋.基于生态文明的法理学[M].北京:中国法制出版社,2014.

[72] 计洪波.环境行政调解的法律依据、制度框架和法律效力[J].郑州大学学报(哲学社会科学版),2018,51(2):35-38.

[73] 江平,费安玲.中国侵权责任法教程[M].北京:知识产权出版社,2010.

[74] 姜敏.我国环境行政许可制度研究[D].重庆:西南政法大学,2013.

[75] 金晶.我国环境保护刑事立法的完善[D].上海:华东政法大学,2013.

[76] 金瑞林.环境法学[M].3版.北京:北京大学出版社,2013.

[77] 金瑞林.环境法学[M].3版.北京:北京大学出版社,2013.

[78] 金瑞林.环境与资源保护法学[M].北京:高等教育出版社,1999.

[79] 金瑞林.环境与资源保护法学[M].北京:高等教育出版社,1999.

[80] 康纪田,彭一伶.论矿业环境社会责任向法律责任的递进[J].广西社会科学,2013(9):110-115.

[81] 赖淑春.环境侵权救济法律制度的完善[J].环境保护,2009,37(17):44-45.

[82] 李超峰.我国矿产资源开发生态环境补偿制度的完善[J].中国矿业,2015,24(9):69-71.

[83] 李华.环境刑事诉讼启动程序研究[D].青岛:中国海洋大学,2012.

[84] 李贤森,罗楚湘.新型环境法律体系重构:责任与状态[J].重庆社会科学,2016(1):27-33.

[85] 李艳芳.论生态文明建设与环境法的独立部门法地位[J].清华法学,2018,12(5):36-50.

[86] 李昱.环境侵权民事责任比较研究[D].大连:大连海事大学,2015.

[87] 李昱.新《环境保护法》中生态破坏责任归责原则的困境及出路[J].东北大学学报(社会科学版),2015,17(2):187-192.

[88] 李挚萍.生态环境修复责任法律性质辨析[J].中国地质大学学报(社会科学版),2018,18(2):48-59.

[89] 李仲学,李翠平,刘双跃.矿山安全法规标准与监管体系的国内外对比分析及其启示[J].中国安全科学学报,2009,19(3):55-61.

[90] 梁冬梅,周博敏,王晓彤,等.关于完善矿山安全监督管理行政法律责任的思考[J].黄金,2011,32(1):7-9.

[91] 梁士楚,李铭红.生态学[M].武汉:华中科技大学出版社,2015.

[92] 刘超.个人环境致害行为的法律规制:兼对《中华人民共和国环境保护法》责任制度之反思[J].法商研究,2015,32(6):24-32.

[93] 刘超.环境修复审视下我国环境法律责任形式之利弊检讨:基于条文解析与判例研读[J].中国地质大学学报(社会科学版),2016,16(2):1-13.

[94] 刘超.疏漏与补足:环境侵权解纷中进退失据的环境行政调解制度[J].河南省政法管理干部学院学报,2011,26(3):105-112.

[95] 刘金刚.环境的刑法保护研究[D].长春:吉林大学,2006.

[96] 刘鹏.生态环境损害法律责任研究:以马克思主义生态文明观为视角[D].武汉:华中科技大学,2017.

[97] 刘中民,唐斌.国际环境法基本原则研究评析[J].中国海洋大学学报(社会科学版),2007(4):55-60.

[99] 吕忠梅.环境法新视野[M].北京:中国政法大学出版社,2000.

[100] 马波.论政府环境责任法制化的实现路径[J].法学评论,2016,34(2):154-160.

[101] 马骧聪.论我国环境资源法体系及健全环境资源立法[J].现代法学,2002,24(3):61-65.

[102] 孟庆垒.环境责任论:兼谈环境法的核心问题[M].北京:法律出版社,2014.

[103] 孟庆垒.环境责任论:兼对环境法若干基本理论问题的反思[D].青岛:中国海洋大学,2008.

[104] 王利明.民法、侵权行为法[M].北京:中国人民大学出版社.

[105] 郭明瑞.民事责任论[M].北京:中国社会科学出版社,1991.

[106] 牛忠志.环境犯罪的立法完善:基于刑法理论的革新[D].重庆:西南政法大学,2013.

[107] 彭苏萍.中国煤炭清洁高效可持续开发利用战略研究重大咨询项目[R].北京:中国工程院,2012.

[108] 皮金贵.矿山生态环境保护意义及对策[J].生态环境,2019:203-205.

[109] 秦楠.论循环型矿业法律制度[D].青岛:中国海洋大学,2014.

[110] 任庆.中国循环型社会法律制度研究[D].青岛:中国海洋大学,2007.

[111] 孙晨,杨帆.环境侵权中因果关系的证明责任分配辨析[J].环境保护,2020,48(6):59-63.

[112] 陶蕾.论生态制度文明建设的路径:以近40年中国环境法治发展的回顾与反思为基点[M].南京:南京大学出版社,2014.

[113] 陶盈.环境分别侵权行为的法律适用[J].国家检察官学院学报,2016,24(5):161-170.

[114] 田亦尧.环境问责归责原则的理论基础与制度思考[J].河南大学学报(社会科学版),2020,60(1):30-37.

[115] 杨朝飞.通向环境法制的道路[M].北京:中国环境出版社,2013.

[116] 汪劲.中国环境法原理[M].北京:北京大学出版社,2000.

[117] 汪劲.环境法学[M].北京:北京大学出版社,2006.

[118] 汪永清.行政处罚[M].北京:中国政法大学出版社,1994.

[119] 汪永清.行政处罚运作原理[M].北京:中国政法大学出版社,1994.

[120] 王灿发.环境法学教程[M].北京:中国政法大学出版社,1997.

[121] 王成.侵权损害赔偿的经济分析[M].北京:中国人民大学出版社,2002.

[122] 王国飞.体育环境侵权的识别与定位:兼评《侵权责任法》环境污染责任条款[J].西安体育学院学报,2016,33(2):151-158.

[123] 王海宁.中国煤炭资源分布特征及其基础性作用新思考[J].中国煤炭地质,2018,30(7):5-9.

[124] 王金兰,吴炳文.环境侵权行为法律救济路径之研究[J].河北法学,2016,34(11):86-94.

[125] 王锦.环境法律责任与制裁手段选择[D].北京:中共中央党校,2011.

[126] 王利明.侵权责任法研究-上卷[M].北京:中国人民大学出版社,2010.

[127] 王佟.中国煤炭地质综合勘查理论与技术新体系[M].北京:科学出版社,2013.

[128] 王艳梅,郭媛媛.环境侵权受益人法律责任的司法裁判研究[J].环境保护,2015,43(15):54-56.

[129] 王勇.完善我国煤矿安全生产法律法规探讨[J].煤炭技术,2012,31(6):1-3.

[131] 吴越,唐薇.政府环境责任的规则变迁及深层法律规制问题研究:基于新《环境保护法》和宪法保护的双重视角[J].社会科学研究,2015(2):20-29.

[132] 习近平.习近平谈治国理政第一卷+第二卷[M].北京:外文出版社,2018.

[133] 赵震江,付子堂.现代法理学[M].北京:北京大学出版社,1999.

[134] 肖剑鸣.比较环境法[M].北京:中国检察院出版社,2002.

[135] 谢红梅.环境污染与控制对策[M].成都:电子科技大学出版社,2016.

[136] 谢平.从生态学透视生命系统的设计、运作与演化:生态、遗传和进化通过生殖的融合[M].北京:科学出版社,2013.

[137] 徐本鑫.刑事司法中环境修复责任的多元化适用[J].北京理工大学学报(社会科学版),2019,21(6):140-148.

[138] 徐军,何敏.生态环境修复责任的法律困境与制度突破:以生态环境损害赔偿制度改革为视角[J].青海社会科学,2019(6):78-84.

[139] 徐伟敏.环境侵权若干问题之检讨[J].山东社会科学,2011(3):149-151.

[140] 徐以祥,刘海波.生态文明与我国环境法律责任立法的完善[J].法学杂志,2014,35(7):30-37.

[141] 许崇德,皮纯协.中华人民共和国行政处罚法实务全书[M].北京:中国法制出版社,1996.

[142] 杨立新.环境侵权司法解释对分别侵权行为规则的创造性发挥:《最高人民法院关于审理环境侵权责任纠纷案件适用法律若干问题的解释》第3条解读[J].法律适用,2015(10):30-35.

[143] 杨立新.侵权责任法[M].北京:法律出版社,2010.

[144] 杨欣."环境正义"视域下的环境法基本原则解读[J].重庆大学学报(社会科学版),2015,21(6):159-166.

[145] 杨延华.论具体环境行政行为[M].北京:中国环境科学出版社,1996.

[146] 叶俊荣.环境政策与法律[M].北京:中国政法大学出版社,2003.

[147] 殷思佳,李天助.绿色发展理念下的煤矿环保法律法规及其完善[J].矿业安全与环保,2018,45(6):92-96.

[148] 尹鸿翔.论环境法律关系[D].青岛:中国海洋大学,2014.

[149] 於方,韩梅,田超.论环境责任与赔偿法律制度的完善[J].环境保护,2018,46(16):
35-38.

[150] 于殿宝.《矿山安全法》及其《实施条例》存在的问题与修改意见[J].煤炭经济研究,
2006,26(7):72-74.

[151] 张宝.环境侵权责任构成的适用争议及其消解:基于4328份裁判文书的实证分析
[J].湘潭大学学报(哲学社会科学版),2018,42(2):52-58.

[152] 张辉.环境行政权与司法权的协调与衔接:基于责任承担方式的视角[J].法学论坛,
2019,34(4):143-151.

[153] 张璐.环境与资源保护法学[M].北京:北京大学出版社,2010.

[154] 张茹,黄赳,董霁红.全球主要矿业国家矿山生态法律比较研究[J].中国煤炭,2017,
43(6):139-146.

[155] 张文显.法学基本范畴研究[M].北京:中国政法大学出版社,1993.

[156] 张梓太.环境法律责任研究[M].北京:商务印书馆,2004.

[157] 赵虎.环境侵权民事责任研究[D].武汉:武汉大学,2012.

[158] 郑丽清.困与解:环境污染责任之构成审思[J].海南大学学报(人文社会科学版),
2015,33(3):101-111.

[159] 郑少华.试论环境法上的社会连带责任[J].中国法学,2005(2):134-141.

[160] 杨海坤,章志远.中国行政法基本理论研究[M].北京:北京大学出版社,2004.

[161] 汪劲.中国环境法原理[M].北京:北京大学出版社,2000.

[162] 金瑞林,汪劲.中国环境与自然资源立法若干问题研究[M].北京:北京大学出版
社,1999.

[163] 全国人民代表大会常务委员会法制工作委员会.中华人民共和国环境保护法律法规
全书[M].北京:中国法制出版社,2015.

[164] 全国人民代表大会常务委员会法制工作委员会.中华人民共和国环境保护法释义
[M].北京:法律出版社,2014.

[165] 周珂.环境与资源保护法[M].2版.北京:中国人民大学出版社,2010.

[166] 周珂.生态环境法论[M].北京:法律出版社,2001.

[167] 周寅.论多元化视野下环境纠纷行政调解机制[J].生态经济,2009,25(5):170-173.

[168] 朱春玉.环境法律关系新解[J].郑州大学学报(哲学社会科学版),2018,51(6):
26-31.

[169] 朱晓勤.生态环境修复责任制度探析[J].吉林大学社会科学学报,2017,57(5):
171-181.

[170] 庄超.环境法律责任制度的反思与重构[D].武汉:武汉大学,2014.

[194] 王明远.清洁生产法论[M].北京:清华大学出版社,2004.

[195] 戴星翼.走向绿色的发展[M].上海:复旦大学出版社,1998.

[196] 夏光.环境污染与经济机制[M].北京:中国环境科学出版社,1992.

[197] 杨中艺,广东省经济贸易委员会,广东省科学技术厅,广东省环境保护局.清洁生产案
例分析[M].北京:中国环境科学出版社,2005.

[198] 李景龙,马云.清洁生产审核与节能减排实践[M].北京:中国建材工业出版社,2009.

[199] 陈泉生.环境法原理[M].北京:法律出版社,1997.

[200] 郑少华.生态主义法哲学[M].北京:法律出版社,2002.

[201] 蔡守秋.环境政策法律问题研究[M].武汉:武汉大学出版社,1999.

[202] 周毅.中国经济与可持续发展[M].长春:吉林教育出版社,1998.

[203] 胡荣桂,刘康副.环境生态学:全国高等院校环境科学与工程统编教材[M].武汉:华中科技大学出版社,2010.

[204] 曹明德.生态法原理[M].北京:人民出版社,2002.

[206] 杨作精.我国推行清洁生产的现状及若干问题的探讨[J].上海环境科学,1996(5):1-3.

[207] 钱智,钱勇.中外清洁生产背景的比较及其对我国的启示[J].中国人口・资源与环境,1998,8(1):72-76..

[208] 王晓光.治理污染要从源头抓起:谈推行清洁生产的必要性及对策[J].经济论坛,2000(8):6-7.

[209] 金瑞林.环境与资源保护法学[M].北京:北京大学出版社,1999.

[210] 潘家华.持续发展途径的经济学分析[M].北京:中国人民大学出版社,1997.

[211] 蔡守秋,常纪文.国际环境法学[M].北京:法律出版社,2004.

[212] 王保树.经济法原理[M].北京:社会科学文献出版社,1999.

[213] 王欢欢.我国煤矿区土地复垦的法律制度研究[D].郑州:郑州大学,2020.

[214] 管丽英.我国煤矿区土地复垦立法研究[D].武汉:华中科技大学,2010.

[215] 韩松廷.矿区土地复垦立法研究[D].哈尔滨:黑龙江大学,2018.

[216] 路文丽,郭颖良,谭锋,等.土地复垦体系构建研究[J].现代农业科技,2012(6):288-290.

[217] 马萧.基于煤矿区土地复垦与生态重建研究[J].中国科技纵横,2018(17):1-2.

[218] 陈平德.我国煤矿区土地复垦法律制度研究[D].武汉:华中科技大学,2011.

[219] 王立彬.矿山地质环境保护规定[J].国土资源通讯,2016(2):21-23.

[220] 高华.我国矿区土地复垦制度研究[D].青岛:山东科技大学,2010.

[221] 张建伟.政府环境责任论[M].北京:中国环境科学出版社,2008.

[222] 程琳琳.中国矿区土地复垦保证金制度模式研究[M].北京:中国农业出版社,2010

[223] 万金泉,王艳,马邕文.环境与生态[M].广州:华南理工大学出版社,2013.

[224] 程琳琳.矿区土地复垦保证金制度实践现状及研究进展[J].中国矿业,2010,19(1):33-36.

[225] 周连碧,王琼,代宏文,等.矿山废弃地生态修复研究与实践[M].北京:中国环境科学出版社,2010.

[226] 王军、张亚男、郭义强.矿区土地复垦与生态重建[J].地域研究与开发,2014(6):32-35.

[227] 余谋昌.环境哲学:生态文明的理论基础[M].北京:中国环境科学出版社,2010.

[228] 罗辉,刘建江.对完善矿区土地复垦保证金制度的思考[J].国土资源科技管理,2011,28(4):85-89.

[229] 杜亚敏.苏皖采煤塌陷地复垦经验与启示[J].中国土地,2013(4):37-38.

［230］李科心.矿山土地复垦与生态恢复治理措施研究［J］.矿山测量,2018,46（3）: 119-121.

［231］李文华.中国当代生态学研究-生态系统管理卷［M］.北京:科学出版社,2013.

［232］尹国勋.矿山环境保护［M］.徐州:中国矿业大学出版社,2010.